AF252350

ŒUVRES COMPLÈTES

DE

FRÉDÉRIC SOULIÉ

UN VOLUME PAR SEMAINE

Les autres ouvrages paraîtront successivement.

IMPRIMERIE DE BEAU, A SAINT-GERMAIN-EN-LAYE.

COLLECTION MICHEL LÉVY
— 1 franc le volume —
1 franc 25 centimes à l'étranger

FRÉDÉRIC SOULIÉ

— ŒUVRES COMPLÈTES —

LE BANANIER

EULALIE PONTOIS

PARIS

MICHEL LÉVY FRÈRES, LIBRAIRES-ÉDITEURS

RUE VIVIENNE, 2 BIS

—

1858

OEUVRES COMPLÈTES

DE

FRÉDÉRIC SOULIÉ

LE BANANIER

EULALIE PONTOIS

PAR

FRÉDÉRIC SOULIÉ

PARIS

MICHEL LÉVY FRÈRES, LIBRAIRES-ÉDITEURS

RUE VIVIENNE, 2 BIS

—

1858

LE BANANIER

PREMIÈRE PARTIE.

I

LE MATOUBA.

Au mois d'avril 1838, à huit heures du matin, trois individus d'aspect fort différent étaient arrêtés sur une éminence qui se trouve située au nord de la Basse-Terre, dans le canton qu'on appelle le Matouba.

A cet endroit, la vue s'étend sur d'immenses champs de cafiers coupés par de longues haies de pois doux ou de pommiers roses, qui semblent de longs rubans d'un vert noir sur une étoffe diaprée des plus riches couleurs. A droite, le paysage va, pour ainsi dire, s'éteindre dans l'Océan, tandis qu'à l'horizon vaporeux de gauche il monte de collines en collines jusqu'à ce qu'il s'arrête à une chaîne de montagnes couronnées d'épaisses forêts, dont le soleil fait resplendir le feuillage. Non loin de cet endroit se trouvait autrefois l'habitation de M. de S..., où se réfugia, en 1802, le chef des mulâtres Delgrès.

C'est là que, pressé par le général Richepanse, cet intrépide révolté enferma dans les parties supérieures de la maison les femmes et les enfants de ses compagnons, et, les ayant rassemblés autour de plus de quatre-vingts barils de poudre, y tira un coup de pistolet et se fit sauter plutôt que de se rendre.

Des trois personnages que nous avons dit s'être arrêtés en cet endroit, à l'ombre d'un figuier, le plus jeune contemplait, d'un air pensif, les traces non encore effacées de l'existence de cet édifice. C'était un jeune homme de vingt-huit à trente ans, d'une stature qui annonçait à la fois la force et l'agilité.

On n'eût pas reconnu, à la façon dont il était vêtu, que c'était un étranger, que son visage, à qui le soleil des Antilles n'avait pas encore donné cette teinte chaude et brune qui colore les traits des créoles, eût bien vite appris qu'il était nouvellement arrivé dans le pays.

En effet, ce jeune homme s'appelait Ernest Clémenceau; il était le fils d'un riche armateur du Havre, et n'était arrivé que la veille à la Basse-Terre.

Le soir même de son arrivée, il s'était informé d'un guide, et ce n'était qu'après avoir quitté la ville le lendemain qu'il avait dit, au nègre que mademoiselle Clarisse P..., chez laquelle il était descendu, lui avait donné pour l'accompagner, le lieu où il voulait être conduit. Ce lieu était l'habitation de M. Sanson, l'un des plus notables habitants du pays.

L'autre individu qui accompagnait ce jeune homme était un domestique, européen comme lui, gros garçon normand, et dont la livrée élégante dissimulait mal la construction osseuse et inégale, et qui malgré son front bas, ses cheveux roux et ses lèvres cramoisies, avait un air de finesse et de méchanceté remarquables.

Au moment où commence notre récit, le domestique, Jean Plonget, s'était mollement étendu à l'ombre, suant, soufflant, tirant la langue comme un basset, après trois heures de course, et grommelant toutes sortes de malédictions normandes entre ses dents, tandis que le nègre, qui s'appelait Jupiter, accroupi sur ses talons, dévorait en chantonnant quelques fruits des pois doux, dont tous les nègres sont en général très-friands.

Quant au jeune homme, les bras croisés sur sa poitrine, il demeurait les yeux fixés sur les vestiges de l'ancienne maison du comte de S..., et sans doute emporté par ses réflexions, il murmura à haute voix :

— C'était une noble race d'hommes.

— Qui ça, monsieur? dit le domestique d'un air de mauvaise humeur.

— Les mulâtres, qui, après une héroïque résistance, ont préféré une mort encore plus héroïque à un supplice honteux, répondit Ernest.

Le nègre laissa échapper un petit ricanement de mépris, et se mit à chanter à demi-voix, toujours en mangeant, une chanson dont voici la traduction :

« Ces mulâtres-là, quand ils ont attrapé un vieux cheval,
» quand ils sont montés dessus, ils disent que les négresses
» ne sont pas leurs mères. »

Voici cette chanson originale :

« Ces milates-là, quand yo trapé gnon vié chouval, quand
» yo monté assi li, yo ça dit negresse pas manum yo. »

Nous profiterons de cette occasion pour dire que nous nous sommes dispensés d'employer le patois des nègres quand nous avons eu à les faire parler. On peut voir par l'exemple ci-dessus combien souvent il serait inintelligible à nos lecteurs d'Europe ; et on nous pardonnera de n'avoir pas adopté ce petit jargon de convention qu'on leur prête dans les opéras comiques.

Le nègre n'avait pas achevé son premier couplet qu'il poussa un cri perçant, se roula à terre comme un serpent en hurlant de toutes ses forces, et finit par s'arrêter en attachant ses yeux épouvantés sur l'homme qui l'avait interrompu à l'improviste, en lui appliquant sur le dos un coup vigoureux d'une cravache tressée en fil de laiton.

Jean Plonget se releva d'un bond, croyant que ce n'était rien moins que quelque serpent à sonnettes qui avait piqué le malheureux nègre, et qu'il allait le voir périr dans d'horribles convulsions. Jean croyait non-seulement à l'existence des serpents à sonnettes à la Guadeloupe, mais il ne doutait pas qu'il ne s'y trouvât des singes de six à sept pieds, et des oiseaux de proie qui emportaient un bœuf dans leurs serres.

Ernest se retourna aussi vivement que ses deux compagnons, et ils aperçurent derrière eux un homme qui, sans doute, était sorti du champ voisin par un étroit interstice ménagé dans la haie de pois doux qui le bordait.

Cet homme était d'une taille très-élevée, jeune encore, et

d'une maigreur qui donnait à des traits assez beaux une expression de cruauté. Le teint brun de son visage n'eût pas suffi à le faire reconnaître, que ses pommettes saillantes et ses cheveux crépus eussent annoncé qu'il était de la race sur laquelle Ernest venait de faire une réflexion si philosophique, mais il n'eut pas sans doute le temps de s'apercevoir de la qualité de celui à qui il parlait, car il lui dit avec cette vivacité que le souvenir de Delgrès eût peut-être tempérée s'il avait pu l'appliquer à cet individu :

— De quel droit avez-vous frappé cet homme?

— Cet homme! répliqua le mulâtre, vous voulez dire cet esclave.

— Il est esclave, c'est vrai, et je sais qu'ici c'est un droit de battre son semblable, mais ce droit n'appartient qu'au maître.

— Mais il m'appartient de corriger les maraudeurs qui cueillent mes fruits et me les volent.

— Cela n'est pas vrai, dit l'esclave en tremblant, jamais on n'a appelé voler prendre un fruit dans une haie ; il m'a battu parce que j'ai chanté ma chanson contre les mulâtres.

— Misérable! s'écria celui-ci en levant sa houssine. »

Mais avant qu'il n'eût pu frapper, Ernest l'arrêta en lui disant :

— Si vous appartenez véritablement à cette classe, vous devez être plus indulgent pour ceux dont vous descendez.

A ces paroles d'Ernest, le mulâtre jeta sur lui un regard farouche, il mesura pour ainsi dire les trois hommes qu'il avait devant lui, et probablement il reconnut qu'il serait dangereux d'engager une lutte contre eux, malgré la force herculéenne dont il semblait doué, et il tourna brusquement les talons à Ernest, en lui disant :

— Tâchez, monsieur, de mieux veiller sur cette canaille, ou mal vous en arrivera.

Aussitôt il rentra dans le champ, tandis que le nègre, toujours accroupi, lui faisait mille grimaces, comme le singe en colère à qui son maître vient d'appliquer une correction.

Ce petit incident eût peut-être passé inaperçu pour tout autre que pour Ernest, mais il fut pour lui matière à de longues et pénibles réflexions.

En effet, Clémenceau était un de ces jeunes républicains

au cœur généreux, à la tête ardente, qui considérait l'état actuel des colons comme l'opprobre du siècle. Employé dans la maison de commerce de son père, il avait cent fois excité sa colère par les sorties les plus virulentes contre ses spéculations, et il n'entrait pas dans leurs magasins une balle de café ou un ballot de sucre, qu'il ne s'écriât d'un ton emphatique et railleur :

« Homme civilisé, tu boiras le sang de ton semblable sous la forme du sucre et du café. » C'est l'Evangile des colonies.

Avec de pareilles dispositions, il était difficile de deviner quelles raisons avaient pu amener ce jeune homme à la Guadeloupe.

Voici quelles étaient ces raisons :

M. Clémenceau père et M. Sanson étaient depuis bien des années en relations; ils connaissaient mutuellement leurs fortunes, et dans ce long échange d'affaires, ils avaient contracté l'un pour l'autre une véritable estime et même une sorte d'intimité. Dans leur correspondance , et peut-être sans intention formelle d'aucun côté, les confidences de famille s'étaient fait jour peu à peu.

Ainsi, lorsque M. Sanson demandait à son correspondant de joindre à ses envois quelques objets de luxe, de toilette, de la musique, des instruments, il disait toujours que tout fût fait le plus splendidement possible, car il destinait tous ces objets à sa fille unique Clara, destinée à hériter de toute sa fortune.

En expédiant les objets demandés, M. Sanson les déclarait du dernier goût et de la plus parfaite élégance; car ils étaient du choix de son fils Ernest, qui les avait achetés lui-même à Paris, et qui était renommé comme un des plus fashionables du commerce.

Un planteur fort riche qui a une fille unique, un armateur non moins riche qui n'a qu'un fils, avaient dû rêver nécessairement dans leurs calculs commerciaux que l'alliance de ces deux fortunes arriverait à une fortune princière; et tous deux avaient, mot à mot, pas à pas, et avec une réserve excessive des deux parts, émis d'abord l'idée d'une association.

Le planteur cherchait un jeune homme intelligent qui pût

introduire et diriger les nouveaux systèmes mécaniques appliqués à la fabrication du sucre ; l'armateur voulait faire connaître à son fils le pays d'où viennent les produits qui faisaient la nature de son commerce ; enfin, après une assez longue correspondance, la pensée commune se dévoila, et il fut décidé qu'on expédierait le jeune homme à la Guadeloupe, sans lui faire part des projets qu'on avait sur lui.

M. Sanson, pour une raison que nous découvrirons plus tard, avait exigé cette discrétion de M. Clémenceau, mais l'armateur s'était cru dispensé de s'y conformer ; il savait les dispositions hostiles d'Ernest contre les planteurs, et il avait craint que, dès les premiers jours, il ne se fît éconduire en heurtant brutalement toutes les opinions et toutes les habitudes de son futur beau-père ; d'un autre côté, il redoutait aussi qu'une proposition de mariage avec la fille d'un de ces horribles mangeurs de nègres ne révoltât Ernest au point de lui dicter un refus formel.

Cependant la vanité de l'armateur préféra la chance d'être obligé de refuser sous un prétexte quelconque, à celle de se voir renvoyer son fils comme un fou impertinent, et lui dit la vérité. Ainsi qu'il l'avait prévu, Ernest, au premier mot, bondit d'indignation ; mais presque aussitôt il parut réfléchir sérieusement, comme si la proposition que lui faisait son père donnait une solution probable à un problème qui le préoccupait, et il accepta sans résistance.

Cette facilité étonna M. Clémenceau père, et l'alarma jusqu'à un certain point. Il se dit que son fils n'avait pu se soumettre si aisément que parce qu'il voyait dans son obéissance un moyen d'exécuter quelque dessein secret. Il le questionna longtemps à ce sujet, mais le jeune homme resta impénétrable.

Il n'avait d'autre but, disait-il, que de complaire aux désirs de son père.

Il en résulta que M. Clémenceau, n'ayant aucune raison pour le retenir, finit, comme il le disait, par l'expédier à ses risques et périls.

Hélas ! si le bon M. Clémenceau avait pu soupçonner jusqu'où étaient allés les rêves d'Ernest, il l'eût gardé toute sa vie au Havre.

En effet, notre jeune enthousiaste avait marché dans les

voies de l'imagination comme tous les hommes qui prennent leurs rêves pour des réalités. D'abord, il voulait visiter les colonies pour étudier le pays, sa constitution, ses vices et ses mœurs, et rapporter en France des documents sûrs et authentiques, au moyen desquels il battrait en brèche ce monstrueux échafaudage de tyrannie barbare qui réduisait une créature humaine à l'état de bête de somme.

Mais cette première hypothèse épuisée, l'imagination, cette dévorante magicienne, voulut autre chose. Qu'était-ce, en effet, que de prêcher par la parole ; et n'y avait-il pas un meilleur moyen de faire triompher la cause de l'humanité? c'était de prêcher par l'exemple.

Ainsi, dans ses rêves, Ernest épousait mademoiselle Sanson, devenait le maître des habitations de son beau-père, puis un beau jour, après avoir préparé ses esclaves par un régime social tout nouveau, il leur donnait à tous la liberté, qu'ils acceptaient avec reconnaissance pour se dévouer à lui.

Les esclaves paresseux devenaient des ouvriers actifs, de charmants pères de famille économes, probes, empressés, dressés tout à coup à l'exercice de toutes les vertus par le seul fait de leur affranchissement ; et lui, Ernest Clémenceau, créait, pour ainsi dire, une colonie libre au milieu de cette colonie d'esclaves, et comme un patriarche, un apôtre, il convertissait tous ces colons aveugles et rebelles.

Plus tard la scène changeait ; les colons jaloux lui suscitaient mille obstacles à son entreprise ; on le persécutait, on le traquait, on voulait attenter à ses jours. Alors l'apôtre devenait un Spartacus : il se mettait à la tête de ses fidèles affranchis, appelait à lui tous les esclaves amoureux de la liberté, et, déclarant une guerre ouverte à la tyrannie blanche, il délivrait cette terre gémissante des chaînes honteuses qui l'écrasaient, et fondait une république florissante dont il serait le président.

Nous ne pouvons pas dire que c'étaient là les desseins arrêtés d'Ernest, il n'était pas encore de cette force ; mais il est certain que, dans les excursions de son imagination à travers le champ sans limite des hypothèses, celle-ci lui était apparue, et qu'il s'était complu à la pousser assez loin, sans toutefois y croire.

Une des choses même qui l'avaient le plus occupé, c'était le costume qui lui siérait le mieux comme roi républicain, et plus d'une fois il avait crayonné, sans s'en douter, de pittoresques personnages qui auraient fort bonne grâce à la tête d'une armée de nègres. A son compte et quoi qu'il eût entendu dire des dispositions des mulâtres pour les nègres, les métis de toute race y devaient être les premiers partisans de ses idées, oubliant qu'en Europe le dernier anobli méprise bien plus les bourgeois que le plus ancien gentilhomme, et que la nature humaine a partout de singulières ressemblances.

D'après ce que nous venons de dire, on doit comprendre aisément que la rencontre du mulâtre Idoménée, car c'était le nom de cet homme, eût porté un coup assez rude à l'espérance d'Ernest, et cela au moment où il venait de s'exalter un peu plus loin que de coutume en contemplant le lieu où Delgrès s'était si noblement sacrifié.

L'humeur qu'il en éprouva fut si vive, que dès que le mulâtre fut parti, il se retourna et dit à Jean, d'un ton assez bourru :

— Allons, paresseux, tu t'es assez reposé, je pense.

Puis il ajouta d'un ton plus doux et en parlant à l'esclave :

— Continuons notre route, mon ami.

II

LE DOMESTIQUE ET L'ESCLAVE.

Jupiter indiqua le chemin à suivre. C'était un sentier qui se dirigeait du côté de la Soufrière, qu'on apercevait au loin.

Ernest marcha le premier pour se livrer à ses réflexions, et Jean le suivit avec Jupiter,

Cependant Jean Plonget n'obéit qu'en grommelant, et lorsque son maître fut assez loin pour ne pas l'entendre, il dit avec colère :

— Que le diable m'emporte si je n'aimerais pas mieux être
à Quillebœuf à travailler à la terre que d'être ici à me rôtir
comme un oignon sur le feu.

— Quoi! lui dit Jupiter, vous travailliez à la terre dans votre pays; vous êtes donc un esclave?

— Au contraire, s'écrie Jean, j'étais libre alors, mais je ne
connaissais pas mon bonheur.

— Ce n'est pas possible, dit Jupiter; travailler à la terre,
c'est le plus vil état des esclaves, et j'aime bien mieux être
employé à la maison.

— C'est ça qui est un esclavage! s'écria Jean avec un mouvement de tête qui en disait encore plus que son exclamation. Se lever à cinq heures du matin pour panser le cheval
et nettoyer le cabriolet, puis préparer le déjeuner de monsieur, brosser ses habits, ses bottes, faire l'appartement, les
commissions, les emplettes, l'accompagner dans ses courses,
et l'attendre quelquefois jusqu'à trois heures à la porte d'un
bal.

L'esclave ouvrit de grands yeux et s'écria :

— Quoi! vous faisiez ça tout seul?

— Eh bien? lui dit Jean d'un air rogue.

— Ah! ce n'est pas comme ça ici. Il y a un esclave pour le
déjeuner, un esclave pour les habits, un esclave pour l'appartement, un autre pour le cheval.

— Ah! continua-t-il d'un air piteux, le pauvre esclave serait bientôt mort s'il lui fallait faire tout cet ouvrage.

— Il me paraît, dit Jean, que votre condition est meilleure
que la nôtre.

— C'est pas vrai, c'est pas vrai, dit Jupiter en prenant un
air encore plus piteux, nous sommes des malheureux nègres, bien tristes, bien misérables. Oh! le blanc est toujours
heureux.

— Il est libre, du moins, dit Jean qui voulut reprendre son
avantage.

— Alors il ne travaille pas? dit l'esclave avec des regards
curieux.

— Et comment diable, mauricaud, veux-tu qu'on vive sans
travailler?

— Qu'est-ce donc d'être libre pour vous? lui dit Jupiter.

— Être libre! et pardieu, dit Jean un peu embarrassé, le

voici : Quand le service de M. Clémenceau ne me conviendra plus, je le quitterai pour me mettre à celui d'un autre.

— Je comprends, je comprends, dit Jupiter avec un sourire de satisfaction ; vous êtes libre d'être l'esclave de qui vous voulez.

Ernest, qui avait ralenti sa marche, entendit la fin de la conversation et surtout la dernière proposition du nègre, dont la naïveté renfermait à son insu une cruelle vérité sur les prétendus avantages de la domesticité européenne ; et, comme tout ce qui touchait à ce sujet de près ou de loin déplaisait à Clémenceau, il ne sut mieux faire que de s'en prendre à Jean Plonget, et il lui dit brutalement :

— Allons, animal, laisse ce pauvre diable tranquille.

— Le maître n'est pas bon, dit l'esclave tout bas.

— Cette injonction d'Ernest ramena le silence parmi les trois voyageurs, et ils continuèrent à avancer rapidement.

Clémenceau était sombre et préoccupé, et le ravissant paysage qu'il avait sous les yeux ne pouvait l'arracher à sa préoccupation. Jean n'avait pas l'air moins triste, mais par des raisons toutes différentes ; il suait et soufflait en maudissant la chaleur, tandis que le nègre, comme s'il eût été coiffé d'un casque d'acier, bravait, la tête nue, l'ardeur du soleil, et s'en allait souriant et joyeux, jouant avec les fleurs de la route, avec les cailloux, et chantonnant sans cesse quelque mélodie monotone.

Cependant la route devenait de plus en plus difficile, et Ernest commençait à éprouver une fatigue que la chaleur rendait plus accablante, lorsque Jupiter lui annonça qu'ils touchaient aux champs de M. Sanson, et que l'habitation était cachée par une petite colline qu'ils auraient bientôt franchie.

Il était alors à peu près neuf heures, et Ernest remarqua avec étonnement qu'on ne voyait absolument personne dans les champs.

— Tu te trompes, dit-il à Jupiter, nous ne pouvons être si près d'une habitation : je n'aperçois pas un travailleur.

— C'est l'heure du premier repos, dit Jupiter : pourtant les esclaves ne sont pas aux cases à cette heure, ils ne rentrent qu'après onze heures.

— Ah ça ! dit Plonget, tu dis qu'ils se reposent maintenant, et il est neuf heures, et ils se reposeront encore à onze heures?

— Jusqu'à deux heures seulement, fit Jupiter d'un ton lamentable.

— Je comprends, reprit Jean, et alors on les fait travailler jusqu'à minuit.

— Bonne mère de Dieu! s'écria Jupiter en croisant les mains, jusqu'à cinq heures et demie, c'est bien assez.

— Ah ça, vous vivez comme des fainéants. Et pour tout ça, les gages ne doivent pas être gros; qu'est-ce qu'on vous donne?

— Des coups de fouet, dit l'esclave en baissant la voix d'un air de terreur mystérieuse.

— Pauvres gens! murmura Clémenceau; tandis que Jean, que l'utopie n'égarait pas, reprenait d'un air bourru :

— Diable! ce n'est pas grand'chose pour dîner; comment! des coups de fouet pour premier service... et pour dessert, il n'y a pas de quoi engraisser.

— Ah! fit Jupiter, le pauvre esclave est bien malheureux; le maître nourrit, je le dis, parce que c'est vrai, mais le maître le fait travailler.

— Est-ce que tu veux qu'il te nourrisse pour rien, mauricaud?

— C'est son devoir, répondit l'esclave avec un accent plus sec, il faut bien qu'il nourrisse, qu'il loge, qu'il habille le pauvre noir.

— Et qu'il paye le médecin par-dessus le marché, peut-être. »

A cette supposition, le nègre se mit à rire et à danser en criant :

« Ah! c'est moi qui ai fait un bon tour à mon maître, quand j'étais à l'atelier dans une sucrerie.

— Conte-nous ça, » dit joyeusement Jean, qui riait rien qu'à voir rire le nègre.

Ernest lui jeta un regard sévère, et Jean ajouta d'un air révérencieux :

« Conte ça à monsieur. »

Jupiter, toujours riant du souvenir de son bon tour, se mit à dire alors :

« J'étais à l'atelier de M. Loucrit, un bon maître, mais qui voulait tous les jours faire travailler le pauvre nègre bien fatigué. Je voulais aller tuer des oiseaux en cachette. Je dis à mon maître que j'étais bien malade. Il m'envoie à l'infirmerie; mais c'était pas mon compte, et moi plus fin que lui, je dis que j'avais mal aux dents. Le maître fait chercher le dentiste et on m'arrache une dent.

— Le barbare! s'écria Clémenceau.

— Je fus exempt de travail toute la journée, dit Jupiter d'un air triomphant. C'est un bon tour, n'est-ce pas? Je me suis fait arracher comme ça onze dents dans trois mois; mais le maître a vu que c'était une ruse, ajouta Jupiter d'un air triste, et il ne m'a plus fait arracher de dents. »

Jean promenait des regards effarés de son maître à l'esclave, tant ce qu'il venait d'entendre dépassait son imagination. Enfin il finit par s'écrier, tandis que Clémenceau restait assez embarrassé de la conclusion triste de l'esclave :

« Comment! animal, tu t'es fait arracher onze dents, seulement pour rester onze jours sans travailler? Mais c'est pire qu'un grison de Caudebec, ce gars-là ! dit-il à son maître. »

Puis il ajouta :

« Il est connu qu'ils se couchent par terre pour ne pas marcher; mais bernique, si on leur proposait de leur faire arracher une dent, ils trotteraient douze heures de suite.

— Mais, reprit-il en se retournant vers Jupiter, avec quoi manges-tu donc ton avoine? »

Jupiter ne comprit pas sans doute la plaisanterie de Jean Plonget, car il répondit d'un ton sentencieux et plein de dédain :

« L'avoine n'est pas bonne pour rendre malade, ce qui est bon, c'est la terre. Mangez de la terre, ajouta-t-il tout bas, en s'adressant à Jean, vous serez bien malade, votre maître vous enverra à l'infirmerie et vous ne travaillerez pas.

— Merci de la recette, dit Jean, j'aime mieux manger des poulets que de la terre, fût-elle fricassée avec du beurre de Saint-Miel, qui est le meilleur de la Normandie. »

Jupiter fit une grimace de dédain et répondit :

« J'aime pas les poulets, j'en avais dans ma case que j'engraissais, et que je vendais à M. Sanson, le voisin de mon maître, ce qui le faisait enrager, parce qu'il n'aimait pas M. Sanson. Mais je n'en ai jamais mangé, j'aime mieux les vendre pour acheter du tafia et de la morue sèche. »

Jean prit un air de dédain à la pensée de ce régal, et répondit :

« Il n'y a qu'un nègre pour avoir l'idée de préférer la morue aux poulets. »

— Eh, butor ! lui dit Ernest, ravi de trouver une occasion de donner une leçon aux étonnements de Jean, si tu étais nourri comme le sont ces misérables, tu mangerais une charogne.

— Pardon, monsieur, reprit Jean, je ne savais pas qu'on les laissât mourir de faim.

— Ah ! le maître n'est pas si bête, dit le nègre en riant ; il soigne bien les esclaves pour les faire vivre, les rendre forts et vigoureux, parce que le maître est méchant, et c'est toujours pour faire travailler le pauvre nègre qu'il prend soin de lui.

« Quelle barbarie ! » s'écria Ernest.

Il ne faut pas croire cependant que notre Européen fût tout à fait un sot, bien au contraire ; mais, comme tous les gens qui ont une idée arrêtée d'avance, idée qui, lorsqu'elle arrive à l'état d'idée fixe, pousse les esprits à la folie, Ernest n'entendait qu'une note dans toute parole qui résonnait autour de lui. Ce qui lui eût paru bon, juste, paternel, fait en faveur d'un ouvrier, lui semblait bas, ignoble, spéculatif, fait en faveur d'un esclave ; un seul mot, l'esclave, changeait pour lui la signification de toutes les actions.

Mais Jean, qui n'avait pas un amour si platonique de la dignité humaine, et qui jugeait un peu du bonheur par le bien-être, lui dit :

« Tiens ! quand vous êtes malade, on ne vous met donc pas sur le pavé, comme ça m'est arrivé dix fois ? Si bien que, lorsqu'on n'a pas d'économies, on va crever à l'hôpital.

— Oh ! le pauvre nègre n'a pas d'économies, dit Jupiter.

— Pardieu ! dit Clémenceau, triomphant, celui qui ne peut rien gagner ne peut pas faire d'économies. »

Cependant Jupiter paraissait étonné de ne rencontrer personne.

« Bon, dit-il, voici les jardins à nègres, et c'est toujours le samedi que M. Sanson donne aux esclaves pour travailler pour leur compte, et je ne vois personne.

— Ah ça ! dis donc, reprit Jean, vous avez donc des terres, monsieur l'esclave.

— Eh bien ! faut bien que le pauvre esclave ait quelque chose, dit Jupiter.

— Et le revenu vous en appartient ? »

Jupiter se mit à rire, comme si l'étonnement de Jean lui semblait une stupidité.

« Dame ! dit-il, le pauvre esclave doit bien pouvoir gagner son pécule.

— Et tu dis, mauricaud, que tu ne peux pas faire d'économies ! reprit Jean, d'un ton indigné.

— Et avec quoi le pauvre nègre achèterait-il des beaux habits et des boucles d'or pour sa maîtresse, et du tafia ? dit Jupiter d'un air encore plus indigné.

— Ah ça ! dites donc, monsieur, reprit Jean, je me fais noir... Je me vends, si c'est comme ça.

— Et ta liberté, misérable ! s'écria Ernest, courroucé de la supposition de Jean.

— Quelle liberté ? dit Plonget ; celle de mourir de faim quand je suis sans place. Merci !

— Et tu t'avilirais au point de recevoir des coups de fouet ?

— Tiens, fit Jean, avec un air de vanité, j'en ai reçu quelques-uns quand j'étais marin. Mon capitaine, qui avait commencé par être mousse, en avait reçu encore plus que moi, ce qui ne l'empêchait pas d'être brave comme un canon, et d'être de la Légion-d'Honneur.

— C'est bien différent, dit Clémenceau, en haussant les épaules.

— Je ne dis pas, répartit Jean. Je n'ai pas encore vu le fouet de ces messieurs d'ici ; il est impossible qu'il soit plus salé. Dis donc, mauricaud, ça fait-il bien mal votre fouet ?

— Ah ! bien mal, dit l'esclave, en prenant son air désolé ; mais j'aime mieux cela que d'aller en prison.

— Pauvre race, dit l'intrépide négrophile, à quel point on a altéré chez eux les notions les plus simples de la dignité humaine ! »

Comme Ernest parlait ainsi, ils arrivèrent au détour d'un chemin, et virent en face d'eux la caféière.

Elle se composait d'une maison principale, d'une apparence élégante, mais de peu d'étendue, de la grande case, dite *case à café*, devant laquelle se trouvait le séchoir, tout près la case où l'on faisait la farine de manioc, et un moulin que faisait mouvoir un cours d'eau qui égayait le paysage.

Les cases des nègres, disposées en deux lignes parallèles et couvertes de chaume, eussent assez ressemblé à un village attaché aux flancs des montagnes du Jura, si la richesse de la végétation, l'abondance des fleurs tropicales n'eussent donné un caractère particulier de magnificence à ce tableau.

A ce moment, Jupiter s'arrêta, prêta l'oreille, et tout à coup frappa dans ses mains en gambadant.

« Ah! bon... bon... très-bon! s'écria-t-il; il y a quelqu'un de mort à l'habitation. Ah! c'est une bonne fête : on va boire du tafia et pas travailler. »

En parlant ainsi, il prit sa course vers un endroit qu'une croix semblait désigner comme étant le cimetière de l'habitation.

« Où vas tu donc? lui demanda Clémenceau.

— Je vais aller pleurer sur les morts, lui dit Jupiter d'un air ravi.

— C'est-à-dire que tu vas te griser comme un... grommela Jean en supprimant l'épithète comparative et en la remplaçant par un soupir qui voulait dire : Je voudrais bien en faire autant. »

La conversation à laquelle Ernest Clémenceau venait de prendre part aurait eu pour lui une signification bien éloignée de celle qu'elle eût pu avoir pour un indifférent.

Celui-ci eût été sans doute frappé de cette différence d'attitude du nègre lorsqu'il parle de ce qu'on lui concède et de ce qu'on lui commande. Dans le premier cas, il y a dans son air une arrogance hargneuse qui semble l'armer d'un droit incontestable; dans le second cas, il y a une façon de désespoir piteux et tremblant comme si le bâton était toujours levé sur lui.

Ce qui eût également frappé un esprit moins prévenu que celui d'Ernest, c'est l'éternel refrain de Jupiter : ne pas travailler était le but constant de toutes les pensées de l'esclave, faire travailler était le crime irrémissible du maître. Il était aisé d'en conclure que la paresse était le vice de l'esclave.

Ernest croyait se montrer d'une philosophie bien supérieure en se disant : « La paresse est un vice résultant nécessairement de l'esclavage. »

Pour lui, le fait de l'esclavage était une sorte d'action permanente qui abrutissait l'intelligence du nègre par toutes ses facultés, par conséquent il eût découvert que le nègre était voleur, gourmand, paresseux, idiot, qu'il se fût bien gardé d'attribuer cela à l'individu : il l'attribuait à la position. Notre ami Clémenceau était dans la meilleure disposition possible pour n'y voir jamais clair, aussi en prit-il mal à maître Jean, son valet, de lui faire l'observation suivante :

« Ma foi, monsieur, lui dit-il, m'est avis qu'il vaut encore mieux être esclave comme ces gaillards-là, que libre comme un valet de charrue ou un fileur d'Elbeuf.

— Maître Jean, lui dit Ernest d'un ton qui était étrange chez un homme animé d'une telle philanthropie, je vous prie de garder pour vous vos sottes réflexions, et je vous préviens que si vous recommencez, vous pouvez chercher un maître ailleurs que chez moi.

Jean regarda son maître en dessous et se gratta quelque temps l'oreille, puis prenant sa plus douce voix normande en trainant niaisement ses mots :

« M'est avis, n'est-ce pas, monsieur, que ces pauvres nègres ne sont si bêtes que parce qu'on les empêche de raisonner ?

— Sans doute, dit Ernest, qui amassait depuis vingt minutes une foule de bonnes raisons contre les faits dont il venait d'être témoin, sans doute on abrutit ici l'esprit comme le corps. Certes, si ce garçon eût parlé devant un colon cômme il l'a fait devant nous...

— Le colon l'eût fait taire, dit le Normand, en interrompant son maître, et on lui eût dit de chercher un autre maître.

— Qu'est-ce que c'est ? dit Ernest d'un ton impérieux.

Jean n'eut pas l'air de comprendre, et reprit, sans que sa physionomie trahît aucune intention sardonique :

— Je suis bien aise de savoir que le devoir du maître est de laisser raisonner le domestique, je veux dire l'esclave ; sans ça le domestique, l'esclave, veux-je dire, est traité comme une bête brute.

L'intention de maître Jean n'était pas douteuse; mais il y avait un air si candide dans sa physionomie, qu'Ernest ne sut comment se fâcher; d'ailleurs il se trouvait pris dans un piége où, comme le renard, il serait forcé de laisser la queue de sa logique, s'il voulait s'en tirer; il préféra donc paraître ne pas avoir entendu, et pressant le pas, il se dirigea vers la maison principale.

Lorsqu'il en fut à une petite distance, un nègre les aperçut et courut vers la maison.

« Bien, pensa en lui-même Ernest, on s'attendait à mon arrivée, et sans doute on va me recevoir avec des apprêts faits pour me séduire. »

En continuant, il aperçut quelques négresses toutes vêtues de mousseline blanche et avec une sorte de luxe; elles semblaient revenir du cimetière.

« Bien! fit encore Clémenceau, on a paré les esclaves pour me faire croire qu'ils sont vêtus aussi convenablement que nos paysans.

Cependant M. Clémenceau n'était arrivé que de la veille, comme nous l'avons dit, et il était reparti de grand matin sans dire à personne où il allait.

N'importe, il lui fallait une explication défavorable à ce qu'il voyait, et il n'en trouvait pas d'autre qu'un espionnage prémédité et une comédie destinée à le tromper. Cela détruisait, à son tour, le projet qu'il avait formé d'arriver tout à coup à l'habitation de M. Sanson, sans que celui-ci fût prévenu de son arrivée, et de tomber ainsi au milieu de l'exercice de cette tyrannie qu'il venait combattre.

Ernest s'était figuré des rangées d'esclaves symétriquement courbés dans le même sillon, avec le commandeur le bâton au poing, et frappant à tort et à travers sans pitié; il arrivait, lui, Clémenceau, lorsqu'un nègre ainsi mutilé, implorait grâce à genoux, et là-dessus il s'élançait sur le commandeur, le désarmait et prononçait un admirable discours pour lequel tous les nègres venaient doucement lui baiser les mains.

A quoi il répondait :

« Je suis venu pour vous protéger. »

Or, Clémenceau manquait tous les effets qu'il avait rêvés, et ce n'était pas sans quelque dépit qu'il se voyait réduit à entrer chez M. Sanson comme il fût entré, à Nantes et à Bordeaux, chez un correspondant de son père.

Du reste, il ne s'était pas trompé sur l'action de l'esclave qui avait couru vers la maison. Celui-ci avait été l'annoncer à M. Sanson; seulement, l'esclave avait annoncé simplement un étranger, c'est-à-dire une personne qui ne venait pas d'habitude chez son maître. L'esclave fit son annonce d'un air triomphant. Mais, amoureux de tout ce qui est nouveau, parce qu'il n'a d'affection pour rien; curieux comme les enfants rêvant au fond de tous les moindres incidents une espérance de voir déranger l'ordre de la maison, la venue d'un étranger les rendait tous joyeux. En outre de cela, il se pouvait qu'il annonçât à son maître une bonne nouvelle, et peutêtre pour cela y aurait-il petite gratification.

M. Sanson, quoiqu'il attendît Clémenceau, ne put s'imaginer que ce fût lui qui arrivait ainsi sans se faire précéder par un avis quelconque. Comme le nègre ne lui avait pas dit d'ailleurs quelle tournure avait l'étranger, il supposa que ce devait être quelque visite d'affaires, et il fit prier le nouveau venu de l'attendre quelques minutes.

Ernest s'arrêta dans un salon fermé de jalousies chinoises, et sa première pensée fut de se dire :

« Il paraît que les seigneurs féodaux de ce pays ont pris à nos parvenus d'Europe l'habitude de faire faire antichambre. »

Ce fut donc avec toutes sortes de dispositions fâcheuses qu'Ernest attendit celui qui devait être son beau-père.

III

PREMIÈRE JOURNÉE.

L'espèce de salon dans lequel Ernest attendait était muni, comme d'habitude, d'un guéridon avec un plateau, où étaient disposés des flacons de sirop, de rhum, de jus de citron et de madère.

Tout autre que lui, même un homme d'une classe très-inférieure à celle de M. Sanson, se serait cru autorisé, après la course qu'il venait de faire, à se servir d'une de ces boissons.

La chaleur du climat a fait de cette liberté un usage général, comme l'absence d'auberge a fait dans les habitations un devoir de l'hospitalité. Ainsi, tel voyageur, se rendant d'un lieu à un autre, peut s'arrêter dans la première habitation venue et y demander la *passade,* qui lui est toujours accordée.

Soit discrétion, soit humeur d'Ernest, il demeurait le front suant, le gosier sec, en face de ce plateau, tandis qu'il entendait Jean Plonget crier d'une voix de Stentor dans une pièce précédente :

« Merci, c'est bon..... Encore..... Merci. Encore un peu.... Merci. »

Interjections poussées à des intervalles assez rapprochés pour que son maître jugeât de l'activité avec laquelle il procédait.

Tous les grands hommes, tous les grands esprits, tous les grands cœurs ont leurs moments de faiblesse, et il prit à Ernest un mouvement de colère furieux contre ce faquin de Jean qui compromettait sa dignité en ne se laissant pas crever de soif comme son digne maître. Il y avait entre Clémenceau et Jean Plonget un peu de ce qui existait entre don Quichotte et Sancho Pança, et Clémenceau allait sortir pour réprimander son fidèle valet sur sa gourmandise, lorsqu'une porte s'ouvrit tout à coup près d'Ernest, et une jeune fille entra étourdiment dans le salon et courut vers le bienfaisant guéridon.

Une mulâtresse jeune encore, mais plus âgée qu'elle, la suivait, et comme celle-ci se retourna pour déposer sur une chaise un parasol et un grand chapeau de paille, elle aperçut Ernest que la porte en s'ouvrant avait caché à la jeune fille. Celle-ci allait boire un verre de sirop mêlé de citron, lorsque la mulâtresse dit d'un air timide :

« Maîtresse, il y a un monsieur ici. »

La jeune fille retourna seulement la tête pour regarder derrière elle. Son œil noir et éclatant semblait demander qui osait être là sans sa permission ; ce mouvement lui donna une attitude de commandement et de hauteur dont Ernest fut encore plus frappé que de la beauté charmante de cette jeune fille.

Mais dès que celle-ci eut aperçu Clémenceau, cette expression sévère et hardie s'effaça soudainement ; elle jeta un regard embarrassé sur elle-même et sembla s'apercevoir qu'elle n'était couverte que de cette espèce de longue chemise ou peignoir qu'on appelle une gaule ; elle rougit, posa sur le guéridon le verre qu'elle tenait, et, faisant une légère inclination à Clémenceau, elle s'échappa du salon en faisant un signe à la mulâtresse, qui avait mieux considéré l'étranger, et qui, en sortant, jeta sur lui un regard curieux.

Cependant, à peine fut-elle sortie et avant qu'Ernest eût eu le temps de faire aucun nouveau commentaire sur cette apparition, M. Sanson parut, accompagné d'un jeune homme de belle mine, qu'à son air froid, autant qu'à sa manière d'être habillé, Ernest reconnut pour un Anglais.

M. Sanson, qui s'apprêtait à sortir avec lui, s'avança vers Ernest, et parut surpris, non pas de trouver un inconnu dans son salon, mais un homme de la tournure d'Ernest.

Son mouvement et son accent, en lui disant :

« Pardon, monsieur, de vous avoir fait attendre, » montraient assez qu'il ne s'était pas douté de la qualité de celui qui attendait ; mais Ernest n'y vit qu'une raison de plus d'être courroucé, et il se dit en sa philanthropie d'épicier :

« J'eusse été le dernier des mendiants, que M. Sanson aurait dû venir tout de suite. »

L'esprit de l'homme est si bizarre et si rapide en ses sensations, qu'il n'est pas impossible que l'aspect de l'Anglais, qui était fort beau, n'eût ajouté à l'humeur de Clémenceau, qui répondit d'un ton dont la politesse pouvait passer pour équivoque :

« Je n'avais ni le droit ni l'intention de déranger M. Sanson, et s'il est trop occupé aujourd'hui, je remettrai ma visite à un autre jour. »

Notre ami Ernest venait tout simplement de dire une bêtise, ce qui fit que M. Sanson passa assez légèrement sur le ton sec dont ces paroles avaient été prononcées.

En France, dans une visite, une pareille phrase eût pu s'accepter ; mais dans une habituation située à trois lieues de la Basse-Terre, à une heure où la chaleur rendait ce trajet insupportable, proposer à un créole de s'en retourner sans que cette visite eût eu sa solution, c'était dire une chose qui n'avait aucun sens.

M. Sanson regarda Clémenceau d'un air assez étonné, tandis que l'Anglais le considérait avec un flegme peu bienveillant, et il lui dit avec un léger sourire :

— Monsieur est Européen ?

— Oui, monsieur.

— Français? dit le créole avec une sorte de curiosité bienveillante.

— Oui, monsieur.

M. Sanson se recula d'un pas, sembla examiner Ernest d'un air étonné et content à la fois, et s'écria tout à coup :

— M. Clémenceau, peut-être?

— Lui-même, fit Ernest avec une inclination profondément sérieuse.

Mais M. Sanson n'eut pas plus tôt entendu cette déclaration, qu'il prit la main d'Ernest et lui dit avec une véritable effusion :

— Comment! monsieur, et vous ne vous faites pas annoncer ! en vérité c'est mal ; et depuis quand êtes-vous arrivé? comment êtes-vous venu? Mais vous êtes fatigué, vous avez chaud... veuillez vous rafraîchir.

M. Sanson se tourna vers le guéridon, et voyant le verre plein il ajouta :

— Ah! l'on vous avait déjà servi ; prenez encore ce verre de limonade.

Et il le présenta lui-même à Ernest, qui l'accepta avec un certain embarras, mais qui ne voulut pas raconter ce qui s'était passé.

Au moment où il buvait, la mulâtresse parut à la porte par où était sortie sa maîtresse, et disparut soudainement : elle venait chercher le verre qu'avait préparé la jeune fille; mais elle se retira aussitôt et alla lui dire d'un air ébahi :

— Maîtresse, l'étranger a bu dans votre verre.

Nous rapportons ce petit incident parce qu'il ne fut pas sans influence sur les événements qui suivirent cette première rencontre.

Du reste, tout ce que nous venons de dire s'était passé en

moins d'une minute, et M. Sanson semblait si surpris de l'arrivée inattendue de Clémenceau, qu'il avait oublié la présence de l'Anglais. A ce moment, il se la rappela, et présenta les deux jeunes gens l'un à l'autre.

« M. Ernest Clémenceau, le fils de mon correspondant du Havre ; — M. Edouard Welmoth, le cousin de ma fille Clara. »

Les deux jeunes gens se saluèrent avec une raideur qui disait suffisamment combien ils se déplaisaient mutuellement.

Pourquoi cela? c'est le secret de la nature.

En effet, si un indifférent eût pu les interroger et les connaître séparément, il eût été surpris de trouver dans deux hommes qui ne s'étaient jamais vus une si parfaite analogie d'idées, d'opinions, d'enthousiasme faux ou vrai, une réserve égale de manières, et il eût déclaré qu'à la première vue ils devaient s'estimer, se comprendre, s'aimer, devenir frères.

Cependant jamais peut-être à une première rencontre, et sans aucun motif, deux hommes n'avaient éprouvé l'un pour l'autre une antipathie plus prompte et plus vive. Elle se révéla pour ainsi dire sur leur visage, car M. Sanson en parut frappé, et, voulant causer plus librement avec Clémenceau, il dit à M. Welmoth :

« Edouard, nous remettrons notre visite à demain. »

Edouard s'inclina et quitta le salon ; mais Ernest remarqua que le bruit de ses pas ne quitta pas la maison ; il monta un escalier, parcourut un certain espace au premier étage, et s'arrêta au-dessus du salon. Clémenceau en conclut que M. Welmoth habitait la maison, ou du moins y était en visite réglée. Cela lui déplut.

Aussi, lorsque M. Sanson, ayant appris comment il était venu, lui parla d'envoyer immédiatement chercher ses bagages à la ville pour l'installer à l'habitation, Clémenceau refusa, ne voulant gêner personne, disait-il, jusqu'à ce que l'air surpris de M. Sanson lui apprît qu'il jouait un sot rôle.

Il accepta d'assez mauvaise grâce pour que M. Sanson le remarquât ; mais celui-ci ne put s'imaginer qu'un homme fît un voyage de douze cents lieues pour venir s'établir dans une maison et s'en retourner sans raison, et il attribua à une de ces timidités sauvages qui dominent certains hommes l'embarras et le peu de cordialité d'Ernest. Ce fut pour cette raison qu'il lui dit avec un air de bonhomie qui est assez rare chez les créoles :

« Ecoutez, mon ami, il faut vous faire vite aux façons ou plutôt au sans-façon de notre pays. Vous êtes le fils de mon plus ancien ami ; car je considère votre père comme un ami, quoique je ne l'aie jamais vu ; mais vingt ans de relations loyales et irréprochables des deux parts nous auraient bien peu profité, si elles n'avaient pas établi entre nous une estime et un attachement réciproques. Vous êtes ici comme chez vous ; voyez, visitez, étudiez notre pays à votre aise ; et, quant au but de votre voyage, quant à votre désir de vous mettre à la tête d'une habitation à la Guadeloupe, nous en parlerons quand vous voudrez. »

Clémenceau, toujours prévenu contre M. Sanson, trouva que cette dernière insinuation était de trop, car M. Sanson n'ignorait pas dans quel but il était venu, quoique lui-même, Ernest, fût censé l'ignorer. Il se contenta donc de répondre par une inclinaison.

M. Sanson, dans sa bienveillance pour le fils de son cher correspondant, ne s'offensa pas de cette raideur constante ; mais il commença à craindre que celui sur lequel il avait fondé des espérances de mariage ne fût un imbécile.

Cependant, au moment où il venait de recevoir d'Ernest les renseignements nécessaires pour faire venir ses bagages de la Basse-Terre, un bruit de voix irritée se fit entendre, et Clémenceau reconnut la voix de son Normand criant à tue-tête :

« Attends, attends, méchant plumpudding, je vas t'apprendre la boxe à ma façon. »

M. Sanson et Ernest sortirent et virent Jean Plonget en face d'un grand gaillard, aussi carré et aussi musculeux que lui, mais beaucoup plus calme. Cet homme portait une livrée jaune et cramoisie.

A l'aspect de M. Sanson, il quitta la posture belliqueuse dans laquelle il se trouvait, tandis que Jean, les poings menaçants et l'œil en feu, se retournant vers son maître, lui criait :

« Pardon, monsieur, pardon la compagnie ; permettez que je rosse un peu ce goddam, pour lui apprendre à parler plus poliment des bœufs de Normandie.

— Qu'est-ce que ça veut dire, insolent drôle? dit Ernest.

— Ça veut dire, cria Jean, que cette pomme de terre anglaise prétend que le rostbeef de son pays est, auprès du filet de Quillebeuf, comme du sucre en comparaison de la mélasse... »

Puis, sans que l'air furieux de son maître arrêtât Jean Plonget, il se retourna vers l'Anglais, et lui dit, en lui mettant le poing sous le nez et en balbutiant :

« On t'en donnera du filet comme ça, gros rostbeef que tu es ! »

Clémenceau voulut faire intervenir son autorité; mais il s'arrêta sur un signe de M. Sanson, qui dit à un vieil esclave qui regardait la querelle d'un air sournois et satisfait :

« Menez ce garçon dans une chambre d'en haut, et faites-le coucher.

— Quant à toi, ajouta-t-il en s'adressant à l'Anglais, retourne à ton travail, et ne m'oblige pas à dire à ton maître comment tu te conduis. »

Le domestique anglais, demeuré immobile, salua et s'en retourna sans prononcer une parole; et M. Sanson, s'adressant à un homme d'une cinquantaine d'années, qui était aussi accouru au bruit, et qui avait, pendant l'explication, interrogé deux ou trois esclaves :

« Que s'est-il donc passé, monsieur Owen? »

Ce nom et l'accent de l'homme qui était interrogé apprirent à Clémenceau que cet homme était également anglais, et cette découverte ne fit qu'accroître la disposition peu favorable où il se trouvait en voyant la maison qu'il allait habiter ainsi occupée.

Cependant l'air grave et simple de ce M. Owen prévenait en sa faveur, et la manière dont il répondit effaça en partie les fâcheuses impressions qu'il avait produites sur Ernest.

« Voici ce que c'est, monsieur, dit-il à M. Sanson. Ce garçon, qui est venu à pied ce matin, était fort échauffé; on lui a fait boire imprudemment quelques verres de rhum, et comme il avait faim on l'a fait passer à l'office, où se trouvait John, qui, le voyant déjà étourdi, s'est amusé à le faire boire encore plus ; alors, je ne sais pas à propos de quels mots, une querelle s'est engagée entre eux sur la prééminence de leurs pays, et ils allaient décider la question à coups de poing lorsque vous êtes survenu.

« Agréez mes excuses pour mon domestique, dit Clémenceau, vivement contrarié; mais je ne sais comment il se fait que cela soit arrivé. Entre beaucoup de défauts, je ne lui avais pas encore reconnu celui de l'ivrognerie. Mais je le chasserai si jamais...

« Vous ne le chasserez pas pour cela, dit M. Sanson en souriant, car je crois que le pauvre garçon est fort innocent de ce qui lui est arrivé. La chaleur de notre climat, qui rend nécessaire l'usage des spiritueux, leur donne sur ceux qui ne sont pas acclimatés une action terrible. Votre domestique a peut-être bu deux fois moins qu'il ne l'eût fait en France sans danger, et le soleil, autant que le rhum, lui a monté à la tête. Dans quelques heures il n'y paraîtra plus. »

M. Sanson donna l'ordre de presser le déjeuner pour son hôte qui devait avoir besoin de réparer les fatigues de la matinée, et ils rentrèrent tous deux dans le salon.

Mais déjà, et depuis quelques minutes seulement qu'Ernest avait mis le pied dans cette maison, il y avait partout des germes de discorde. Maîtres et valets, chacun dans sa condition, s'étaient voué une égale aversion.

Ernest, malgré sa feinte colère contre Jean, n'avait pu s'empêcher de l'approuver intérieurement dès qu'il avait su que son antagoniste était le domestique de M. Edouard Welmoth, et probablement celui-ci partagea le même sentiment; car il avait vu et observé de la fenêtre de sa chambre, et caché par la persienne, la scène qui venait de se passer, et il n'avait pas essayé d'interposer son autorité.

Du reste, il fallait la présence de deux Européens dans cette maison pour avoir mis en présence deux domestiques, car on n'en compte qu'un très-petit nombre à la Guadeloupe, et tous ceux qui y sont ont été amenés d'Europe, comme Jean et John, les deux champions de la France et de l'Angleterre.

Cependant la gêne qui avait jusque là existé entre Clémenceau et M. Sanson diminua un peu dans la conversation qu'ils eurent ensemble.

Cet entretien roulant sur les intérêts commerciaux relatifs à la question des sucres, intérêts qui étaient communs à l'armateur et au colon, donna à M. Sanson une idée plus favorable d'Ernest. Il savait bien, parlait bien, et du moment que ses fausses idées et ses préventions n'étaient plus en cause, il jugeait les choses avec un vrai bon sens, et cette assurance qui ne part pas de la vanité, mais de la conscience qu'on a de la vérité de ce qu'on dit.

Ernest vit qu'il était écouté avec approbation, et voulant donner aux idées futures qu'il gardait en réserve le poids qu'elles devaient nécessairement recevoir de la justesse de celles qu'il émettait en ce moment, il s'étudia à prouver à M. Sanson qu'il avait une intelligence très-élevée des relations commerciales de la France avec les colonies, des avantages immenses de leur union politique.

M. Sanson fut véritablement charmé de Clémenceau ; mais il garda la crainte que ce beau jeune homme, qui était un fort bon commerçant, n'eût pas une science aussi avancée des autres relations de la vie, et qu'il ne gagnât pas sa cause vis-à-vis de Clara comme vis-à-vis de lui.

Ce fut sans doute cette crainte qui poussa M. Sanson à donner à Ernest des explications dont il se fût assurément dispensé si le but du voyage de Clémenceau avait été simplement commercial, comme il semblait l'être.

« M. Edouard Welmoth, que vous venez de voir, lui dit-il, et qui doit passer un mois parmi nous, est le cousin germain de Clara ; c'est mon neveu par alliance. Ma femme et la mère d'Edouard étaient sœurs. Filles de don José Torréno, riche habitant de Cuba, elles épousèrent, par une bizarre circonstance, l'aînée un Anglais, la cadette un Français, à l'époque où ces deux nations se considéraient comme des ennemis irréconciliables. M. Welmoth emmena sa femme dans l'Inde, où elle mourut peu d'années après, et d'où il s'éloigna pour se fixer en Ecosse, son pays natal. En 1814, et à la même époque, je rentrai à la Guadeloupe, et toutes relations avec mon beau-frère avaient cessé depuis longtemps, lorsqu'il y a un an, M. de Torréno, mon beau-père, est mort, laissant une fortune très-considérable, mais fort embarrassée de créances non liquidées, comme la plupart des fortunes des colons espagnols. Ma fille est l'héritière de cette fortune au même titre que M. Welmoth, et c'est pour régler cette succession à l'amiable, que son père, main-

tenant membre de la Chambre des communes, l'a envoyé
aux Antilles. Il est possible que, d'ici à peu de temps, je me
rende à Cuba avec M. Welmoth, et je ne serai pas fâché, durant ce voyage, d'avoir ici une personne sur laquelle je puisse
compter. »

Clémenceau ne répondit d'abord rien à cette confidence ;
une idée le préoccupait.

Si une alliance entre lui et Clara avait semblé si convenable à M. Sanson pour des raisons d'intérêt, combien plus cette
alliance ne devait-elle pas l'être davantage entre héritiers
d'une même fortune ! Ce fut poussé par cette idée qu'il répondit à M. Sanson après un moment de silence :

— M. Welmoth est-il riche ?

— Son père l'est immensément, et, comme vous, Edouard
est fils unique.

Cette réponse toute simple de M. Sanson parut à Ernest
avoir un but caché ; cette parité de position, que le créole
avait seulement émise comme un fait, était, selon Ernest,
une manière de lui dire :

— Il a autant que vous, et plus peut-être, les avantages
de la fortune ; mettez-vous donc en mesure de lutter contre
un pareil rival.

Toutefois, Ernest n'osa pas céder à l'envie qui le prit d'in-
sinuer son opinion au sujet d'une union probable entre Clara
et Edouard, et il se contenta de répondre :

« Autant qu'on peut juger d'un homme à la première
vue, M. Welmoth me semble ce qu'on appelle en Angleterre
un gentleman accompli, et je félicite mademoiselle votre fille
d'avoir un pareil cousin.

Le *mademoiselle votre fille* venait si mal à propos dans la
conversation, que M. Sanson le remarqua, et qu'un moment
il en soupçonna la véritable intention ; mais, au moment où
il allait essayer de pénétrer dans cette pensée, on les vint
avertir que le déjeuner était servi, et ils passèrent dans la
salle à manger.

Durant le peu d'instants que Clémenceau était demeuré
seul dans le salon, il avait fait une remarque qui est appli-
cable à presque toutes les maisons des colonies. C'est, à vrai
dire, le disparate qui existe entre le luxe de certaines parties
du mobilier d'une habitation et la mesquinerie de l'autre.

Tout ce qui était bronzes, porcelaines, objets d'ornements, était d'un goût exquis, et il en reconnut quelques-uns de son choix ; mais les meubles, à proprement dire, les chaises, tables, consoles, étaient pauvres, de formes étriquées et différentes ; et à une époque où ces objets sont arrivés en France à une véritable magnificence, et où le moindre particulier se pique d'avoir des ameublements complets, ce contraste avait dû frapper Ernest.

Mais il en fut encore plus surpris en entrant dans la salle à manger, où était disposé splendidement le déjeuner, servi dans de la vaisselle plate du plus grand prix. Plus tard, et en visitant d'autres habitations, il s'accoutuma à cette singulière discordance, et il comprit que le plus souvent nos meubles plaqués d'acajou et de palissandre, alors même que les colons les feraient venir à frais énormes, ne résisteraient pas à l'humidité et à la chaleur des Antilles, et y éclateraient.

Mais ce premier jour, il tira une fâcheuse conclusion de ce fait si simple et si commun : la fortune ou l'administration de cette maison lui semblèrent pécher par un coin.

En France, cette opinion eût été juste, et souvent la physionomie d'un appartement en dit plus sur le caractère de ceux qui l'habitent que leur personne elle-même ; et c'est en vertu de cette idée qu'il s'imagina que Clara, pour laquelle il avait fait tant d'acquisitions d'objets frivoles, devait être de ces femmes qui adorent le clinquant et sont fort insoucieuses de ce qui est le fond d'une bonne et grande maison.

De là, à la juger frivole elle-même, dépensière, sans ordre, capricieuse, il n'y avait qu'un pas pour un esprit prévenu comme celui de Clémenceau, et c'est ce qui arriva.

Lorsqu'il entra dans la salle à manger avec M. Sanson, elle y était déjà et causait familièrement avec M. Welmoth ; ce fût un nouveau déplaisir pour Ernest, et par un sentiment assez ordinaire à l'homme, quoique fort injuste, il salua Clara avec une réserve glacée, comme si elle avait eu des torts envers lui.

Une contrariété d'un autre genre attendait encore Clémenceau.

Venu à pied le matin de la Basse-Terre, il était couvert de poussière, et la marche, la chaleur, avaient porté un certain désordre dans la correcte élégance de ses vêtements.

Tout au contraire le bel Anglais avait profité de sa rentrée dans la chambre pour se parer de son mieux. Grâce à cette désinvolture de toilette que permet le climat, il avait trouvé moyen de donner à sa taille guindée une tournure leste, dégagée, conquérante, qui humilia Ernest, sanglé dans son habit noir et son pantalon à guêtres.

Le service était fait par des esclaves et le groom de M. Welmoth, qui, planté comme un piquet derrière son maître, se trouvait comme lui en face de Clémenceau.

Il y avait dans le service de cet homme une impertinence à laquelle M. Sanson n'avait jamais sans doute fait attention, mais qu'Ernest avait déjà remarquée en beaucoup d'autres circonstances chez les domestiques anglais. C'est la façon exclusive dont ils s'occupent de leur maître. Ainsi, jamais John n'eût présenté une assiette à un autre qu'à lui, jamais passé un plat, jamais versé à boire.

Ceci était de bien peu d'importance ; mais, après ce qui s'était passé le matin entre ce drôle et Jean Plonget, cette habitude sembla une affectation insolente à Clémenceau ; et si ce n'eût été la présence de M. Sanson et surtout celle de Clara, Ernest eût probablement trouvé moyen de rendre M. Welmoth responsable de la conduite de son groom.

Ernest était dans cet état défavorable d'un homme mécontent de lui et des autres, sans raison certaine, et à qui tout arrive mal à propos.

En effet, plus M. Sanson semblait mettre de prévenance et de bonne grâce vis-à-vis de lui, plus il devenait triste, impatient, embarrassé. Edouard, au contraire, parlait avec une assurance et une gaîté à laquelle répondait Clara.

Clara, — ce nom fut dit par M. Welmoth, qui s'autorisait de son titre de cousin pour appeler ainsi la fille de M. Sanson, sans autre dénomination.

Ce fut encore un sujet d'humeur pour Ernest : pourquoi cela ?

C'est qu'à travers toutes ses préventions, cette belle enfant rayonnait d'une beauté et d'une grâce enchanteresses. Elle était venue au déjeuner parée aussi, c'est-à-dire après avoir remplacé par une simple robe de mousseline la gaule dont elle était accoutrée le matin ; et par cela seul qu'elle n'était plus dissimulée, la souplesse élégante et mobile de sa taille se montrait comme une parure ravissante.

Ernest l'avait à peine aperçue le matin, mais maintenant il la voyait.

Que d'ardeur, d'esprit, d'intelligence et de volonté dans ses yeux noirs et veloutés lorsqu'elle les ouvrait, pour ainsi dire à plein regard, pour écouter ou parler ; que de chasteté, de modestie, et de virginale pudeur, quand elle les voilait dans ses longues paupières brunes bordées d'une longue frange de cils noirs ! et comme sa voix grave et pleine avait de douceur caressante ; comme ce léger grasseyement, qui semblait affecté et ridicule à Ernest dans la bouche des Parisiennes, était naturel et en même temps coquet et attrayant !

Mais, hélas ! tout cela ne s'adressait pas à lui, tout cela était pour Édouard, qu'elle écoutait et à qui elle répondait avec une sorte de prédilection. Il eût été juste de remarquer qu'Ernest n'avait pas encore adressé la parole directement à Clara, mais il n'en n'était pas moins irrité contre elle.

Le déjeuner se termina donc sans qu'il y eût eu, entre Clara et Ernest, autre chose qu'une présentation cérémonieuse avec une révérence d'un côté et un salut de l'autre. M. Sanson, de son côté, était mécontent du peu de succès d'Ernest, et il avait en vain tâché de ramener sa fille à faire attention à lui en lui rappelant qu'elle devait presque tous les petits meubles dont elle faisait ses délices à l'obligeance de M. Clémenceau ; mais à toutes ses insinuations elle avait répondu par un :

« Monsieur est bien bon,

— Je suis fort obligée à monsieur, »

Sans que cela dépassât d'un mot ou d'un regard cette laconique réponse.

Après le déjeuner, on rentra dans le salon, et M. Welmoth, qui semblait avoir pris le parti de ne pas s'apercevoir de la présence du nouveau venu, proposa à Clara de continuer une lecture commencée la veille.

Il prit un volume que Clémenceau reconnut pour l'avoir envoyé. C'était un volume anglais des œuvres de Walter Scott.

« Que pensez-vous de cet auteur ? dit M. Sanson, qui se donnait toutes les peines du monde pour trouver un endroit où il pût faire briller son correspondant français.

— Je ne sais pas l'anglais, répondit sèchement Clémenceau, qui voulait plutôt avertir M. Welmoth de son peu de politesse que répondre à M. Sanson.

Un imperceptible sourire de dédain parut sur les lèvres de M. Welmoth, et il dit en anglais à sa cousine :

— C'est étonnant, mais tous ces Français européens sont d'une ignorance crasse.

Ernest, qui savait l'anglais à merveille, entendit parfaitement ce qui s'était dit; mais, comme il allait répliquer assez vivement, il comprit qu'il ne pouvait ainsi mentir à lui-même, et la pensée lui vint que cette ignorance affectée pourrait lui servir à découvrir beaucoup de choses qu'on ne craindrait peut-être pas de dire devant lui.

Après ce petit incident, il demanda la permission de se retirer chez lui, et s'enferma dans sa chambre, où il se mit à réfléchir sur le plan de conduite qu'il devait tenir. Mais, bientôt vaincu par la fatigue et la chaleur, il s'endormit profondément.

Nous demandons pardon à nos lecteurs de nous étendre si longuement sur les moindres détails de cette première journée, mais peut-être trouveront-ils, dans la suite de cette histoire, qu'il est nécessaire de bien établir ces détails, pour n'avoir pas à expliquer à tous moments les points de départ des divers sentiments de nos personnages.

Revenons à Ernest.

Lorsqu'il se réveilla, il entendait qu'on allait et qu'on venait autour de lui dans la chambre, et s'aperçut que déjà le jour était assez avancé; il se leva à la hâte et vit Jean en train de ranger ses habits et de préparer la toilette de son maître. Il avait un visage sérieux, méditatif et préoccupé; mais il avait quitté sa livrée et portait tout simplement une chemise et un pantalon de toile bleue.

— Qu'est-ce que tu fais là? lui dit son maître.

— Vous voyez, je prépare votre toilette.

— Et depuis quand, monsieur Jean, entrez-vous chez moi comme à l'écurie? lui dit Clémenceau, en remarquant sa tenue négligée.

— N'ayez pas peur, dit Jean en caressant de la main le collet d'une charmante redingote de Humann; c'est seule-

ment le temps de remuer un peu plus lestement. Du reste,
mon affaire est prête, et nous ne serons pas enfoncés une seconde fois.

— Qu'est-ce que c'est?

— Écoutez, monsieur, lui dit Jean Plonget d'un air déter-
miné, vous êtes Français et je suis Français. Nous sommes
dans un pays de sauvages ; c'est bien ; et je m'en soucie
comme des vieux casaquins de ma grand'mère. Mais il y a
des Anglais sur place , des Anglais qui ont eu l'avantage ce
matin.

— Hein! fit Ernest d'un ton rogue.

— Il n'y a pas à dire non, fit Plonget d'un air professoral,
vous avez été enfoncé par le maître comme je l'ai été par le
domestique. Je sais tout ; Rosie m'a tout conté.

— Qu'est-ce que c'est ça, Rosie? dit Clémenceau.

— Une mulâtresse , monsieur, rien qu'une mulâtresse ;
mais tonnerre d'enfer! quelle mulâtresse! quels yeux!
quels!... Mais ce n'est pas de ça qu'il s'agit. Vous avez fait
votre somme après l'enfoncement comme j'ai fait le mien, et
vous devez être honteux comme moi de la chose. Donc il
faut prendre votre revanche. Quoi! M. Ernest Clémenceau et
Jean Plonget du Havre enfoncés par des puddings anglais!
ça ne se peut pas. Voici tout ce qu'il vous faut pour vous habiller : on dîne dans une heure, je vas me ficeler... de mon
côté... et je le serai proprement.

Ernest écoutait Jean Plonget, et quoiqu'il fût blessé de la
familiarité avec laquelle il lui rappelait son peu de succès, il
était encore plus curieux de savoir comment il l'avait appris.

« Il paraît, lui dit-il alors, que tu as déjà causé avec les
gens de la maison?

— Avec Rosie.

— Et qu'est-ce que c'est que Rosie?

— La mulâtresse qui est entrée ce matin dans le salon,
avec mademoiselle Sanson, pendant que vous étiez... A propos de ça, monsieur, est-ce vrai que vous avez bu dans le
verre de la jeune personne?

— C'est-à-dire que j'ai bu un verre de limonade qu'elle
s'était préparé.

— C'est égal, dit Jean Plonget d'un ton doctoral, c'est bon

signe, comme je l'ai dit à Rosie, c'est signe que vous épouse-
rez la demoiselle.

— Comment! tu t'es permis de dire....

— Dame! fit Plonget, vous n'êtes pas Normand pour ne
pas savoir ça, et ma grand'mère n'était pas sorcière pour ne
pas m'avoir appris tout ce qui porte bonheur ou malheur.
Mais avec ça le bon Dieu ne peut pas tout faire : Aide-toi, le
ciel t'aidera, a dit le proverbe; par ainsi, un peu de chic, je
vous en prie, et le pudding verra. »

Là-dessus, et sans attendre la réponse de son maître, Jean
disparut.

Clémenceau, demeuré seul, trouva que le gros bon sens de
Jean l'avait mieux conseillé que toutes ses réflexions, et il
mit un soin particulier à faire ressortir tous les avantages de
sa personne. Comme il allait sortir de sa chambre, il entendit au haut de l'escalier la voix de M. Welmoth, qui disait en
anglais :

« Le Français est-il descendu?

— Pas encore, répondit une autre voix qui devait être
celle de John; je crois qu'il dort toujours.

— Très-bien, fit Edouard, et il rentra chez lui. »

Sans pouvoir deviner quel était le but de cette question,
Clémenceau jugea que M. Welmoth s'occupait de lui, et par
conséquent qu'il s'en alarmait, il prit un peu d'assurance et
se hâta de se rendre au salon.

Indépendamment de M. Sanson et de sa fille, il s'y trouvait trois ou quatre personnes étrangères, dont une femme
d'une beauté que je ne saurais mieux caractériser que par
le mot de beauté turbulente. En effet, quoique ses traits ne
présentassent point véritablement cette pureté et cette correction de dessin qui sont les principes de la beauté calme,
il y avait dans l'œil, dans le sourire, dans la physionomie
de cette femme, une action, une vie, une énergie qui frappaient comme la beauté, et comme elle inspiraient l'admiration.

Le regard dont elle enveloppa, pour ainsi dire, Clémenceau, lorsqu'il entra dans le salon, se reporta immédiatement sur Clara et sembla lui dire :

— Ce n'est pas ce que vous m'aviez dit.

Et Clara elle-même, s'étant hasardée à regarder Ernest,

laissa percer un léger étonnement, comme si c'était un autre que celui qu'elle avait annoncé qui venait de paraître devant elle.

Clémenceau se mêla au groupe d'hommes retiré dans un coin, pendant que ces dames continuaient la conversation; et presque aussitôt Edouard entra triomphalement : on n'attendait plus que lui, il s'en excusa près de sa cousine et s'assit entre elle et madame de Cambasse, en se faisant, pour ainsi dire, le seul cavalier galant de la société.

Clémenceau, tout en répondant aux personnes avec lesquelles il causait, veillait du coin de l'œil sur ce qui se passait du côté des dames, et il put remarquer qu'Edouard n'était pas dans les bonnes grâces de l'étrangère.

On vint annoncer que le dîner était servi.

Encore une fois, qu'on nous permette de raconter les petits incidents de ce dîner, car ils établiront, pour ainsi dire, les bases des rapports bienveillants et hostiles qu'auront plus tard entre eux les personnages de cette histoire; qu'on nous pardonne même d'entrer dans certains détails fort minimes, mais qui furent, comme il arrive souvent pour de plus grands intérêts, les causes d'une sorte de déclaration de guerre.

Le regard que Jean avait lancé à son maître, lorsqu'on entra dans la salle à manger, semblait appeler l'admiration d'Ernest.

Mais le pauvre Jean avait eu beau faire, se sangler, se brosser, se tirer, il n'avait pu atteindre à cette tournure supérieure du domestique anglais, et Ernest, tout en reconnaissant que Jean, selon son expression, n'avait jamais été si bien ficelé, ne put s'empêcher de voir qu'il était bien loin du John de M. Welmoth.

En devait-il être du maître comme du valet? Cette question qu'Ernest se fit involontairement, au lieu de l'abattre, lui donna plus d'ardeur.

M. Sanson, qui désirait lui faire le plus d'honneur possible, l'avait placé à côté de Clara et avait mis son neveu, M. Welmoth, près de madame de Cambasse, à sa droite, de façon que les deux grooms étaient en face l'un de l'autre.

Pour quelqu'un qui se fût douté de ce qui se passait dans l'esprit de ces deux personnages, la mine qu'ils se faisaient, l'air dont s'observaient le champion du filet de bœuf et le défenseur du rotsbeef eût pu paraître un spectacle fort amusant.

John, plus renfrogné, plus immobile qu'à l'ordinaire, avait les yeux attachés sur le moindre geste de son maître, et au plus petit mouvement il le prévenait dans ce qu'il eût pu lui demander.

Jean, tout au contraire, ne faisait pas plus attention à Clémenceau que s'il n'avait pas été devant lui; il ne s'occupait que de Clara, et il l'avait servie avant qu'elle eût le temps de faire un signe ou de dire une parole. Personne n'y faisait attention, excepté peut-être John et son maître, qui semblait fort gêné du voisinage de madame de Cambasse, qui paraissait également contrainte et mal à son aise.

La conversation s'était engagée sur ce qui se passait en France en ce moment, et Clémenceau disait avoir quitté Paris dans un délire de plaisirs et de fêtes qui promettait un hiver délicieux.

— Et, lui dit madame de Cambasse, n'avez-vous apporté aucune nouveauté de Paris?

— Mon père, madame, reprit Ernest, m'a chargé d'offrir de sa part à mademoiselle Sanson quelques-unes de ces nouveautés, et j'attendais qu'on eût débarqué les caisses qui les renferment pour demander à M. Sanson la permission de les présenter à mademoiselle.

— J'accepte pour elle avec grand plaisir, dit M. Sanson.

— Et ce sera sans doute de très-bon goût, dit M. Welmoth, c'est monsieur qui les a choisies.

L'intention railleuse était évidente; mais Ernest ne se souciait pas de personnifier la question, et il répliqua:

— Il n'y a pas grand mérite à bien choisir dans notre pays, car l'élégance, la grâce, le bon goût, comme dit monsieur, se trouvent dans tout ce qui s'y fait.

— Il est certain que vous êtes les rois de la mode, dit Welmoth en ricanant.

— Comme vous, monsieur, les rois du commerce, repartit Clémenceau, avec une courtoisie impertinente.

Jean fit une grimace; il crut que son maître *cannait*, selon l'expression normande, et M. Welmoth le crut aussi, car il reprit d'un ton doctoral:

— Ce n'est pas une royauté frivole, celle-là.

— Sans doute ; mais c'est une royauté de circonstance, que mille événements peuvent détruire ; tandis que celle qui est inhérente à l'esprit, au tact, au bon goût d'un peuple, pour me servir de votre expression, demeure éternelle. Vous serez longtemps peut-être les rois du rail et du charbon de terre, mais nous serons toujours les rois des beaux-arts, de la littérature, de tout de qui élève l'esprit et agrandit les idées sur la dignité humaine.

— Vous parlez de littérature, dit M. Welmoth, vous n'avez jamais lu sir Walter-Scott.

— Je le sais par cœur, monsieur, car si ignorants que soient les Français, ils n'ont pas cet esprit de nationalité étroite qui les empêche de comprendre le mérite de leurs rivaux. Vous savez presque tous le français, messieurs, mais vous ne savez pas un mot de notre littérature ; c'est à vrai dire le même esprit en toutes choses ; vous savez le mécanisme, mais vous ignorez les œuvres.

— Et valent-elles la peine qu'on les lise ? fit Welmoth.

— Quand vous les aurez lues, vous en jugerez.

Ceci fut prononcé d'un ton de dédain si dégagé, que M. Welmoth en devint rouge, tandis que madame de Cambasse lui disait :

— Avez-vous beaucoup de livres nouveaux ?

— J'en ai une cargaison, dit Clémenceau en riant.

En ce moment, Jean, en servant Clara avec trop d'empressement, fit une petite gaucherie.

— Hé ! fit Édouard d'un air arrogant, monsieur le domestique français, mademoiselle a son monde pour la servir.

— Pardon, mademoiselle, dit Clémenceau, les domestiques français, comme leurs maîtres, ont l'habitude d'être polis envers tout le monde.

Les deux jeunes gens se regardèrent en face, et les deux grooms échangèrent un regard provocateur ; la guerre était déclarée, les positions prises.

Haine des Anglais contre les Français, préférence de Clara pour Édouard, préférence de M. Sanson pour Ernest, et, au milieu de tout cela, observations de madame de Cambasse.

Maintenant nous pouvons continuer notre récit.

IV

LE DIMANCHE.

Le lendemain du jour de son arrivée, Clémenceau eut une longue consultation avec lui-même, et il éprouva une sorte de repentir de sa conduite de la veille. Le philanthrope se réveilla en lui, et il se dit qu'il s'était laissé aller à des mouvements d'intérêt personnel, ou tout au moins de vanité de jeune homme, tout à fait incompatibles avec la mission de délivrance qu'il s'était donnée.

Hélas ! c'est un ridicule assez commun dans notre époque, que celui de missionnaire d'une pensée quelconque, pour ne pas en faire un trop cruel reproche à notre héros.

N'avons-nous pas ceux qui se sont imposé la mission de procurer aux voleurs et aux assassins toutes les commodités de la vie, et qui ont fait les plus énergiques protestations, les doléances les plus lamentables contre la barbarie de l'administration, jusqu'à ce qu'ils aient obtenu pour leurs chers criminels des cellules chauffées en hiver, rafraîchies en été, des draps blancs, des matelas douillets et de la bonne viande à dîner et à déjeuner ?

Nous avons ceux qui se sont donné la mission d'assurer la nourriture du pauvre dans les années désastreuses, et qui ont inventé l'art de conserver les haricots verts et les petits pois à six francs le plat.

Nous avons ceux qui se sont donné la mission d'instruire le peuple, et qui font des petits livres où ils apprennent que Robespierre était un honnête homme, qui avait peut-être poussé un peu loin les conséquences d'un bon principe, et que Henri IV était un bourreau pour avoir puni, selon les lois du temps, un ou deux délits de chasse.

Et ceux dont la mission est d'organiser le travail, et qui applaudissent à toutes les coalitions d'ouvriers contre les maîtres ; et ceux qui prêchent le besoin des sentiments religieux et qui insultent le catholicisme au profit de Saint-Simon ou de l'abbé Châtel.

Il n'est pas jusqu'aux lions du Jockey-Club qui, lorsqu'ils parient dix louis pour *Dudu* ou pour *Déjazet,* deux juments renommées au turf, ne disent qu'ils ont la mission d'améliorer la race chevaline en France.

La prétention à la mission est la maladie du siècle, et je connais un fabricant de bas qui s'est donné la mission de réhabiliter les bonnets de coton.

Qu'on ne soit donc pas trop sévère pour notre héros ; car s'il avait pris sa bonne part de cette manie apostolique, cette part, du moins, avait un côté généreux et excusable, et peut-être y avait-il chez lui plus d'ignorance que de présomption.

C'est même ce que prouve la résolution qu'il prit le matin dont nous parlons. Se retirer de la lutte vis-à-vis de M. Welmoth ; se renfermer dans des relations d'une politesse respectueuse et réservée vis-à-vis de Clara ; percer les mystères dont, sans doute, on enveloppait les misères de l'esclavage ; étudier sincèrement les moyens d'arriver au but qu'il s'était proposé, et pour le faire avec plus de fruit, observer sans cesse, en se mettant en dehors de toutes les discussions.

Il faut le dire à la louange de Clémenceau, il lui avait fallu une véritable vertu pour prendre toutes ces résolutions, et surtout celles qui étaient relatives à M. Welmoth et à Clara. Le premier lui inspirait une si vive antipathie, et Clara l'avait laissé dans un si doux enchantement de sa jeune et suave beauté, que pour se réduire à une parfaite indifférence vis-à-vis de ces deux personnes, il avait dû combattre ses penchants par les plus pressantes raisons.

Comme nous l'avons dit, c'était le lendemain même de son arrivée, et par conséquent le dimanche qu'Ernest avait tenu conseil en lui-même bien avant que personne ne fût levé dans la maison.

C'est le propre des esprits qui s'exaltent aisément sur une idée, de vouloir la mettre tout de suite à exécution ; les convictions lentement acquises sont plus patientes, et les caractères persévérants sont en général moins pressés.

Voilà donc Ernest qui, tout désireux de commencer ses

expériences à l'insu de tout le monde, quitte doucement sa chambre pour se glisser hors de la maison ; mais il ne réussit qu'à moitié dans ses projets, car, en sortant, il rencontra M. Owen, celui qui la veille avait rendu compte à M. Sanson de la querelle de Jean Plonget et du groom d'Edouard.

En voyant Clémenceau, M. Owen le salua avec un empressement respectueux qui ne put triompher de la prévention qu'éprouvait Ernest pour les Anglais. Ernest le remercia donc assez sèchement de l'offre que lui fit celui-ci de l'accompagner et de le guider dans sa promenade du matin.

Le vieillard, car M. Owen était un homme d'au moins soixante ans, salua de nouveau Ernest, après avoir attaché sur lui un regard qui semblait vouloir dire :

« Si vous vouliez m'interroger, j'aurais beaucoup de choses à vous dire. »

Cependant Ernest se dirigea du côté des cases à nègres, espérant y surprendre le secret de leurs tortures en l'absence du maître.

Quoiqu'il fit cette espèce d'investigation avec des sentiments plus calmes que la veille, il restait encore persuadé qu'on se donnait beaucoup de peine pour lui cacher la vérité, et la rencontre de M. Owen lui fit croire qu'il avait été recommander partout un appareil menteur de bien-être. Il rêvait, sans doute, à ces villages de carton peint et à ces ramassis de serfs habillés pour un jour que Potemkin avait placés sur le passage de Catherine pour lui faire croire à la prospérité de ses sujets.

Outre que Clémenceau n'était pas empereur et que personne ne se fût donné tant de peine pour lui, il eût dû penser qu'une pareille comédie ne pouvait durer, à supposer même qu'elle fût possible ; mais la bonne tenue des premières cases et de l'espèce de petit parc qui les entourait lui sembla ne pouvoir être un état habituel.

Quelques-unes de ces cases, près desquelles se trouvaient des volailles, des porcs, des lapins et des cabris, avaient l'air de petites fermes, tandis que la magnificence de la végétation leur laissait l'aspect charmant d'un jardin.

Dans les unes, les nègres s'occupaient des soins que réclament les animaux domestiques, d'autres donnaient la dernière main à des paniers, à des nattes, à des filets, à des ouvrages en paille, et parmi eux régnait une occupation paisible et un certain air de contentement.

Cependant il remarqua qu'un très-grand nombre de nègres se trouvaient étendus à terre dans une posture qui indiquait moins le besoin du repos que la satisfaction du *far niente*.

On ne se rend jamais bien compte de l'effet des mots sur les esprits et des impressions qu'ils y laissent. Ces impressions sont fort distinctes des idées raisonnées qu'on se fait des choses, mais elles n'existent pas moins.

Par exemple, toutes les fois qu'on parle d'esclavage en Europe, ce mot est accompagné de ceux-ci : les *fers* de l'esclavage, le *fouet* du maître, l'homme réduit à l'état de *bête de somme*. Ceux qui ont étudié la question, quelle que soit leur opinion, s'élèvent à la hauteur d'une question sociale ; mais pour le vulgaire, les *fers*, le *fouet*, la *bête de somme*, sont des images inséparables de l'idée d'esclavage ; et notre Clémenceau, qui en était là sans s'en douter, se trouvait tout à fait désorienté de ne pas voir de grosses chaînes de fer aux pieds de tous ces hommes, de ne pas entendre des coups de fouet, de ne pas rencontrer un homme avec un bât.

En dehors de sa raison, dans ce côté pittoresque de l'imagination qui donne une forme à ce dont on s'occupe, une habitation devait un peu avoir pour lui quelque chose de l'aspect d'un bagne.

Mais point ; c'était un délicieux hameau, paisible, industrieux, indolent, insoucieux et gai. Oui, gai, entendez-vous ? car voilà de jeunes négresses qui passent en chantant ; voyez comme elles sont belles et parées.

La plus belle et la plus parée, c'est Sabine : elle n'a pas dix-huit ans ; grande, flexible, l'œil ardent, le sourire ouvert sur des dents étincelantes, elle marche la première, en jetant à droite et à gauche des regards provocateurs, comme pour appeler l'admiration. Au lieu de marcher nu-pieds, aujourd'hui elle est chaussée de souliers gris, attachés par des rubans de couleur qui se croisent sur un bas blanc et fin.

Sa chemise, brodée par devant, et de la plus fine batiste, elle est garnie également d'une dentelle fine. Un madras coquettement arrangé laisse voir son beau collier de corail, et laisse voir aussi les épaules et le sein. La manche juste et plissée, fermée aussi par de petits boutons d'or, descend à peine jusqu'au coude et dessine le bras.

Un jupon de la plus fine mousseline flotte autour de ses reins cambrés, et lorsqu'elle passe entre vous et les rayons lumineux du soleil, la transparence de ses vêtements laisse deviner la forme d'ébène de son beau corps dans une sorte de vapeur blanche.

Sabine est belle ainsi, belle à faire arrêter Clémenceau qui la contemple comme l'image d'une de ces superbes péris noires, dont la séduction est si redoutée des Hindous; et Sabine ne s'étonne pas de l'admiration de Clémenceau, car elle sait qu'elle est belle, et elle n'a rien négligé pour l'être encore davantage. Son madras est capricieusement arrangé et retenu par une foule de petites épingles en or, réunies par de légères chaînes d'or qui se balancent gracieusement autour de sa tête, tandis qu'une riche broche ferme sa coiffure sur le front comme un diadème. De larges anneaux pendent à ses oreilles.

« Est-ce là une esclave? se dit Ernest, tandis qu'elle passe devant lui en le regardant comme Ernest n'avait jamais été regardé :

— Oh! se dit-il, c'est quelqu'une de ces pauvres filles, victimes de la lubricité de son maître, qui a doré son déshonneur. »

Ah! mon ami Ernest, ne dites pas cela tout haut; vous êtes mon héros, je vous aime de tout mon cœur malgré vos défauts, et je vous jure que si un seul de ces misérables que vous plaignez si fort vous entendait faire cette belle phrase philosophique, il vous rirait au nez.

Regardez plutôt autour de vous et voyez : au passage de cette jeune fille, deux hommes, que votre aspect a peut-être arrêtés, se sont placés devant la porte de leur case : l'un c'est Théodore le charpentier, esclave né sur l'habitation, doué d'une force et d'une adresse assez rares, et portant à la fois sur son visage une impudence et une bassesse remarquables, insolent et lâche; l'autre, c'est Crésus, nègre de vingt-cinq ans, dernier venu des côtes d'Afrique.

Crésus est le rival de Théodore, rival timide, car il a osé à peine lever les yeux sur Sabine; mais rival redoutable, car il a fait baisser devant son regard fier le regard menaçant et bas de Théodore.

Quant à Sabine, elle a eu un sourire pour chacun d'eux : pour Théodore qui est riche et qui pourrait acheter sa liberté, s'il ne préférait payer les faveurs de Sabine des bijoux dont elle se pare ; pour Crésus, qui est beau et qui a la confiance de son maître.

Ernest avait été si frappé de l'aspect de cette jeune fille, qu'il l'avait suivie des yeux tant qu'il avait pu l'apercevoir, de façon qu'il fut pour ainsi dire surpris dans sa contemplation par un mouvement presque général qui s'opéra tout à coup dans les cases. De beaucoup d'endroits les nègres sortirent avec des volailles, des cabris, du lait, des œufs, d'autres portant des bananes, des ignames, des ananas et le fameux chou palmiste ; c'était comme une émigration.

Ernest, fort étonné, s'apprêtait à demander où ils allaient, lorsque Rosie, la mulâtresse attachée au service de Clara, passa vivement près de lui, et arrêta Théodore qui quittait aussi les cases, portant une cage admirablement travaillée et renfermant un couple de siffleurs des montagnes.

« Théodore, lui dit-elle, ma maîtresse m'a chargée de t'acheter ta cage et tes oiseaux : combien en veux-tu ? »

Le nègre parut embarrassé et contrarié, et répondit :

« J'ai bien du chagrin, mais je ne puis pas les vendre à ma jeune maîtresse ; je les ai promis à une dame de la Basse-Terre.

— Comment se nomme cette dame ?

— Je ne sais pas, fit le nègre.

— Tu es un menteur, dit Rosie, tu ne les as pas promis ; tu ne veux pas les vendre ici, voilà tout.

— Eh bien ! fit Théodore emporté par son humeur, quand ce serait vrai, le maître n'a pas besoin de savoir ce que je gagne.

— Je ne lui dirai pas combien je te les paierai. »

Le nègre resta un moment indécis, et dit à Rosie :

« Eh bien ! prends la cage ; maîtresse donnera ce qu'elle voudra.

— Non, non, fit Rosie, c'est un moyen d'en avoir quatre fois ce que ça vaut, et tu diras ensuite qu'on ne t'a pas payé autant qu'il le fallait.

— Eh bien! dit Théodore en partant, je vais aller la vendre à la ville. »

Cette petite scène, dont Ernest fut témoin, ne contribua pas peu à confondre ses idées sur la tyrannie absolue du maître à l'égard de l'esclave, et il s'approcha de Rosie, qui frappait du pied avec colère et d'un air menaçant, tandis que Théodore s'éloignait.

Croyant deviner sa pensée, il lui dit :

« Tu vas dénoncer, n'est-ce pas, cet esclave au commandant, et tu le feras condamner au fouet?

— Et pourquoi? lui dit Rosie d'un air étonné.

— Pour t'avoir refusé la cage.

— Il est bien le maître de la vendre à qui il veut ; c'est un méchant de me l'avoir refusée ; cela aurait fait plaisir à mademoiselle Clara, qui a été bonne toujours pour Théodore.

— Alors c'est à toi qu'elle s'en prendra de n'avoir pas réussi.

— Et pourquoi à moi? je ne suis pas plus qu'elle maîtresse de forcer la volonté de ce méchant nègre.

— Tu ne l'aimes pas, à ce qu'il paraît ? »

Rosie prit un air de princesse, et avec un de ces regards provoquants dont Ernest avait vu à l'instant même un emploi si habile chez la belle Sabine, elle lui répondit en s'en allant :

« Rosie n'aime pas les nègres. »

Ernest se souvint alors de l'exaltation de Jean Plonget au sujet de Rosie, et se promit de surveiller son Normand, auquel il ne voulait pas permettre de faire ce qu'il appelait un scandale.

Demeuré seul, il continua sa visite, et observa cependant une case qui n'avait pas cet air de prospérité qu'il avait remarqué dans les autres. Il triompha en lui-même, surtout lorsqu'il entendit une voix rude et impérieuse crier avec autorité :

« Non, tu n'iras pas à la ville ; et si tu n'as pas, d'ici ce soir, travaillé à ton jardin, on te retirera ton samedi pour te faire travailler tous les jours.

— Pas le dimanche, au moins dit l'esclave à qui le commandeur s'adressait ; pas le dimanche ! le bon Dieu ne veut pas qu'on travaille le dimanche.

« — Oui, mais il veut qu'on travaille le samedi, et tu n'as rien fait hier, comme les autres samedis.

— Je ne peux pas ; je suis malade, répondit une voix robuste. »

Ernest s'avança ; il aperçut un homme dans la force de l'âge, et qui semblait jouir d'une excellente santé.

« Tu n'étais pas malade pour aller à la ville, ou plutôt pour aller voler.

— Moi ! jamais, fit le nègre, moi, jamais voler, oh ! non jamais.

— Tu es un rusé coquin, mais je finirai par t'y prendre. »

Le nègre se mit à rire, et répondit :

« Non, non, je ne serais pas allé voler, car ce matin, en sortant, je me suis heurté à mon pied de malheur.

— Et il n'y a que ça qui t'arrête ; profites-en pour travailler, sinon... »

Le commandeur lui fit un geste de menace, et en le quittant il se trouva devant Ernest, qui lui dit en passant :

« Vous êtes bien rigoureux pour ce malheureux.

— Ah ! si j'étais le maître, il faudrait bien qu'il travaillât ; mais M. Sanson est trop bon pour ces malheureux : en voilà un qui préfère n'avoir que la nourriture du magasin et l'habillement de toile, à travailler six heures par semaine pour se nourrir comme un blanc, et se bien habiller.

— Six heures par semaine, dites-vous ? fit Ernest.

— Six heures bien employées lui suffiraient, car il est tout seul ; mais je l'avais bien dit à M. Sanson, c'est un nègre de maison, et ils ne valent plus rien quand on les remet à l'atelier ; ils se laisseraient plutôt mourir de faim que de toucher volontairement à la terre. Ce n'est pas que celui-là manque de rien, on dirait que c'est pour lui qu'a été faite la chanson :

> Moin dit : *Zozo* anon travail.
> *Zozo* dit : Moin anon voler.

Ce qui veut dire :

> La femme dit : *Zozo*, allons travailler.
> *Zozo* répondit : Femme, allons voler.

Ernest marchait de désillusions en désillusions ; mais ce

n'était pas pour lui une raison de se rendre à l'évidence ; il lui restait une réponse péremptoire à tous les faits.

« Ce nègre est laborieux, mais c'est par contrainte, et il n'y a pas de travail honorable sans liberté ; ce nègre est paresseux, c'est l'esclavage qui l'a abruti. »

Cependant, à l'exception peut-être de cette case, toutes lui parurent plus ou moins bien tenues, et il en remarqua quelques-unes où des vieillards étaient aidés par des jeunes gens, et demanda au commandeur pourquoi cela se passait ainsi.

« Ah ! fit le commandeur, c'est le vieux Zacharie qui a acheté sa femme et ses enfants.

— Et qui ne s'est pas acheté lui-même, dit Ernest.

— Il appartient à un assez bon maître pour ça, fit le commandeur. »

Cependant, en revenant sur ses pas, Ernest repassa devant la case de Crésus, de ce nègre qui avait si bien admiré la belle Sabine. Il travaillait avec une ardeur remarquable, et le commandeur lui cria :

« C'est bien, Crésus, c'est bien ; tu seras libre quand tu voudras.

— Oh ! dit Crésus en se relevant, je ne veux pas être libre ; j'aime mieux être riche. »

Le langage de ce nègre était presque incompréhensible, et comme il semblait intelligent, Ernest s'en étonna et en demanda la cause au commandeur.

« C'est un nègre de côte, monsieur, qui n'est arrivé d'Afrique que depuis cinq ans. Il appartenait au beau-père de M. Sanson, qui l'avait acheté à Cuba d'un contrebandier espagnol et qui l'a donné à son gendre dans une visite qu'il lui fit à cette époque.

— Ah ! pardieu ! s'écria Ernest en lui-même, voici mon homme ; voici celui qu'on a pris dans sa liberté, dans sa patrie pour l'exiler sous un climat mortel et le réduire en esclavage ; voilà la véritable victime de la barbarie européenne. »

Et dans l'enthousiasme que lui causait sa découverte, il laissa le commandeur continuer sa route, et entra dans le parc de Crésus, qui sembla étonné de cette brusque visite ; car les nègres n'aiment pas qu'on entre dans leur case.

Cela arrive rarement au maître, qui respecte toujours le domicile de l'esclave, surtout en son absence; d'ailleurs un nègre, quand il s'absente, emporte ordinairement la clef de sa demeure.

Notre ami Ernest contempla longtemps Crésus avec une sorte de pitié, et après cet examen, pendant lequel le nègre semblait fort embarrassé, il lui dit :

« Comment te trouves-tu ici?

— Ah! fit Crésus d'un air effaré, vous n'êtes pas venu pour m'acheter; M. Sanson ne veut pas me vendre!

— C'est bien assez de subir un maître indulgent, lui dit Ernest, et tu crains d'en trouver un plus cruel, pauvre exilé de l'Afrique !

— Oh! pas l'Afrique, s'écria l'esclave avec épouvante, jamais l'Afrique !

— Que veux-tu dire? reprit Ernest fort étonné; tu ne voudrais pas revoir ton pays?

— Ah! j'ai été si malheureux dans mon pays! là aussi j'étais esclave.

— Esclave des ennemis de ta peuplade, sans doute?

— Oh! non, esclave de mon frère. Je lui avais emprunté un cheval pour faire une route longue; le cheval est mort, et je n'ai pas pu lui en donner un autre; alors il m'a pris pour le payer.

— Quoi! ton frère? dit Ernest.

— C'était son droit, répondit simplement Crésus.

— Et c'est lui qui t'a vendu aux Européens?

— Et il a bien fait, dit Crésus, avec une expression naïve de joie, quoique j'aie eu bien peur, car on disait que les blancs achetaient les nègres pour les manger; et quand je suis arrivé et que j'ai vu cette terre, avec ses beaux arbres, ses beaux fruits, l'eau fraîche et bonne à boire, toujours des fleurs au lieu de sable, et le bon air doux au lieu du soleil qui brûle là-bas, j'ai été bien heureux... Je suis bien heureux. Vous ne m'achèterez pas, vous ne me ramènerez pas en Afrique. Ah! voyez-vous, j'ai entendu dire, reprit Crésus d'un air mystérieux, que des blancs de bien loin, bien loin, prenaient les pauvres esclaves dans les vaisseaux et les ramenaient méchamment au pays, et je ne veux pas, je ne veux pas. »

L'accent naïf, suppliant et désespéré dont Crésus prononça ces derniers mots, tant il paraissait épouvanté de l'idée de retourner en Afrique, confondirent encore plus Ernest que ce qu'il venait d'apprendre de l'état de ces malheureux dans leur propre pays; il y avait là de quoi persuader un moins entêté que Clémenceau, mais il trouva encore une réponse à l'évidence, et il se dit en quittant la case :

« C'est l'amour qu'il éprouve pour cette belle fille qui lui fait oublier que la patrie et la liberté sont les premiers biens de l'homme. »

Oui, quand il y a une patrie et une liberté.

La matinée commençait à s'avancer; Ernest, qui pensait que son expédition pourrait paraître indiscrète à M. Sanson, s'empressa de rentrer, bien persuadé que plus tard il trouverait en ceci comme en beaucoup d'autres choses la vérité terrible sous une apparence fardée.

Mais la précaution était inutile; et en rentrant, il apprit que M. Sanson était parti, bien avant qu'il ne fût levé, avec M. Welmoth, que tous deux avaient annoncé qu'ils seraient de retour de la Basse-Terre pour le déjeuner. Il se rappela alors ce que M. Sanson avait dit la veille à Edouard; et malgré sa résolution de demeurer indifférent à tout ce qui concernait l'Anglais, Ernest éprouva une vive curiosité de savoir quel pouvait être le but d'une visite si matinale.

Ce désir, Clémenceau n'était pas homme à faire un pas ou à dire un mot pour le satisfaire; mais il l'éprouva assez vivement pour ne pas être fâché de rencontrer Jean Plonget dans sa chambre, au moment où il y rentra, avec l'espoir que, curieux et bavard comme il l'était, son Normand aurait appris et lui redirait la cause de cette sortie.

Ce qu'il avait prévu était arrivé en partie; Jean avait causé, Jean avait appris; mais il ne paraissait pas, ce matin-là, disposé à raconter.

En effet, dès qu'Ernest parut, il demanda à Jean l'heure qu'il était, et deux ou trois choses de cette importance qui, entre le maître et le domestique, étaient une espèce d'avis où le premier donnait à son groom la licence de lui parler à cœur ouvert. Mais Jean répondit très-catégoriquement à son maître, sans ajouter une parole au delà de ce qu'exigeait la réponse qu'on lui demandait.

Ernest l'examina et trouva que maître Jean avait un air sec, prétentieux, empesé, qui lui déplut souverainement.

Certes, il n'y avait pas là de quoi lui chercher querelle, mais il y avait de quoi mettre Ernest d'assez mauvaise humeur pour qu'il saisit la première action ou la première parole mal sonnante afin de tirer maître Jean de sa réserve. Il faut bien dire, pour excuser Ernest, qu'il connaissait de longue main cette façon d'être de monsieur son domestique, et qu'elle lui prédisait presque toujours quelque plainte.

C'était la manière dont Jean prévenait son maître qu'il n'était pas content de lui.

Un gros quart d'heure s'était passé dans cette observation mutuelle, lorsque Ernest finit par trouver que Jean ne pliait pas un habit avec assez de respect pour son illustre origine.

— Eh bien! qu'est-ce que tu fais là, imbécile? lui dit-il brusquement, tu vas me perdre cet habit. Crois-tu que nous sommes ici à Paris pour le remplacer?

Jean ne regarda pas son maître, mais il repartit d'un ton d'humeur et comme s'il eût prononcé un axiome de morale humanitaire :

— L'habit embellit l'homme, mais, comme on dit, il ne fait pas l'homme.

— Sans doute, dit Ernest, et je ne connais pas de tailleur qui pût faire de toi quelque chose d'avenant et de bien tourné.

— C'est à savoir, dit Jean d'un ton sérieux. Je ne suis pas le plus beau garçon de la Normandie; mais comme tous les Normands sont beaux, j'ai ma part qui me suffit avec un peu d'esprit, de conduite, et de délicatesse.

Jean poussa un profond soupir, comme pour préparer l'énormité de la sentence qu'il allait lâcher, et reprit en hochant la tête :

— C'est bien d'être beau garçon, mais encore faut-il être aimable et galant.

— Et qui est-ce qui n'est pas aimable et galant, monsieur Jean? dit Ernest.

— Je ne parle de personne, fit Jean; c'est une façon de réflexion que je me permets.

— Et à quel sujet?

— Au sujet de quelque chose.

— Et quel est ce quelque chose?

— Une bêtise, dit Jean. D'ailleurs, ce qui est fait est fait, ajouta-t-il avec un soupir presque douloureux; il n'y a pas moyen de rattraper maintenant la cage de l'oiseau.

Le souvenir de la cage de Théodore et de ses oiseaux revint en mémoire à Ernest. Il dit brusquement à Jean :

— Qu'est-ce que cette cage et cet oiseau?

— Rien, reprit Jean, une histoire de quelqu'un que je connais.

— Ah ça! dit Ernest impatienté, l'expliqueras-tu?

— Mais je n'ai rien à expliquer à monsieur, je n'ai rien dit qui puisse lui déplaire.

— Mais il y a une chose qui me déplaît fort, ce sont tes mines renfrognées et tes airs mélancoliques.

Que voulez-vous? dit Jean d'un ton larmoyant; j'ai de la tristesse au cœur, je suis amoureux.

Le nez rouge, les joues rubicondes, la trogne sanguine de Jean juraient si singulièrement avec le ton plaintif dont il venait de parler que, malgré toute son humeur, Clémenceau ne put s'empêcher d'en rire. Ce que n'avaient pu faire les injonctions de son maître, ce rire mal venu le fit; la colère de Jean éclata, et il s'écria, avec l'expression d'un gros singe en colère :

— Oui, monsieur, je suis amoureux, et c'est vous qui m'empêcherez de réussir. Car, enfin, c'est ici comme partout; quand le maître plaît à la maîtresse, la suivante revient de droit au domestique. Mais avec vous, tous les profits sont en rebuffades et en moqueries. Si vous aviez vu comme Rosie m'a reçu, il y a une heure, quand j'ai voulu un peu lui glisser une manière de compliment; elle s'est détournée avec un air de mépris superbe, en me disant leur proverbe d'esclave, appliqué à ma profession : « Pauvre maître, pauvre domestique. » Comme je me récriais, elle m'a appris l'histoire de la cage et de l'oiseau.

Ernest avait grande envie de se fâcher; mais il avait encore plus d'envie d'apprendre; et il conserva ses réprimandes pour le moment où Jean aurait tout dit et tout expliqué.

« Mais enfin, qu'est-ce que c'est que cette histoire de cage et d'oiseau? »

Jean regarda son maître d'un air stupéfait; mais au lieu

de continuer, comme l'espérait Ernest, il murmura entre ses
dents :

« Il ne voit pas sa faute.

— Ah ça! finirons-nous?... dit Clémenceau; et une fois
pour toutes, vos façons commencent à me fatiguer. »

Jean parut exaspéré et s'écria avec une colère furieuse,
mais à voix basse :

« Comment, monsieur, lorsque Rosie disait devant vous
que sa maîtresse avait envie de cette cage et de cet oiseau,
vous ne pouviez pas l'acheter, quand cela aurait dû vous
coûter dix louis! J'eusse plutôt étranglé ce nègre que de le
laisser échapper cette occasion de faire un cadeau à cette
jeune personne.

— Et depuis quand, butor, t'imagines-tu qu'une demoiselle comme la fille de M. Sanson reçoit les cadeaux d'un
étranger? fit Ernest avec indignation. »

Mais le coup ne porta pas; Jean leva les épaules et prit un
air d'importance superbe.

« Est-ce que vous croyez, fit-il en ricanant, que je veux
que vous vous en alliez avec votre cage à la main porter ça
à mademoiselle Clara, comme les bergers des dessus de porte
de la salle à manger au Havre?... Non, monsieur, non... on
fait ces choses-là gentiment, galamment; on a un domestique
adroit qui attache la cage à la fenêtre de la demoiselle, pendant qu'elle dort, et le lendemain, quand elle ouvre la fenêtre, elle s'écrie avec joie : Ah! mon Dieu! qui m'a donné ça?
que c'est gentil! » Elle en parle à tout le monde; elle croit
d'abord que c'est l'Anglais, parce qu'elle a une idée sur l'Anglais; mais bast! pas d'Anglais; il faut bien qu'il dise que ce
n'est pas lui; alors qui est-ce?... Qui c'est? c'est le Frrran-
çais,... et alors enfoncé l'Anglais... enfoncé!... Au lieu de ça,
il va revenir dans une heure, avec un charmant poney qu'il
avait laissé à la Basse-Terre pour qu'il se refît de la traver-
sée, où il avait été malade. »

Cette théorie amoureuse de Jean avait amusé Ernest, tout
en le contrariant : mais cette dernière circonstance le frappa,
et lui fit oublier la mercuriale qu'il préparait :

« Est-ce pour cela qu'il est sorti avec M. Sanson?

— Hé donc! » fit Jean d'un air triomphant.

L'idée que M. Sanson fût de moitié dans les soins et les

prévenances que M. Welmoth pouvait avoir pour sa fille rendit Clémenceau plus soucieux, et il reprit en se parlant à lui-même :

« Ce n'est pas possible.

— C'est si possible que les voilà, dit Jean en regardant à travers la jalousie, et le poney aussi. »

Malgré lui, Ernest regarda, et vit, à quelque distance, M. Sanson et M. Welmoth à cheval, revenant ensemble et suivis par un esclave qui tenait le poney à la main.

Si Jean avait regardé autre chose que la bête, dans l'intention de lui trouver un défaut, il eût pu voir le mouvement de dépit qui échappa à Ernest, et il en eût tiré bon augure ; mais il ne reçut que le contre-coup de ce mouvement, qui tomba sur lui dans ces paroles :

« Ecoutez, maître Jean, je veux bien croire que le soleil de ce pays-ci vous a porté à la tête et vous a rendu un peu plus bête que de coutume; mais je vous préviens d'une chose, c'est que si vous mêlez encore mon nom à vos rapports avec les gens de la maison, que si vous y mêlez celui de M. Sanson ou de sa fille, je vous chasse. »

Jean regarda son maître d'un air chagrin, et répondit doucement :

— En ce cas, monsieur, je ferai mon paquet demain. Je puis bien ne pas parler de vous, mais je ne peux pas en entendre rire sans répondre.

— Et qui est-ce qui se permet d'en rire? fit Clémenceau pâle de colère.

— Et mais, ceux qui me disent : « Pauvre maître, pauvre domestique. »

Clémenceau se sentit aussi humilié qu'irrité de cette découverte; mais il ne pouvait se commettre dans des propos partis de si bas, et il se contenta de dire à Jean, avec une apparence mal jouée de sang-froid :

— Eh bien! maître Jean, vous pouvez entrer au service de M. Welmoth ; vous n'aurez pas à entendre ces comparaisons humiliantes.

— Moi, monsieur, s'écria Jean avec une indignation triste, au service d'un Anglais! non, non, monsieur, j'ai encore quelques écus dans le gousset de mon pantalon, assez pour attendre à la ville un navire qui me ramène en France, et pour payer le passage. J'ai été matelot et je n'ai pas oublié l'état ; en tous cas, j'ai des bras et il y a partout de l'ouvrage, et quand il n'y en aurait pas, j'aimerais mieux mendier et tendre la main à un nègre que de servir un Anglais. Mais n'ayez pas peur, je ne tendrai la main à personne ; je suis Normand, je ne suis pas fait pour laisser dire dans ce pays que les Normands sont des mendiants. »

Là-dessus, Jean donna un coup de brosse convulsif au chapeau de son maître, et se dirigea vers la porte la tête baissée et la larme à l'œil.

« Eh bien ! Jean, lui dit Ernest, où vas-tu ? »

Jean releva la tête, regarda son maître qui lui tendit la main en lui disant :

« J'ai eu tort, Jean. »

Jean se rapprocha, prit la main de son maître et lui dit en essuyant quelques larmes et d'une voix entrecoupée :

« Pour ce mot-là, voyez-vous, monsieur... vous pouvez me dire tout... donnez-moi toutes sortes de coups de pied... appelez-moi butor... c'est dit maintenant... je mourrai là, voyez-vous... Nous sommes Normands tous deux... et c'est... En voilà assez .. je vous demande pardon... je ferai tout ce qu'il vous plaira. »

Après ce qui venait de se passer, Ernest ne voulait pas recommencer ses remontrances sévères, et il se contenta de dire à Jean :

« Fais attention à cette Rosie, ce sont de mauvaises créatures que ces mulâtresses.

— Je ne dis pas non ! fit Jean, et nos filles de Caudebec ne sont que de la Saint-Jean pour attiser deux galants à la fois ; mais c'est pas encore de force contre Jean Plonget. Il n'y a que l'œil ! Ah ! cré mâtin ! quand elle vous regarde de côté avec un certain tour de tournure... Ah ! cré... cré... cré... faut bien se tenir pour ne pas lui dire : « Embrasse-moi, que je t'épouse. »

Ernest, rapatrié avec son domestique et beaucoup plus à l'aise, se laissa alors aller à le questionner.

— Qu'est-ce que c'est que ce M. Owen ?

— Eh bien ! c'est le géreur, comme ils disent.

— Je le sais, mais qu'en dit-on ? »

Jean parut embarrassé, et finit par répondre :

« Parlez-lui, il doit avoir quelque chose à vous dire.

— A moi?

— Oui, à vous. »

Ernest se rappela la manière dont M. Owen l'avait abordé le matin, et dit à Jean :

« Vas tu commencer tes mystères?

— Tenez, monsieur, lui dit Jean, je ne peux pas me parjurer... j'ai promis, c'est bien... mais parlez à M. Owen, vous verrez. »

Après ces paroles, Jean quitta prudemment la chambre de son maître, jugeant que sa querelle pourrait bien recommencer.

Lorsque Clémenceau descendit, Clara était dans le ravissement de son nouveau cheval; elle amenait tout le monde à la porte de la maison pour l'admirer; et avec une familiarité enfantine, elle tourmentait surtout madame de Cambasse pour lui arracher une félicitation enthousiaste; mais celle-ci se contentait de lui répondre assez froidement :

« Il est joli! mais je ne m'y fierais pas, il a l'air vicieux. »

Clémenceau arrivait juste à ce moment : et Clara, contrariée, se tourna vers lui comme si elle l'eût connu depuis longtemps, elle lui dit avec la franchise la plus ingénue :

« Ah! monsieur Clémenceau, venez donc ici; n'est-ce pas que mon cheval est charmant et qu'il n'a pas l'air vicieux, comme dit madame de Cambasse? »

Clémenceau, forcé de donner son opinion sur un présent de son rival, ne voulut pas avoir l'air d'y mettre de l'envie, et répondit comme le voulait Clara, en trouvant le poney délicieux.

Madame de Cambasse le regarda de cet œil étincelant qui frappait pour ainsi dire au visage ceux sur qui elle le jetait; puis elle se détourna sans répondre à M. Welmoth qui lui avait dit :

« Vous prenez pour un vice ce qui n'est qu'ardeur et force. »

Clémenceau fut plus assuré que jamais qu'il devait exister un secret entre Edouard et madame de Cambsse, et il résolut de profiter de la première occasion pour se rapprocher de celle-ci.

Mais il se passait un singulier manége entre ces divers personnages. Madame de Cambasse ne quittait pas Clara, près de laquelle Edouard demeurait sans cesse; et très-évidemment madame de Cambasse se posait comme un obstacle entre ces deux jeunes gens. Etait-ce par un intérêt personnel ou par intérêt pour Clara? c'est ce que Clémenceau ne pouvait deviner et ce qui l'intriguait véritablement.

Cependant Ernest continua vis-à-vis de Clara son rôle d'indifférent; on lui proposa une partie de whist qu'il accepta; durant tout le jour, il mit dans la conversation un soin extrême à ne jamais s'adresser à Clara ni à M. Welmoth; il semblait que pour lui ces deux personnes ne fussent pas présentes.

Mais il ne le fit pas avec assez d'aisance et de grâce pour que cela ne fût pas remarqué par madame de Cambasse, envers laquelle il essaya de se montrer, probablement par supplément d'indifférence pour Clara, empressé et même galant.

Mais, à partir du moment où elle s'aperçut de ce manége, elle devint d'une froideur excessive vis-à-vis de lui, et c'est à peine si elle lui répondit.

Ernest, piqué de ce qu'elle ne se prêtait pas à ses petites vengeances, en prit de l'humeur, et comme on arrangeait une excursion dans les environs, et qu'Edouard en parlait avec enthousiasme, il s'esquiva du salon, après avoir accepté froidement la proposition.

La soirée était avancée, et Ernest allait au hasard devant lui, lorsqu'il fut tiré de sa rêverie par le bruit monotone d'un tambour et d'une espèce de fifre.

Il se dirigea du côté où se faisait entendre cette musique monotone, et arriva sur une espèce de petite place, en face d'une case plus grande que les autres, et vit que c'était le bal des nègres. Ce spectacle, devant lequel il s'arrêta d'abord pour ne pas rentrer immédiatement à la maison, finit bientôt par attacher complétement son attention.

D'abord les costumes des nègres, avec leurs habits prétentieux et leurs tournures guindées, lui parurent ridicules; ils dansaient avec une gravité lourde et imposante, comme s'ils avaient voulu imiter les façons retenues de leurs maîtres.

Mais bientôt, à mesure que la musique s'animait, cette gravité s'effaça; la danse devint plus active, plus chaude;

les mains, les regards, les gestes, s'enflammèrent; les cris
rauques d'un plaisir sauvage se mêlèrent au bruit monotone
du tambour. Les gambades, les sauts, les contorsions rem-
placèrent les sautillements affectés; puis ce fut une sorte de
mêlée haletante, frénétique, où brillaient des regards ivres
de toutes les passions. Ernest suivait surtout des yeux la
belle Sabine, qui tantôt dansait avec Théodore, tantôt avec
Crésus. Ernest savait ce qu'est la coquetterie des femmes du
monde, il savait aussi ce que sont les façons provocantes
des filles perdues d'Europe; il avait voyagé, et avait vu danser ces tarentelles rapides de l'Italie, ces fandangos volup-
tueux de l'Espagne; mais rien ne pouvait lui donner l'idée
de la fureur lascive d'une négresse excitée par la danse.

Ces regards noyés, ces frémissements turbulents du geste,
ces pâmoisons haletantes, ces cris profonds, cet abandon
nerveux de son corps, qui se ployait et semblait se tordre
sur le bras du danseur; tout cela le tenait dans une sorte de
stupeur, lorsqu'une voix rieuse lui dit presque dans l'o-
reille :

« Hein! ça enfonce-t-il le bal Musard? »

Il se retourna et vit Jean qui donnait le bras à Rosie d'un
air si fier et si content de lui, qu'il ne voyait pas que, pendant ce temps, Rosie faisait des signes d'intelligence à maître John, qui ricanait d'un air sournois.

— Comment êtes-vous ici? lui dit Ernest.

— Comme on part, à ce qu'il paraît, demain matin avant
le point du jour, tout le monde s'est retiré de bonne heure.

— C'est bien, fit Ernest, et comme je désire que tu m'ac-
compagnes, tu feras bien de rentrer aussi.

— C'est ce que nous allons faire, dit Jean d'un air supérieur et en jetant un regard de côté sur Rosie. »

Ernest ne voulut pas comprendre l'éloquence conquérante
de ce regard; il venait d'éprouver par lui-même jusqu'à quel
point le délire de ces femmes pouvait agir sur un homme
quel qu'il fût, et Rosie n'était ni moins belle ni moins agaçante que Sabine.

Avant de s'éloigner, il jeta un dernier regard sur les dan-
seurs; Sabine et Crésus avaient disparu.

Ernest rentra, mais cette journée n'était pas finie pour lui,
comme on va le voir.

V

M. OWEN.

Lorsque Clémenceau rentra dans la maison, tout le monde était retiré, à l'exception de M. Owen, qui, à ce qu'il paraît, était toujours le premier levé et le dernier couché. Il était dans une espèce de bureau, où il écrivait et dont il avait laissé la porte ouverte, comme pour solliciter Ernest à entrer chez lui et à lui parler.

Celui-ci se rappela l'espèce de recommandation mystérieuse qui lui avait été faite le matin par Jean Plonget, et il s'arrêta devant la porte. M. Owen se leva avec empressement et il lui offrit un siége.

Ernest accepta, mais tous deux restèrent d'abord assez embarrassés, chacun croyant probablement que l'autre allait commencer l'entretien.

Ernest se décida à parler le premier :

— Monsieur, dit-il, j'ai cru remarquer ce matin que vous désiriez avoir une entrevue avec moi ; en quoi puis-je vous être utile ?

— Monsieur Clémenceau, reprit M. Owen, avant de vous dire le sujet des confidences que j'ai à vous faire, veuillez prendre connaissance de cette lettre ; elle vous donnera sans doute, en celui que vous ne connaissez pas encore, une confiance dont il a besoin pour pouvoir vous faire croire à la vérité de ce qu'il a à vous révéler.

En parlant ainsi, M. Owen remit à Ernest une lettre que celui-ci reconnut pour être de l'écriture de son père.

Nous expliquerions beaucoup moins bien que la missive elle-même le but dans lequel elle avait été écrite. C'est pourquoi nous la transcrivons littéralement.

La voici :

« Monsieur Owen, cette lettre vous sera remise directement par le domestique de mon fils, le nommé Jean Plonget, garçon dans lequel vous pouvez avoir toute confiance, malgré sa bêtise. Vous n'ignorez pas à quelles intentions mon fils part pour la Guadeloupe, et je sais vos bonnes dispositions à seconder le succès de cette opération. C'est pourquoi j'ai trouvé convenable de vous en confier la partie la plus importante, celle des fonds.

» Vous trouverez donc sous ce pli une somme de cinquante mille francs par moi passée à votre ordre et que vous tiendrez à la disposition d'Ernest, sans lui dire que vous les avez reçus de moi, et en lui offrant simplement vos services. Si j'avais agi autrement, si j'avais remis immédiatement cette somme à mon fils, il en eût peut-être usé plus vite qu'il n'osera le faire du moment qu'il sera obligé de s'adresser à vous.

» Vous avez soixante ans, monsieur Owen, et vous comprendrez cette précaution d'un père de famille vis-à-vis d'un jeune homme à qui les mœurs de ce siècle ont donné des habitudes de dépense que nous ignorions autrefois. Ainsi, je veux que mon fils ne soit au-dessous de personne, mais je veux aussi qu'il ne puisse se laisser aller à l'entraînement naturel à son âge.

» Cependant, comme il est d'un caractère assez fier pour ne vouloir s'adresser à personne, vous saisirez, pour lui offrir vos services, le moment favorable, et, à ce sujet, Jean vous donnera tous les renseignements nécessaires. Je me fie à votre prudence et à votre amitié.

» JACQUES-CLÉMENCEAU. »

La lecture de cette lettre fut peu agréable à Ernest, et il dissimula mal la colère qu'elle lui inspirait; car il la rendit à M. Owen, en lui disant sèchement :

— Je suis ravi d'apprendre, monsieur, que je suis ici sous la tutelle d'un étranger et sous la surveillance de mon domestique.

— Je ne suis pas un étranger pour vous, monsieur Clémenceau, reprit M. Owen, et lorsque je vous aurai dit mon véritable nom, vous comprendrez que j'aie quelques droits à la confiance de M. votre père. Je suis Daniel O'Marthy.

— Vous! s'écria Ernest.

— Oui, monsieur Clémenceau, je suis ce jeune Irlandais avec lequel disparut du Havre, il y a trente-cinq ans, la sœur aînée de votre mère, l'infortunée Émilie. Mais vous devez savoir cette cruelle histoire, et d'ailleurs ce n'est pas le moment de revenir sur un passé qu'elle a cruellement expié et dont j'ai été si affreusement puni. Des intérêts plus pressants doivent nous occuper, et c'est parce qu'ils sont en danger, que j'ai cru devoir rompre le sience prudent que m'avait recommandé votre père. Vous étiez trop enfant, la première fois que je revins en France, il y a vingt ans, pour vous rappeler m'avoir vu à cette époque, et vous n'étiez pas au Havre lorsque j'y retournai, il y a quatre ans, et que M. Clémenceau m'adressa à M. Sanson chez qui je suis entré, grâce à sa pressante recommandation, mais sans que M. Sanson connaisse les relations d'alliance qui existent entre moi et votre famille.

Ernest, fort surpris de retrouver à la Guadeloupe, géreur d'une habitation, un homme dont l'histoire lui avait toujours paru un roman fait à plaisir, prêta une attention empressée au récit que M. Owen (nous continuerons à lui donner ce nom) s'apprêtait à lui faire.

« Mon cher monsieur Ernest, reprit le gérant, M. Sanson, qui est assurément la probité et l'honneur en personne, a peut-être plus qu'un autre les défauts des habitants de cette colonie ; une confiance excessive et un peu de cette imprévoyance qui peut mettre en peu de temps les plus riches colons dans un embarras très-réel. L'exploitation de deux sucreries et d'une caféière exige, chaque année, une mise de capitaux si considérable, que si la récolte manque une année et que l'année suivante ne présente pas une vente avantageuse, il est presque impossible que le colon ne soit pas forcé de recourir à des emprunts ruineux. M. Sanson a subi ces deux désastres ; il y a deux ans, un ouragan a dévasté ses plantations, et depuis ce temps la dépréciation des sucres arrivée par la concurrence redoutable que nous fait la métropole, a épuisé les ressources de M. Sanson. Il eût pu, comme beaucoup d'autres, emprunter sur ses propriétés, mais un juste sentiment d'orgueil l'a arrêté, surtout dans ce pays, où quelque débiteurs de mauvaise foi ont montré combien il était facile de se soustraire aux obligations d'une

dette hypothécaire. Malgré mes conseils, et peut-être pour
ne pas révéler à M. votre père une gêne passagère, mais qui
pourrait l'alarmer sur ses projets à votre égard, il n'a pas
voulu s'adresser à lui ; c'est M. Welmoth qui lui a prêté
quatre-vingt mille francs, non sur hypothèques, mais sur
lettres de change dont l'échéance approche, et pour lesquelles il est impossible que nous soyons prêts, car nos sucres périssent sur le port, et nous n'avons encore pu obtenir ni la permission de les vendre à l'étranger, ni un droit
sur les sucres français qui nous mette à même de nous en
défaire d'une façon convenable dans la métropole.

— Je vous comprends, dit Clémenceau, et vous désirez
que je mette à la disposition de M. Sanson les cinquante
mille francs qui vous ont été confiés pour moi.

— C'est là que je voudrais en venir, mon cher monsieur,
mais c'est là qu'est la difficulté. Je ne puis faire cette offre
à M. Sanson ; car ce serait lui dire que je suis dans la confidence de ses projets et de ceux de M. votre père, et vous
ne pouvez la lui faire, ce serait lui montrer que vous avez
connaissance de la gêne où il se trouve, et il aurait le droit
de savoir comment vous en avez été informé.

— Quel moyen croyez-vous donc pouvoir employer ?

— Il en est un à votre disposition et pour lequel vous
pouvez vous servir de mon nom ; mais pour cela il est nécessaire que je vous parle d'une autre personne. Vous avez
vu ici madame de Cambasse ? c'est la veuve d'un ancien ami
de M. Sanson. Une affection sincère, mais pure, qui date de
longues années, existe entre elle et M. Sanson, et déjà depuis longtemps ils eussent fait taire beaucoup de calomnies
par un mariage, si, par des raisons qui tiennent à des souvenirs de famille, madame de Cambasse n'avait expressé-
ment déclaré qu'elle ne consentirait à cette union que lorsque mademoiselle Clara serait mariée. Le rôle de belle-mère
est difficile vis-à-vis d'une jeune fille qui depuis son enfance
s'est considérée comme la maîtresse de la maison, et je
comprends qu'indépendamment d'autres raisons, madame
de Cambasse ne se soucie pas de l'essayer, et remette son
union avec M. Sanson après celle de sa fille. C'est donc par
elle que nous pourrions arriver ou plutôt que vous pourriez
arriver à venir en aide à M. Sanson. »

Ernest réfléchit à cette proposition, non pas qu'il hésitât et que la somme qu'on lui demandait lui parût de quotité à ne pas être ainsi avancée à la légère. Il pensait à toute autre chose, et il profita de l'occasion pour parler d'un fait auquel il voulait paraître ne pas prendre le moindre intérêt, et qui cependant était le seul qui l'occupât véritablement.

« Il me semble, dit-il à M. Owen, que, depuis les projets qu'on a faits sur moi sans me consulter, les choses ont changé de face, et que M. Welmoth, qu'on pouvait craindre comme un créancier, sera au contraire un associé très-avantageux lorsqu'il aura épousé mademoiselle Clara. »

M. Owen haussa les épaules d'un air chagrin, et dit à voix basse à Ernest :

« Le jour où M. Welmoth entrerait dans la famille de M. Sanson et deviendrait propriétaire à la Guadeloupe, serait un jour de malheur pour le pays.

— Pour le pays ! reprit Ernest d'un air fort étonné.

— Je suis Anglais, monsieur, dit M. Owen si toutefois un Irlandais a le droit de se prévaloir de ce titre ; si, né dans une partie de la Grande-Bretagne soumise à la tyrannie la plus insolente, la plus féroce et la plus méprisante, je puis reconnaître pour mes compatriotes ceux qui traitent mes concitoyens avec plus de rigueur et de dédain que le blanc le plus insolent ne traite ses esclaves noirs : et cependant, malgré mes justes griefs contre les Anglais, j'ai quelque peine à les accuser devant vous.

« Mais le devoir que la reconnaissance m'impose envers M. Sanson et envers votre père est plus puissant que cette répugnance, et je dois vous découvrir des projets que je suis peut-être seul à connaître dans ce pays, grâce aux relations que j'ai conservées avec l'Angleterre.

» Vous savez, monsieur, de quel prix l'Angleterre a acheté l'émancipation des esclaves de ses colonies? »

Ernest allait s'écrier et montrer tout son enthousiasme pour cette sublime philanthropie, mais il n'en eut pas le temps, car M. Owen continua en lui disant :

« Vous êtes trop instruit des véritables intérêts de la France, pour ne pas savoir que l'Angleterre n'a commencé par achever de ses propres mains la ruine imminente de ses colonies que pour arriver par l'exemple à la ruine des co-

lonies françaises et espagnoles, dont la prospérité lui porte
ombrage. »

» Ce n'est pas aux organisateurs des famines régulières de
l'Inde que vous supposez, je pense, un amour si magnanime
de la race noire, pour croire que c'est seulement dans un
but d'humanité qu'ils ont établi le système d'apprentissage
et l'affranchissement à la Jamaïque... Ils savaient mieux que
nous, et l'expérience n'a pas trompé leurs calculs, que l'a-
bolition de l'esclavage était l'anéantissement immédiat de
toute richesse et de toute fortune.

» Comment ont-ils donc calculé? le voici. Ils se sont dit
sans doute : L'abolition de la traite a été le premier coup
porté à l'existence de toutes les colonies, l'abolition de l'esclavage sera le dernier. Sans doute nous y perdrons quelques possessions, mais la France, l'Espagne en perdront plus
que nous, et elles perdront, à vrai dire, toutes les colonies
qu'elles possèdent, tandis que c'est à peine si le retranche-
ment de quelques îles paraîtra dans les immenses possessions qui nous resteront.

» La France et l'Espagne n'auront plus où s'approvision-
ner, et l'Inde nous restant deviendra l'unique grenier où le
monde sera obligé de se fournir de toutes les denrées qui
sont devenues pour l'Europe d'un besoin aussi habituel que
ses produits indigènes.

— Ce but, dit Ernest, serait probable si, comme vous le
dites, l'affranchissement était la ruine.

— En doutez-vous? fit M. Owen de l'air d'un homme à qui
une pareille question semblait si extraordinaire qu'il ne
pouvait y croire. J'étais à la Jamaïque, monsieur, quand a
commencé cette catastrophe organisée, et jamais ruine n'a
marché avec une telle rapidité. Mais cette question est, jusqu'à présent au moins, inutile à vous prouver par des faits
accomplis; les projets dont M. Welmoth est ici l'agent secret vous prouveront jusqu'à quel point l'affranchissement
est considéré par les Anglais comme un moyen de ruine infaillible. M. Welmoth, en prêtant de l'argent à M. Sanson,
n'a pas eu seulement pour but d'arriver à épouser sa cousine et de mettre jusqu'à un certain point M. Sanson dans
sa dépendance; son premier but, celui pour lequel il a reçu
mission d'une association patronnée par la Compagnie des

Indes, et peut-être par le gouvernement anglais lui-même, est de devenir, au meilleur marché possible, propriétaire des plus belles habitations du pays.

» Cela fait, M. Welmoth et d'autres que vous verrez bientôt apparaître, si celui-ci réussit, s'établiront à la Guadeloupe, et une fois propriétaires, ils travailleront en conséquence par l'affranchissement successifs de leurs esclaves : au nom de la philanthropie, ils sèmeront dans les ateliers des idées de révolte et d'affranchissement.

» Cinq cents, huit cents, douze cents esclaves, peut-être, ainsi affranchis par eux, formeront aisément un noyeau de mauvais sujets auxquels iront se réunir les esclaves fugitifs des ateliers ; ce sera un ferment de discorde, un commencement de désorganisation qui peut arriver à de nouveaux massacres. On triomphera sans doute de ces ennemis ténébreux ; mais il est à craindre que cet esprit d'indiscipline ne semble aux chambres françaises un symptôme de la maturité de l'esclave pour la liberté ; on y votera peut-être formellement l'abolition de l'esclavage.

« Que ce résultat soit plus ou moins éloigné, c'est celui auquel l'Angleterre marchera avec une persévérance infatigable, par les menées les plus perfides et les plus obscures, comme par les démonstrations les plus splendides de philanthropie. On en appellera aux moyens les plus indignes et aux sentiments les plus généreux, mais on tendra invariablement à un but unique par un moyen infaillible : la ruine des colonies françaises par l'abolition de l'esclavage.

« Voilà ce que je sais, voilà ce dont je suis certain, voilà ce que M. Samson ne soupçonne pas dans la loyauté de son caractère. »

Ernest avait écouté avec un singulier étonnement ce que venait de lui apprendre M. Owen, et ç'avait été pour lui l'occasion d'un singulier retour sur les idées et les projets avec lesquels il était arrivé lui-même à la Guadeloupe. Par une de ces concessions bénévoles que l'homme se fait si aisément à lui-même, il trouvait encore ses propres projets pleins de générosité, et jugeait ceux de M. Welmoth abominables, quoique à tout prendre ils fussent absolument les mêmes.

Cependant il entrait dans le blâme de M. Welmoth plus d'antipathie nationale que de véritable conviction du mal qu'il voulait faire. Ernest jugeait impertinent, infâme, qu'un Anglais vînt semer la discorde dans un pays qui est encore la France, et il ne comprenait pas qu'il était lui-même encore plus coupable de trahir des intérêts qui étaient ceux de ses concitoyens.

Cet entretien, sans le faire sortir de ses idées, eut pour résultat de lui en faire ajourner indéfiniment l'exécution; et tout philanthrope qu'il était, Ernest se refusait à être de moitié, avec ce monsieur qui lui déplaisait, dans une action ou même dans une pensée quelconque. Il se résolut donc à garder ses plans pour un temps plus opportun, et répondit à M. Owen :

« Je vous remercie de cette confidence, monsieur, et je vous remercie surtout de n'avoir pas douté de mon empressement à venir en aide à M. Sanson. Outre les cinquante mille francs que mon père vous a fait remettre pour moi, je suis porteur d'une somme à peu près égale, et elle est à votre disposition.

— Pas à la mienne, dit M. Owen, mais à celle de madame de Cambasse qui seule, peut-être, peut aborder un pareil sujet avec M. Sanson, et qui seule a le droit de lui offrir un pareil secours, puisqu'ils doivent confondre leurs fortunes.

— Mais, reprit Ernest, M. Sanson ne se prépare-t-il pas à satisfaire M. Welmoth ?

— M. Sanson, d'après des paroles dites avec une retenue arrangée, se croit certain que M. Welmoth lui proposera un renouvellement, et il espère, avec juste raison, qu'une année meilleure le mettra à même de solder cette dette.

« D'un autre côté, les intérêts qui leur sont communs dans l'héritage de M. Torréno, et qui mettront des sommes considérables dans ses mains, rassurent M. Sanson; et avec tout autre que M. Welmoth je ne m'informerais pas de ce qui peut arriver d'ici à huit jours : car il y a dix fois à Cuba de quoi le garantir ; mais les desseins de sir Édouard, quoique je n'aie pu les deviner tout à fait, sont trop malveillants pour qu'il n'exerce pas ses droits d'une manière rigoureusement menaçante.

« Cet homme me fait peur, et, si je ne me trompe, madame de Cambasse en sait plus sur son compte que je ne puis moi-même en soupçonner; mais ma position inférieure dans la maison de M. Sanson ne me permettait pas d'avoir avec elle l'explication que je viens d'avoir avec vous.

» D'ailleurs, quoique jouissant elle-même d'une grande fortune, elle n'était pas à même de disposer d'une somme si importante en quelques jours. Vous pouvez lui redire tout ce que je viens de vous apprendre. Je ne crains pas même de lui confier mon véritable nom, il lui expliquera comment j'ai pu parler sans crainte au fils de la sœur de ma femme. C'est une personne pleine d'énergie, de courage, de résolution, et qui peut parer aux dangers qui menacent M. Sanson, dès qu'elle en sera avertie. »

En ce moment, on entendit un léger bruit dans la maison, et M. Owen fit à Ernest un signe silencieux, comme pour l'avertir qu'il était inutile qu'on les trouvât ensemble et à pareille heure dans une espèce de conciliabule secret; et Ernest se retira immédiatement dans sa chambre.

VI

HORRIBLE ÉVÉNEMENT.

En pénétrant chez lui avec une lumière, Ernest ne fut pas peu surpris de voir un homme penché sur son lit, qui, avec un désordre qui semblait tenir de la folie, disait d'une voix étouffée :

« Monsieur, monsieur... éveillez-vous, monsieur !... »

Ernest reconnut Jean Plonget, et lui dit :

« Eh bien ! qu'est-ce que tu as ? »

A cette voix, Jean Plonget se retourna ; et avant qu'il eût eu le temps de reconnaître son maître, il tomba la face contre terre en tremblant de tout son corps, mais sans pouvoir parler, tant ses dents claquaient avec force l'une contre l'autre. Il fallait que l'état de ce pauvre garçon fût vraiment effroyable, pour triompher de la mauvaise humeur que Clémenceau éprouva en le voyant dans sa chambre au mo-

ment où il y rentrait pour se livrer aux réflexions que devait
nécessairement faire naître en lui le singulier entretien qu'il
venait d'avoir avec le géreur.

Mais la pâleur du malheureux Jean était si livide, son œil
si hagard, qu'Ernest en fut épouvanté ; il le releva, l'assit sur
son lit et essaya de le calmer. Mais longtemps encore Jean
Plonget jeta autour de lui des regards effarés, comme s'il
cherchait à reconnaître les lieux où il se trouvait. Puis tout
à coup il cacha sa tête dans ses mains en s'écriant :

« Je l'ai pourtant vu... oui... je l'ai vu...

— Qu'est-ce donc ? lui criait son maître.

— Oh ! l'horreur !... l'infamie !... Ah ! quittons ce pays,
monsieur, allons-nous-en. »

L'effroi de Jean, qui de sa nature était un garçon brave et
décidé, attestait à son maître qu'il avait dû être témoin de
quelque chose d'épouvantable ; et tout plein qu'il était des
révélations de M. Owen, il pensait que Jean avait surpris
peut-être quelque complot contre lui-même ou bien contre
M. Sanson. Mais Jean n'était pas homme à se laisser inti-
mider par une chose naturelle, si dangereuse qu'elle pût
être, et il en eut bientôt la preuve. Après une foule d'excla-
mations profondes et de retours de terreur, Jean finit par se
rassurer assez pour que son maître entreprît de ramener de
l'ordre dans ses idées ; et pour cela il prit le moyen le plus
simple, c'était de le ramener à des souvenirs calmes et de le
faire arriver ainsi à ceux qui le troublaient si vivement.

« Voyons, lui dit-il, je t'ai laissé à la danse avec Rosie ?

— Oui, monsieur, c'est vrai ; et j'aurais aussi bien fait de
ne pas y aller.

— Il t'est donc arrivé quelque chose là ?

— Rien du tout ; mais si je n'avais pas été à la danse, je
n'aurais pas vu Rosie s'en mêler, et je ne serais pas devenu
comme un fou enragé.

— Tu as fait quelques sottises ?

— J'en ai fait cent, monsieur ; je ne sais pas quelle mouche
me piquait ; mais, lorsque j'ai ramené la mulâtresse à la
maison, je ne me reconnaissais plus ; je lui aurais donné tout
ce qu'elle m'aurait demandé ; et c'est vrai de dire qu'elle m'a
à peu près demandé tout ce que j'avais.

« Elle a trouvé que ma montre était très-belle, et je la lui ai donnée; elle a trouvé que la bague de ma mère que je portais à mon doigt lui irait très-bien, et je la lui ai donnée; mais ce n'est pas là la question; elle m'a indiqué une fenêtre pour m'introduire, attendu qu'on ne peut pas pénétrer dans ce côté de maison sans passer devant la chambre de M. Sanson qui a le sommeil très-léger.

« Or, monsieur, ça a fait que, lorsque tout le monde est rentré, je me suis dispensé d'en faire autant, et j'ai été me fourrer en face de ladite croisée, dans un bouquet de lauriers roses, où personne ne pouvait me voir. Il s'est bien passé une demi-heure avant que je n'aie vu rien remuer, et je commençais à m'ennuyer, lorsque la fenêtre s'est entr'ouverte, et Rosie s'est penchée et m'a dit :

— Maîtresse n'est pas endormie; elle est malade et ne dormira pas... et m'a refermé la fenêtre.

— Je veux que le diable m'emporte, monsieur, et il a été bien près de le faire ce soir, si à ce moment je n'ai pas cru entendre, derrière la persienne, un petit ricanement, comme celui de maître John.

» Mais ce n'est pas de ça qu'il s'agit, monsieur. Qu'il garde sa Rosie, si elle le préfère... Je donnerais, avec ma montre, le peu d'argent qui me reste pour n'avoir jamais de ma vie rien à démêler avec la race qui a du noir dans la peau, ne fût-ce qu'une goutte étendue dans un muid d'eau.

— Et pourquoi cela ?

— Pourquoi ! s'écria Jean, vous allez voir...

« Dans le premier moment je n'étais pas de cet avis-là, et je commençais à me monter la moutarde au nez, d'être ainsi filouté pour un pudding comme ce John. Mais comme en tout il faut être sûr de ce qu'on soupçonne, pour éreinter quelqu'un comme je me propose de le faire au sujet de l'Anglais, je me suis remis dans mon tas de broussailles, où, par parenthèse, il y avait je ne sais quelles sortes d'épines qui me piquaient atrocement par derrière. Je ne sais pas si elles avaient poussé en une minute, car il me semble que je ne les sentais pas auparavant. C'est peut-être une idée, mais nous sommes dans un pays si extraordinaire, que ça ne m'étonnerait pas que ça fût venu en un clin d'œil. »

Ernest, malgré son impatience d'apprendre ce qui était arrivé à Jean Plonget, ne put s'empêcher de sourire de la supposition de son domestique, qui reprit d'un air important :

« Il ne faut pas rire, monsieur ; vous êtes comme les princes, qui ne voient jamais les choses par eux-mêmes. Oui, je me sentis piqué par toutes sortes d'épines qui m'auraient fait sauter comme un goujon, si je n'avais pas été tenu par l'idée d'écouter et de m'assurer que le John était là-haut, pendant que je m'épuisais en bas pour ne pas crier.

» Mais voilà, monsieur, que pendant que j'étais comme saint Laurent sur le gril, j'entends quelque chose qui frôle à côté de moi. Il ne faut pas faire le fier, monsieur ; il y a dans ce pays des animaux atroces, des serpents horribles, des êtres qui n'ont pas de nom, capables de faire disparaître un homme comme rien du tout.

» Je me sentis pris d'une colique effrayante (je vous demande pardon, monsieur ; mais c'est l'effet que me fait la peur, et j'ai eu peur). Oui, monsieur, dit Jean Plonget en frappant du poing sur le lit, j'ai eu peur.., moi, Jean Plonget, moi, Normand, j'ai eu peur, et je me suis racroupionné dans mon buisson. Je n'étais qu'une bête, car j'aperçus aussitôt deux êtres humains qui passaient à quelque distance.

» Quand je dis deux êtres humains, monsieur, ce n'est qu'une manière de parler, attendu que sais particulièrement que le nègre n'est qu'un chacal qui a usurpé la forme de l'homme pour faire croire qu'il est susceptible d'un sentiment honnête. Mais je suis bien revenu de ça depuis une heure. Tant il est, cependant, que je me rassure en voyant que ce n'était que deux mauricauds qui se faufilaient doucement... si je n'avais entendu l'un qui disait à l'autre :

« Tu es sûre qu'il mourra ? »

A quoi l'autre qui était une femme répondit :

« Aussi sûre que la lune nous éclaire. »

« Je n'aime pas à entendre parler de mort la nuit et quand il fait clair de lune.

« Tenez, monsieur, se trouver en face d'une batterie de canon, ça n'est pas précisément comme d'avoir un bon piché de poiré devant soi ; mais enfin il n'y a pas de quoi donner mal au ventre à un bon Normand ; mais voir des figures de noir de fumée qui parlent de quelqu'un qui mourra sûrement, c'est atroce. A qui ça s'adresse-t-il ? — Est-ce toi, mon Jean, me suis-je dit, qui aurais marché sur les brisées de quelque face de nègre, et qui te prépares ton sort pour te punir d'un amour illicite? — C'est possible, me suis-je répondu, et ce serait par trop bête d'être le dindon de la chose, tandis qu'un autre en est le coq.

« Sur ce raisonnement, et d'ailleurs comme je suis curieux de m'instruire, je me mets à la suite du couple noir, et je le vois enviler le chemin qui mène au cimetière que nous a montré ce matin cet autre mauricaud de la ville, qui doit être une canaille comme les autres.

— Du côté du cimetière? dit Ernest; en es-tu bien sûr?

— Ah! reprit Jean Plonget, j'ai eu de quoi m'en assurer, monsieur. Ecoutez : Ils arrivent et j'arrive; ils marchent comme des gens qui sont chez eux; la nuit est leur lumière, à ces sombres figures-là, et ils allaient comme s'ils avaient eu des yeux au bout des pieds.

« J'avais eu de la peine à les suivre, mais j'avais trouvé un gros bouquet de galba où je m'étais fourré et d'où je les voyais aller et venir pendant qu'ils se promenaient dans le cimetière, ni plus ni moins embarrassés que s'ils avaient été sur le boulevard de Gand. Enfin voilà qu'ils viennent de mon côté. Je serre les poings et je m'apprête à les congédier s'ils s'adressaient à moi pour avoir des renseignements, lorsqu'ils s'arrêtent tout à coup à trois ou quatre pas, et la femme dit à l'homme : « Voici la fosse. »

« Je n'aime pas ces mots-là, et je me sentis prêt à défaillir; mais ce n'était pas l'occasion, et je vois aussitôt l'homme qui se met à piocher la terre, tandis que la femme grommelait une chanson dont je n'ai pas compris un mot, mais qui devait être abominable d'après l'air et les contorsions qu'elle faisait en chantant. Tout à coup, et au moment où ça commençait à se prolonger indéfiniment, comme la complainte de Papavoine, voilà le nègre qui s'écrie : « C'est fait ! »

« J'ouvre les yeux, et qu'est-ce que je vois... infamie du ciel! un cadavre qu'ils venaient de déterrer, le cadavre d'un enfant, monsieur. Alors la vieille, la sorcière, la tigresse s'agenouille, retire l'enfant de la fosse, et avec un grand coutelas... Je l'ai vu, monsieur, vu comme je vous vois; vous ne direz pas que les cheveux me tombaient dans les yeux, car ils étaient droits sur ma tête comme des piques de suisse ; oui, dans ce moment elle lui coupa les doigts des mains, lui ouvrit la poitrine, en retira le cœur, et mit le tout dans un sac.

— Ce n'est pas possible! dit Ernest épouvanté à son tour des détails de cette horrible nuit.

— C'est possible, c'est fait, je l'ai vu, monsieur; et alors, quand la vieille eut fini, elle dit à l'autre :

— Demain, apporte-moi les doublons que tu m'as promis, et tu auras le poison.

— Et tu es sûr que Crésus mourra?

— Je lui en donne pour quinze jours.

— C'est trop long... dit l'homme.

— Bête! lui dit la femme, s'il mourait tout de suite on verrait bien qu'il a pris du poison, au lieu que comme ça il sera malade... et je lui porterai du bouillon à l'hôpital. »

« Vous êtes pâle de m'écouter, monsieur, continua Jean, mais moi, j'étais là... j'ai tout vu, tout entendu... Je ne sais pas si c'est la peur qui m'a soutenu tant qu'ils sont restés pour combler la fosse, mais à peine ont-ils été partis et n'ai-je plus eu rien à craindre, que je me suis senti défaillir.

« Les épines avaient sans doute poussé pendant ma léthargie, car, en revenant à moi je me suis senti encore atrocement piqué ; alors, monsieur, quand je me suis rappelé ce que j'avais vu, entendu, il m'a pris un vertige de me sauver.

« J'ai couru du côté de la maison ; je ne sais pas comment j'ai trouvé votre chambre; mais j'en étais à m'imaginer que quelque sorcière vous avait emporté, en ne vous apercevant pas dans votre lit, lorsque tout à coup vous êtes entré, et vous m'avez fait l'effet du diable en personne. »

Depuis un moment Ernest n'écoutait plus.

Il était donc en présence d'une de ces horribles entreprises qu'il traitait de calomnies, et pour lui ce crime avait un sens qu'il n'avait pas pour Jean Plonget. Le nom de la victime lui avait pour ainsi dire appris le nom de l'assassin.

Après ce que lui avait dit M. Owen, ce nouvel incident porta un trouble étrange dans les idées de Clémenceau.

Nous verrons quel fut le résultat de ses réflexions.

VII

LA SOUFRIÈRE.

Quoiqu'il eût passé une partie de la nuit à écouter le récit de son domestique, Ernest se leva de grand matin, et son premier soin fut d'avertir M. Owen de ce que Jean avait découvert.

Le géreur ne parut pas étonné de ce que lui apprenait Clémenceau, en ce sens du moins qu'il l'entendit comme une chose qui ne lui semblait pas exceptionnelle. Mais en même temps il en montra une alarme excessive.

« Une empoisonneuse sur l'habitation, disait-il, ce serait affreux. »

Clémenceau trouvait l'anxiété du géreur exagérée ; selon lui, il n'y avait qu'à faire arrêter Théodore et à obtenir de lui des aveux.

« Des aveux d'un nègre ! lui dit M. Owen, autant vaudrait demander un secret à une muraille. Vos plus adroits voleurs ne sont que des enfants pour cacher et déguiser un crime.

« J'ai vu périr tous les bestiaux d'une habitation avec la certitude qu'on les empoisonnait. Pendant deux mois, pas un esclave étranger ne pénétra sur l'habitation ; par conséquent, nous étions bien sûrs que l'empoisonneur était parmi les esclaves de l'atelier ou de la maison. J'organisai une surveillance de toutes les heures. Je n'y avais employé que des blancs et quelques esclaves dont je croyais être sûr, entre autres une vieille mulâtresse qui avait été nourrice de la maîtresse de l'habitation et qui était véritablement dévouée à cette dame. Par le conseil de cette mulâtresse même, les visites les plus minutieuses furent faites dans toutes les cases ; et pour montrer qu'on ne voulait ménager personne, elle demanda que la sienne fût également inspectée. J'y mis une sévérité que cette offre même m'avait inspirée, mais je ne découvris rien.

« Nous étions dans la désolation, car déjà l'empoisonnement passait des bestiaux aux esclaves, lorsqu'un événement bien inattendu nous apprit le nom du coupable.

« Un coup de vent assez violent enleva la toiture de quelques cases et particulièrement celle de la mulâtresse. En son absence, elle avait accompagné sa maîtresse à la ville, j'étais allé voir les réparations à faire ; j'étais monté sur une échelle, et j'examinais l'état de quelques gros bambous qui servaient de supports aux solives de la charpente, lorsque j'en remarquai plusieurs dont les nœuds étaient perforés. Je regardai et je vis qu'ils contenaient, les uns des petits paquets, d'autres des fioles qui avaient disparu de la pharmacie. Cette cachette avait dû échapper à nos investigations, car il eût fallu démolir la case pour la découvrir.

« Je voulus m'assurer alors de ce qu'on pouvait attendre des sentiments des esclaves.

« J'ordonnai la réparation de la case sans parler de ma découverte et je ne quittai pas les travailleurs des yeux. Ils découvrirent la cachette ; je le vis aux regards qu'échangèrent entre eux ceux qui travaillaient à cette réparation ; mais aucun n'osa me donner avis de ce qu'ils avaient trouvé.

« Au retour de la ville, je fis arrêter la mulâtresse. Elle fut invariable dans ses dénégations, et lorsque nous lui montrâmes la preuve de ses crimes, elle prétendit sans se troubler que c'était moi qui, pour la perdre, avais caché ces poisons dans sa case.

« Mais quand ils la virent arrêtée, la peur des autres esclaves disparut, quoiqu'à l'audience où elle fut jugée, ils fussent près de rétracter leurs aveux, lorsqu'elle les menaça de revenir les empoisonner après sa mort.

» Je reconnus alors que c'était la peur que ces pauvres gens ont de ces horribles femmes, qu'ils croient des sorcières, plutôt qu'un sentiment de complicité, qui les avait fait se taire, et vous pouvez être par conséquent assuré que nous n'obtiendrons aucun aveu. »

— Je sais, dit Clémenceau, que la jalousie est un sentiment implacable ; je comprends le crime de Théodore ; mais je ne

conçois pas qu'un autre expose sa vie pour servir une passion qui n'est pas la sienne, surtout pour si peu de chose.

— Il en faut moins que vous ne pensez pour qu'un nègre
arrive à un pareil crime ; et vous le comprendrez, quand je
vous aurai dit que la première cause des crimes de la misérable mulâtresse dont je viens de vous raconter l'histoire,
c'est que, dans une distribution de robes et de colifichets
faite par la fille de la maison, elle avait été moins bien par-
tagée que d'autres.

— Elle l'a avoué en plein tribunal, et c'est en plein tribunal aussi qu'elle a expliqué comment, après avoir empoisonné d'abord quelques bestiaux, elle avait pris un affreux
plaisir à les voir languir et mourir ; comment c'était devenu
ensuite chez elle une passion, un besoin, une jouissance
effrénée, et qu'elle eût empoisonné toute l'habitation pour
la satisfaire.

— Et comment les maîtres de cette habitation ont-ils
échappé à cette mégère ? comment n'a-t-elle pas puni, la
première, la jeune fille qui avait excité sa jalousie et sa
vengeance ? »

M. Owen baissa la voix, et dit mystérieusement à Clémenceau :

« C'est qu'il reste heureusement dans ces cœurs féroces
un respect et un effroi superstitieux du blanc.

« C'est le sentiment instinctif d'une infériorité incontestable qui les retient, et heureusement que toutes les décla-
mations des philanthropes n'ont pu encore leur persuader
qu'ils fussent les égaux de cette race blanche à laquelle ils
obéissent sans répugnance, tant ils se sentent au-dessous
d'elle ; mais malheur au jour où une pareille pensée péné-
trerait dans leur cerveau, si toutefois elle pouvait y arriver,
ce que je ne crois pas. Le nègre n'est pas un homme complet, monsieur. »

Clémenceau, quoiqu'il fût décidé à ne pas émettre trop
vivement ses pensées à ce sujet, ne voulut pas cependant
laisser passer cette proposition, et dit avec un petit ton de
pédanterie polie :

« Ce n'était pas l'opinion de Pitt, de Fox, de Shéridan, de
Wilberforce, qui ont demandé la liberté pour le nègre dans
leur noble amour de l'humanité.

— Que ne la donnaient-ils alors à l'Irlande ! répliqua
M. Owen dans un mouvement d'indignation qui le fit sortir
de son calme ordinaire : les hommes qui parlaient leur langue, qui se battaient à leurs côtés, et dont quelques-uns
sont les plus illustres noms de l'Angleterre, le méritaient-ils
moins que cette race nègre sur laquelle ils versaient si splendidement leurs larmes hypocrites? «

Clémenceau regretta d'avoir blessé le sentiment de nationalité de ce brave Irlandais, et lui dit :

— Le jour de la justice est venu pour vous.

— Oui, dit M. Owen avec un reste de ressentiment, ils
accordent par peur à l'Irlande cette liberté qu'ils patronnent
ici dans un but de ruine. Qu'on soit ennemi de l'esclavage,
qu'on travaille à l'abolir, je le conçois, et mes sentiments
secrets y inclinent ; mais qu'on se prévale de l'exemple de
l'Angleterre, cela me révolte, monsieur, car le point de départ
est odieux et le résultat misérable. «

Ernest voulut détourner la conversation de ce sujet, qui
eût pu le conduire trop loin, et lui dit :

« Mais qu'allons-nous faire en cette circonstance?

— D'abord mettre Crésus au nombre des nègres qui doivent vous accompagner dans votre excursion, pour prévenir un malheur immédiat.

— Cette femme a-t-elle donc déjà pu préparer le poison
promis ? »

M. Owen sourit tristement et repartit :

« Les femmes qui font le métier d'empoisonneuse en ont
toujours à leur service. »

— Pourquoi donc cette horrible cérémonie de cette nuit ?

— Pour frapper et épouvanter l'esprit de son complice.

« Quoi qu'en pensent certains colons eux-mêmes, je ne
crois pas à une science secrète et avancée des poisons chez
ces misérables ; quelques plantes connues, et même le suc
de manioc cru leur en fournit ; mais la mulâtresse dont je
vous ai parlé se servait tout simplement d'arsenic qu'elle
avait dérobé. Quoi qu'il en soit, que votre domestique se
taise, je me charge d'observer Théodore, et de découvrir
l'empoisonneuse qui lui a promis son secours.

« Ne dites rien de tout cela à M. Sauson ; il ne voudrait
peut-être plus partir, et il n'en faudrait pas davantage pour

exciter les craintes des coupables, de manière à ce qu'on ne pût les découvrir.

Clémenceau s'empressa d'avertir son domestique, qu'il trouva en contemplation devant son déjeuner, qu'il n'osait même dévorer des yeux. Ernest l'emmena chez lui, et ne put lui faire entendre raison.

A tout ce que lui disait son maître, il répondait par cette phrase :

« Voyez-vous, monsieur, je ne vous crois pas ; vous avez dans l'idée que ces nègres sont des hommes ; je vous dis que non, et que nous y passerons tous. »

Il fallut l'intervention de M. Owen pour obtenir un peu de calme du pauvre garçon, et bientôt après chacun descendit de chez soi, prêt pour le départ.

L'itinéraire et le but du voyage avaient été tracés la veille, pendant que Clémenceau était occupé à regarder la danse des nègres, et il apprit qu'on devait aller à la Soufrière.

Des chevaux étaient prêts pour les hommes et pour les dames, et un nombre considérable d'esclaves, portant des provisions, s'apprêtaient à suivre la joyeuse caravane. Des guides avaient été amenés, et M. Welmoth, qui avait choisi, pour ainsi dire, le but de l'excursion, se donnait mille mouvements pour organiser le départ.

Tout le monde était joyeux.

Clara, comme si une vie nouvelle avait dominé l'indolence gracieuse à laquelle elle se laissait aller le plus souvent, allait, venait, bondissait pour ainsi dire de l'idée de cette course aventureuse.

Madame de Cambasse, d'ordinaire si renfermée en elle-même, laissait voir un peu de cette âme résolue et ardente qu'elle semblait s'être fait un devoir de contenir, et son œil brillant, sa lèvre entr'ouverte semblait aspirer d'avance un autre air et un horizon plus vaste.

M. Sanson n'était pas le moins animé, et dans sa joyeuse humeur, il s'associait aux projets de quelques jeunes gens qui se défiaient à qui montrerait le plus d'audace et d'agilité.

C'est du reste une disposition commune à ceux qui habitent le climat des tropiques, de changer tout à coup en une activité pour ainsi dire fébrile, la langueur dans laquelle ils paraissent quelquefois endormis.

Deux seules figures déparaient ce gai tableau, c'étaient celles de Clémenceau et de son valet.

Non-seulement Ernest était préoccupé de ce qu'il avait appris de la position de M. Sanson, mais encore il était piqué de suivre, pour ainsi dire en sous-ordre, une excursion arrangée par son rival et pour son rival.

Quant à Jean Plonget, l'émotion qu'il avait éprouvée la veille avait été si forte qu'elle avait triomphé de la rougeur habituelle de ses joues et les avait semées de plaques blanches qui leur donnaient un air marbré.

Du reste, ses yeux étaient sans cesse en mouvement, et il lui fallait un violent effort sur lui-même pour maîtriser le tressaillement nerveux qu'il éprouvait toutes les fois qu'un nègre passait à côté de lui, et qui consistait en une violente envie de lui asséner un coup de la crosse du fusil qu'il tenait à la main.

Tous les hommes, en effet, étaient armés, et l'on avait donné des fusils au deux domestiques par une sorte d'égard et pour ne pas les traiter comme des esclaves, qui cependant avaient gardé le grand coutelas qu'ils portent au travail. Il devait leur servir à couper les lianes et les palmistes qui pourraient gêner la marche des visiteurs.

Au moment où l'on se mettait en route, M. Owen, qui était venu prendre les derniers ordres de M. Sanson, s'approcha de Clémenceau et lui dit en passant et en lui montrant madame de Cambasse du regard :

« Souvenez-vous ! »

M. Welmoth, qui était près de Clémenceau à ce moment, se retourna pour voir à qui s'adressait cette recommandation, mais il ne rencontra que le regard fixe et menaçant d'Ernest qu'il parut vouloir éviter.

Cependant il suivit des yeux M. Owen qui s'éloignait, et il dit en anglais à John qui tenait la bride de son cheval :

— Quand je reviendrai, je te recommanderai ce chien irlandais. »

Clémenceau l'entendit, mais il laissa passer cette parole comme un son vide, pour mieux affermir la persuasion où était Edouard, que lui, Ernest, ne savait pas l'anglais ; et tout le monde monta à cheval.

Si M. Welmoth n'avait pas été dominé par cet esprit an-

glais qui, non content de croire à sa supériorité, s'imagine
que personne ne sait rien faire de ce qu'un Anglais fait sans
effort, il eût mieux réussi dans le mauvais tour qu'il voulait
jouer à Clémenceau. Un Français, un homme d'esprit, eût mis
plus de malice et moins de méchanceté dans cette plaisanterie.

Si Ernest avait eu à faire la distribution des chevaux, et
qu'il eût voulu rendre M. Welmoth ridicule, il lui eût choisi
la rosse la plus pacifique et la plus traînante, avec la rude
tâche de lui faire suivre de loin la brillante cavalcade qui
l'eût précédé; mais assurément il ne lui eût pas donné le
cheval le plus ombrageux et le plus emporté, au risque de
lui faire rompre les os.

Mais M. Welmoth avait fait de la malice anglaise qui tient
toujours un peu du coup de poing, et Clémenceau était à
peine en selle qu'il comprit à quel animal (il s'agit du cheval)
il avait affaire.

Les courbettes, les ruades, les sauts de mouton commencèrent leur jeu, et déjà les cris, les avertissements partaient
avec effroi, lorsque Ernest, poussé à la fois par la vanité et
la colère, se mit en mesure de dompter le terrible coursier,
espoir de M. Welmoth. Alors le faisant courir, l'arrêtant sur
place, lui coupant la bouche et le lançant à toute vitesse, il
rompit, pour ainsi dire, en quelques minutes, cette ardeur
vicieuse à ce point que, quand il le ramena près de Clara
épouvantée, le malheureux animal, couvert d'écume et de
sueur, tremblait et obéissait, sentant qu'il avait la charge
d'un maître plus fort que lui.

Clara était une enfant, une enfant bonne, naïve et qui
n'avait aucune de ces dissimulations ou de ces finesses qui
rendent les femmes si fortes contre nous.

Ainsi elle dit tout simplement à Ernest :

« Ah! mon Dieu, monsieur Clémenceau, que vous m'avez
fait peur! » Puis se tournant vers Edouard, elle ajouta
fort sérieusement :

« Comment avez-vous pu donner un cheval pareil à M. Clémenceau? S'il n'avait pas été si habile écuyer, il eût pu lui
arriver un accident, et notre partie de plaisir eût été man-
quée. »

La différence qu'il y avait entre ces paroles et les compliments que madame de Cambasse fit à Ernest sur son courage et son adresse, c'est que Clara avait franchement exprimé une frayeur vraie, un reproche sincère et une crainte réelle de perdre le plaisir dont elle se faisait tant de joie ; tandis que les paroles de madame de Cambasse, en ne paraissant s'adresser qu'à Ernest, étaient surtout d'incisives moqueries et des reproches méprisants contre M. Edouard Welmoth.

Cependant on partit, et bientôt la magnificence du paysage triompha non-seulement du ressentiment et de la préoccupation d'Ernest, mais encore de la terreur de Jean Plonget.

C'est surtout au moment où, après avoir dépassé les terres cultivées, ils commencèrent à pénétrer dans ces bois profonds, ténébreux, admirables, qui n'ont leurs semblables que dans les immenses solitudes du Nouveau-Monde, que l'admiration d'Ernest l'emporta sur tout autre souvenir.

Là, c'était le balisier des montagnes avec son feuillage d'un vert d'émeraude, la fougère géante qui, au sommet de son tronc d'ébène, déploie son large parasol, l'acacia fastuosa, le manglier colossal, qui porte sur ses rameaux immenses des végétaux qui y trouvent encore une nourriture suffisante, et de tous côtés les fleurs suaves les plus éclatantes, les lianes pendant en festons, les oiseaux au corsage d'émail, les eaux murmurantes et l'impides.

Ernest ne pouvait s'en lasser et s'écriait à chaque pas, oubliant Clara, M. Sanson, madame de Cambasse et jusqu'à sa haine pour M. Welmoth, à qui rien n'était capable d'arracher un moment la pensée qui le préoccupait.

Après de nombreuses fatigues, ils arrivèrent au pied de la Soufrière ; l'on abandonna les chevaux. Ici le spectacle changeait : à cette nature magnifique, luxuriante, succédait une morne désolation ; et les dames, ne se sentant pas le courage ou la force de tenter la route périlleuse qu'il faut parcourir pour atteindre à son sommet, s'arrêtèrent, tandis que M. Sanson, Clémenceau et Edouard, accompagnés de quelques nègres, continuaient leur route.

Nous ne voulons pas donner ici une description exacte de ce volcan, qui fume toujours, et dont les fourneaux, brûlant san: cesse, préparent peut-être quelque effroyable éruption qui changera un jour la face de cette île, où peut-être lui adjoindra quelque île nouvelle, comme la Grande-Terre, qui n'est, à vrai dire, qu'un exhaussement d'un fond sous-marin arrivé dans l'une de ces tourmentes horribles qui déchirent les entrailles de la terre et en soulèvent la surface.

De tous côtés ce sont des fumerolles d'où s'échappent une fumée blanche, intense, suffoquante ; des rochers couverts de soufre cristallisé, dont le jaune tendre a quelque chose de livide.

Comme ils marchaient lentement, et que M. Welmoth, qui s'arrêtait de temps à autre, examinait avec soin la nature de ce sol, M. Sanson lui dit avec un sentiment d'orgueil :

« Vous voyez, Edouard, notre fortune n'est pas toute dans les habitations, et si la France, au lieu d'oublier ses colonies, ou plutôt au lieu de ne les considérer que comme une charge inutile, voulait dépenser dans ce pays quelques-uns de ces millions qu'elle jette à des travaux inutiles, et essayait ici de ces grands travaux qui font la richesse des nations, elle y aurait bientôt trouvé une compensation de ses sacrifices.

« Comme l'Angleterre, elle est tributaire de la Sicile, qui finira par lui faire payer ses soufres à un prix que vos capitaux seuls pourront atteindre. Alors peut-être elle pensera qu'elle possède une île où se trouve ce premier élément de la force protectrice des nations. `

« Mais, en France, il semble que le mot *colonie* soit le synonyme de ruine ; il s'est fait un cercle d'économistes qui ont imaginé que chaque sol devait suffire à ses habitants, et que si on parlait d'une dépense qui dût passer les mers, ils s'insurgeraient contre la prodigalité du pouvoir. »

M. Sanson finit cette phrase d'un air triste, et ajouta en secouant la tête :

« Ce n'est pas ainsi en Angleterre. »

M. Welmoth, en ne croyant sans doute que répondre à cet éloge indirect de son pays, s'écria vivement :

« Non, certes, et si nous le possédions, nous ne négligerions pas une pareille ressource. »

Clémenceau fut ramené, par cette observation, au souvenir de ce qu'il avait promis à M. Owen, et remarqua que M. Welmoth ramassa une assez grande quantité de ce soufre, pour rapporter, disait-il, un souvenir de son excursion. Si Clémenceau n'avait pas été prévenu des mauvais desseins de

M. Welmoth, il eût aisément cru à cette raison que donnait Edouard.

C'est assurément une des manies les plus singulières des Anglais que de rapporter des souvenirs matériels de leurs voyages. Cette manie, souvent ridicule, va quelquefois jusqu'à la plus sotte prétention et quelquefois aussi jusqu'au vandalisme. Un Anglais ramassera un caillou dans une rivière pour dire qu'il a traversé cette rivière, et dérobera ce qui lui tombera sous la main dans un édifice pour constater son passage.

J'ai visité, à quelques années de distance, des caveaux où existaient les débris d'un tribunal de francs-juges; la dernière fois que j'y passai, il ne restait que les murs, et le gardien me dit que tout le reste avait été volé morceau par morceau par les Anglais touristes. Dans l'occasion, s'ils le pouvaient, ils casseraient un doigt à l'Apollon du Belvédère pour le mettre dans leur poche et le pendre ensuite dans leur parloir de Londres. Ce n'était pas chose étonnante pour M. Sanson, qui connaissait cette manie, que le soin avec lequel M. Welmoth remplissait ses poches de petits morceaux de soufre; mais dans l'opinion de Clémenceau, il y en avait beaucoup plus qu'il ne fallait pour l'étaler sur une cheminée ou sur une étagère, et la provision qu'il faisait pouvait fort bien servir à des renseignements d'une plus haute portée.

Clémenceau fit comme Edouard, en remarquant l'attention extrême avec laquelle il examinait la nature du sol, ses dispositions, et de quelle façon il serait possible de tracer une voie commode de la montagne à la mer.

Ce fut ainsi que nos explorateurs arrivèrent à cette partie de la Soufrière qu'on appelle la grande Fente, et qui divise la montagne en deux.

Cette immense fissure est elle-même transversalement coupée par un amas de roches qui la traversent comme un pont suspendu au-dessus du gouffre. Ces rochers, précipités sans doute du sommet, se sont rencontrés au moment où ils roulaient ensemble dans l'abîme, et se sont arrêtés à son orifice.

Clémenceau lança quelques pierres dans le gouffre, du côté où la fumée ne s'échappe pas, et tous trois les entendirent rouler longtemps dans ses profondeurs.

La blanche vapeur des fumerolles qui entourent la grande
Fente leur voilait les chemins qu'ils venaient de parcourir,
et, par un sentiment singulier, Clémenceau et Welmoth se
dirent que là pouvait se commettre le crime le plus affreux,
sans qu'il en restât de traces. Ils étaient tous trois armés à
la vérité, mais accompagnés d'une douzaine d'esclaves ro-
bustes et contre lesquels leurs fusils ne leur seraient que
d'un bien faible usage; car à la faveur de la vapeur dont ils
étaient entourés, ces esclaves eussent pu s'approcher et les
précipiter avant qu'ils se fussent mis en état de défense.

Cette idée, commune aux deux Européens, se montra sans
doute si bien sur leur visage, ou éclata si vivement dans le
regard prudent et observateur qu'ils jetèrent autour d'eux,
que M. Sanson s'en aperçut et ne put s'empêcher de sourire,
et comme s'il eût voulu les éprouver, il leur dit :

« Cette ascension m'a fatigué, asseyons-nous ici un moment. »

Soit véritable pusillanimité, soit cette crainte basse que
Dieu donne à l'homme d'un cœur pervers et qui lui fait attribuer à d'autres des projets aussi coupables que ceux qu'il
médite, M. Welmoth parut surpris de cette proposition, et,
par un mouvement plus fort que lui, il se recula, tandis que
Clémenceau lui disait d'un air railleur :

« Nous sommes deux avec vous, monsieur, ne craignez
rien. »

L'attaque était trop directe et trop vive à la fois pour que
M. Sanson ne la comprît pas, et pensant que ce n'était que
l'expression du ressentiment que pouvait avoir gardé Ernest
du mauvais tour que l'Anglais avait voulu lui jouer, il s'empressa de dire en riant :

« Nous sommes deux aussi, monsieur Clémenceau, mais
je me suis trouvé seul ici, et à une époque où la qualité des
blancs n'était pas comme aujourd'hui une protection contre
les noirs.

— La croyez-vous bien efficace, monsieur? » dit Clémenceau, tandis que M. Welmoth, redevenu maître de lui, semblait calculer l'heure et la manière les plus propices à punir
Ernest de son outrecuidance ?

« A ce point, dit M. Sanson, que je préférerais voyager dans
les mornes les plus sauvages et aux environs des retraites

inaccessibles où se retirent les nègres marrons, que sur vos grandes routes des environs de Paris.

» J'ai éprouvé moi-même cette puissance, et, comme je vous le disais, à une époque où l'on avait fait aux nègres un mérite de la destruction des blancs. J'étais bien jeune alors, je revenais de France et j'étais, comme vous, peu habitué à cette nature colossale qui devait jeter sur mon aventure une couleur assez sombre pour épouvanter l'homme le plus résolu. »

M. Sanson avait évidemment le désir de raconter cette histoire.

Etait-ce seulement cette envie commune de dire un événement dans lequel on a joué le principal rôle, ou bien M. Sanson aurait-il trouvé dans ce récit une occasion de donner un avis aux deux jeunes gens? c'est ce que Clémenceau ne put deviner; mais il lui suffisait que cela pût plaire à M. Sanson pour qu'il l'engageât à leur raconter cette aventure, et il insista d'autant plus que M. Welmoth paraissait trouver qu'ils perdaient un temps précieux et que ces dames s'ennuiraient à les attendre.

« Soit, dit M. Sanson, d'un air particulier, je vous satisferai tous deux, vous, monsieur Clémenceau, en vous disant ce qui m'est arrivé; vous, mon cher Edouard, en le racontant pendant que nous allons descendre la montagne. »

Les visiteurs se remirent en route, et voici ce que leur dit M. Sanson.

VIII

UNE HISTOIRE.

C'était quelque temps après l'expédition du général Richepanse; j'étais rentré à la Guadeloupe avec l'espoir de me mettre à la tête de mes habitations, mais voulant auparavant étudier l'état de la colonie, je m'étais retiré chez l'un de nos plus riches propriétaires de la Capesterre, petit bourg situé au bord de la mer, à l'extrémité de la riche et fertile plaine qui commence au pied de la montagne sur laquelle nous sommes.

Il y avait dans ce village une petite garnison commandée par un Marseillais qui avait amené avec lui sa femme; elle était fort jolie, très-coquette, et je n'étais pas le premier qu'elle eût séduit par ses manéges; mais j'avais peine à croire ce qu'on m'avait raconté d'elle.

A une époque où beaucoup de nègres insoumis rôdaient encore dans les bois tous remplis de leurs sanglantes prouesses, Mariana se plaisait à donner des rendez-vous dans les lieux les plus éloignés, et jusque dans les bois qui ferment ce côté d'une barrière infranchissable.

Il était difficile de savoir jusqu'où avait pu aller sa faiblesse pour ceux qui avaient accepté cette proposition; mais jusqu'au jour où je parus, personne n'avait encore voulu payer son tête-à-tête avec elle d'un pareil danger, à l'exception de deux officiers français qui furent assassinés à quelques jours de là.

J'avais dix-huit ans, messieurs, et à cet âge on trouve dans le danger un attrait de plus à l'amour. Non-seulement le Marseillais était un bravache qui prétendait qu'il passerait son épée au travers du corps du premier galantin qui ferait les yeux doux à sa femme, mais il y avait encore l'histoire des rendez-vous nocturnes, qui me souriaient étrangement.

Je me mis donc sur les rangs, et au bout de quelques jours, sans qu'il eût été besoin de beaucoup soupirer, je me crus en droit de faire une déclaration en forme à Mariana.

La réponse ne se fit pas attendre, elle me dit en riant :

« Je ne cause pas de ces choses-là dans une maison où les murs ont des oreilles, ni aux endroits où peuvent arriver les curieux et les médisants. Demain, après la chute du jour, trouvez-vous à la Roche-Grise. J'y serai

— J'y serai aussi, lui dis-je. »

Elle me regarda en face, et je compris son doute.

« J'y serai, lui dis-je, et je vous attendrai toute la nuit. »

— Vous l'oserez?

— Je l'oserai. »

Marianna avait trente ans à peu près et moi dix-huit. Elle me considéra d'un air d'intérêt et me dit doucement :

« Pauvre enfant ! vous en êtes capable... non, je n'y serai pas...

— Vous me l'avez promis ; j'ai votre parole, lui dis-je en lui prenant les mains. »

Elle se retira brusquement en me disant :

« Vous êtes un fou... je ne veux pas. »

Je me piquai un peu et lui dis d'un air railleur :

« Serais-je donc le premier qui aurait eu ce courage ? »

A ces mots, elle pâlit et se cacha la tête dans ses mains.

J'avoue que le souvenir de la mort des deux officiers me frappa à ce moment sous un aspect différent de celui sous lequel je l'avais envisagé jusque là, et la pensée que ce pouvait être une expiation d'un bonheur déjà acheté par un grand péril me fit peur.

Mais ce fut cette peur même qui me pressa plus vivement ; j'eus honte de moi, et je dis à Marianna :

« Demain, à la chute du jour, je serai à la Roche-Grise. »

Cette singulière femme m'arrêta et me dit tout à coup :

« Vous m'aimez donc bien, enfant ?

— Je veux que vous en soyez sûre, Marianna. »

Elle demeura un moment incertaine, elle éprouvait une angoisse cruelle, puis elle me dit tout à coup :

« Eh bien ! je vous aime aussi, et c'est parce que je vous aime que je ne veux pas que vous alliez à la Roche-Grise. »

L'effroi qui se peignait dans ses yeux me confirma dans le soupçon que ce rendez-vous renfermait quelque affreux mystère, et je dis à Marianna :

« Que craignez-vous donc pour moi, Marianna ? est-ce qu'on revient condamné à mort de vos charmants rendez-vous ? »

Elle attacha sur moi ses yeux étincelants, et me dit avec un accent de pitié :

« Vous êtes un enfant d'avoir voulu avoir mon amour, et vous le seriez encore plus de vouloir pénétrer ce mystère Vous pouvez aller, si vous le voulez, à la Roche-Grise... je n'irai pas. »

A ces mots elle me quitta.

A partir de ce jour, je remarquai un étrange changement dans la conduite de Marianna ; autant elle était agaçante autrefois envers tout le monde, autant elle devint froide et réservée. Quant au capitaine, qui semblait être aveugle avant ce jour et qui encourageait sa coquetterie, au lieu de rester complaisant et empressé, il devint sombre, morose et presque brutal pour elle.

Ceux qui n'étaient pas dans le secret de mon entretien avec Marianna disaient que le capitaine avait enfin découvert les galanteries de sa femme, tandis que je ne pouvais douter qu'elle n'eût à souffrir les brutalités de son mari que pour une raison contraire.

Quel mystère renfermait donc le bois terrible où se trouvait ce bloc énorme de Rocher que l'on appelle la Roche-Grise ?

Le désir de l'apprendre me dévorait, et plusieurs fois je fus tenté de proposer à quelques-uns de mes jeunes gens de faire avec moi une excursion dans cet endroit ; mais je réfléchissais que, si j'arrivais à découvrir le mystère, il pouvait être de nature à perdre Marianna, et que moins que tout autre j'avais le droit d'attirer un malheur, peut-être effroyable, sur une femme qui du moins m'avait sauvé de ma propre imprudence.

Les jeunes gens ont une singulière manie, c'est de juger les hommes qu'ils voient comme ayant toujours été ce qu'ils sont.

Lorsqu'ils se trouvent en face d'un homme de cinquante ans, ils admettent très-difficilement que cet homme, devenu calme, posé, grave, prudent, ait eu les passions folles, vives, chevaleresques de la jeunesse, et ce fut avec étonnement que Clémenceau écouta le récit de M. Sanson et son scrupule délicat. M. Welmoth paraissait prendre à ce récit un tout autre intérêt que celui qu'y prenait Ernest, et ses sourcils froncés, ses lèvres contractées eussent prouvé à Clémenceau s'il l'avait remarqué, qu'il avait pour l'Anglais un sens bien différent.

Quant à M. Sanson, quelle que fût son intention en faisant ce récit, il n'avait pas l'air de s'adresser à l'un plutôt qu'à l'autre, et il continua sans paraître remarquer la manière dont on l'écoutait :

La supposition que j'avais faite sur ce secret singulier avait refroidi de beaucoup la cour assidue que je faisais avant à Marianna, et je l'évitais le plus que je pouvais.

Mais mes soins avaient été trop évidents pour qu'on ne remarquât pas combien j'avais changé de manières vis-à-vis d'elle ; et, sans me le dire de façon à ce que je pusse m'en fâcher, on me laissait entendre que la peur que me faisait le capitaine entrait pour beaucoup dans ma froideur.

J'aimais Marianna de cet amour de dix-huit ans qui trouve en toutes choses des excuses, et plus je voyais Marianna souffrir, plus je la désirais, mais plus je craignais que cette femme ne fût indigne de moi et ne valût pas la peine que je fisse taire les petits propos médisants dont on m'accablait.

Voici donc ce que je résolus de tenter pour sortir de cette perplexité.

Un soir que tout le monde était à une réunion dansante et que je fus assuré de ne rencontrer personne sur mon chemin, je quittai la Capesterre, et je me rendis vers les bois qui embrassent la montagne jusqu'au sommet.

J'arrivai jusqu'à la Roche-Grise sans que rien eût pu m'effrayer ; c'était autour de moi une solitude profonde, un silence solennel. J'étais armé, et, après une assez longue attente, après avoir parcouru et fouillé le bois autant que le pouvait un homme seul dans ces épais fourrés, je m'apprêtais à retourner sur mes pas, lorsque je crus entendre à quelque distance le bruit d'une cognée attaquant un arbre.

Ce bruit était très-rapproché, et j'y courus... La lumière pénétrait encore assez dans le bois pour que je pusse voir où j'allais, et je reconnus en effet qu'un coup de hache venait d'être frappé au pied d'un palmiste. Ce bruit et cette entaille profonde me prouvèrent que quelque nègre était près de moi, et que probablement il avait fui au mouvement que j'avais fait.

Il n'y avait pas là de quoi m'épouvanter, et je cherchais à découvrir de quel côté le nègre avait pu fuir, lorsqu'un nouveau coup de hache, frappé à une distance encore bien plus rapprochée, vint me tirer d'embarras. Cette fois, j'y marchai avec plus de précaution. Je trouvai l'endroit, l'empreinte de la hache ; mais celui qui avait donné le coup avait disparu.

Était-ce un piége pour m'attirer ? Je n'en doutai pas, surtout lorsque j'entendis le même coup se répéter à une distance plus éloignée et dans une autre direction

J'armai mon fusil, et, comprenant qu'il serait par trop imprudent de poursuivre seul une pareille tentative, je songeai à me retirer; mais la chose n'était pas facile, car les nègres avaient conservé des fusils, et une balle pouvait aisément m'atteindre par derrière. Je reculai donc lentement en reprenant le chemin que je m'étais frayé, mais tout à coup une liane se tendit vivement derrière moi, et, emporté par le mouvement, je tombai sur le dos.

A l'instant même, et comme si chaque arbre eût renfermé un homme, je me vis entouré de vingt nègres, le coutelas levé sur moi.

J'allais périr lorsque tout à coup on s'écria :

« Arrêtez! c'est le maître! c'est M. Sanson ! »

Et je vis un ancien esclave de notre habitation se placer entre moi et les assassins.

Il n'était pas le seul de cette troupe qui me connût, et je trouvai autant de protecteurs que d'anciens esclaves qui avaient appartenu à mon père.

Les étrangers me voulaient égorger, les miens ne le voulaient pas, et probablement une rixe allait s'ensuivre, lorsqu'une voix osa proposer de s'en rapporter à la décision du chef.

Cet avis fut accueilli comme un moyen de conciliation; l'on me releva et on m'ordonna de marcher. Comme je m'y refusais, nos anciens esclaves s'emparèrent de moi et m'emportèrent. Je les laissai faire, comprenant que c'était le seul moyen de m'arracher à la fureur de leurs compagnons. Je me résignai à les suivre de bonne grâce, et nous marchâmes durant toute la nuit sans que je pusse reconnaître ni dans quelle direction ni à quelle hauteur nous nous trouvions.

Le jour était levé depuis longtemps, et cependant le bois était tellement épais que je n'avais pu encore voir le soleil, lorsque nous arrivâmes tout à coup au milieu d'une clairière où se trouvaient à peu près une centaine d'ajoupas.

Malgré la fatigue, on me conduisit immédiatement devant le chef, dans lequel, sous la couleur noire dont il s'était barbouillé le visage, je crus reconnaître un blanc.

« Qu'es-tu venu faire dans le bois ? » me dit-il brusquement.

Je voulus, à tout risque, pénétrer dans le mystère que j'étais venu chercher, et je lui répondis hardiment :

« J'y attendais une femme. »

Cet homme m'examina et reprit :

« Tu n'es pourtant pas un officier, tu es monsieur Sanson.

— Oui ! oui ! crièrent mes nègres, c'est M. Sanson. »

Cela parut étonner le chef, qui me dit :

« C'est Marianna que tu attendais ?

— C'est elle, lui dis-je. »

Il se retourna vers les autres nègres, et leur dit aussitôt :

« C'est Marianna qui nous l'envoie ; vous savez ce que cela veut dire. »

Et sans autres discours il prit un fusil placé près de lui et l'arma ; mais mes fidèles se jetèrent encore au-devant du coup, et priant et menaçant, ils obtinrent que toute la bande serait attendue jusqu'au soir pour décider de mon sort.

Ce fut, comme vous devez bien le penser, une cruelle journée pour moi.

On m'avait attaché à un poteau, et deux nègres montaient la garde devant ma personne. Ce fut enfin le tour de deux de me anciens esclaves, et celui qui avait été le plus ardent à me défendre me dit alors :

« Maître, ferme les yeux et fais semblant de dormir pendant que je vais parler. »

Je fis ce qu'il me dit, et alors il se mit à se promener devant moi et à chaque fois qu'il passait le long de mon poteau il me parlait à voix basse.

« Maître, me dit-il d'abord, nous te sauverons, mais ne dis pas qui t'a donné un rendez-vous. »

Il passait et disait :

« Maître, nous voulons tous retourner à l'habitation. »

Il passait encore et reprenait :

« Nous sommes bien malheureux.

« Tu nous recevras, n'est-ce pas ?

« Tu diras aux autres maîtres d'être indulgents.

« Ouvre les yeux pour dire oui. »

J'obéis, et pendant une demi-heure je reçus ainsi des avis et mille autres marques de repentir et de soumission.

Enfin le soir vint, et grâce à ma jeunesse, et surtout à la résistance de mes nègres qui avaient entraîné une assez grande quantité de leurs compagnons dans leur parti, mon salut fut décidé, et l'on m'annonça qu'on profiterait de la nuit pour me conduire hors de la forêt.

Ce fut encore une marche pénible, au bout de laquelle on me banda les yeux.

Je compris que nous quittions les bois ; et quoique je fusse porté par quatre nègres vigoureux, je sentis qu'ils parcouraient un pays horriblement difficile. Bientôt les vapeurs soufrées m'avertirent de l'endroit où je me trouvais ; et lorsqu'on m'ôta mon bandeau, j'étais à cette même place où nous nous sommes assis tous trois il n'y a que quelques instants.

C'était une nuit profonde, et peut-être suis-je le seul homme qui se soit trouvé à pareille heure près de ces deux gouffres béants, entouré d'hommes qui n'avaient qu'un geste à faire pour me précipiter dans les abîmes sans fond.

Je doutai un moment de leurs intentions ; mais lorsque le chef m'ordonna de jurer sur le démon infernal du volcan que je ne trahirais pas le secret de la retraite des nègres, je compris qu'ils avaient voulu donner à ce serment une apparence effroyable ; et, je puis le dire sans honte, j'avoue que, lorsque je tendis la main sur l'abîme en adjurant le Satan qui y présidait, il me prit une sorte de crainte superstitieuse de voir des flammes s'élancer, ou d'entendre une voix terrible me répondre. Mais j'avais à peine prononcé le serment voulu qe les nègres disparurent comme par enchantement, et je demeurai seul sur les rochers.

Le jour ne tarda pas à paraître ; et comme ce n'était pas la première fois que je visitais la Soufrière, je pus m'orienter, et je me rendis à la Basse-Terre, où déjà l'on avait reçu la nouvelle de ma disparition.

On m'interrogea sur ce qui m'était arrivé. J'évitai de répondre, en prétendant que je m'étais égaré.

Je m'apprêtais à retourner à la Capesterre pour arracher à Marianna son secret ; mais, le lendemain même de ma disparition, on l'avait trouvée morte dans son lit.

— Alors, dit Edouard avec un empressement remarquable, vous n'avez jamais su le mystère de l'assassinat des deux officiers ?

— Vous vous trompez, dit sévèrement M. Sanson à Edouard je l'ai appris.

— Et quel est-il? s'écria vivement Clémenceau.

— Ce n'est pas une chose à raconter devant des dames, dit M. Sanson plus gaîment; et voilà que l'on vient au-devant de nous. Seulement n'oubliez pas que la condition que des nègres mirent à mon salut n'était pas de confirmer leur liberté, mais de leur assurer leur esclavage.

IX

UNE ÉTOURDERIE.

En effet, madame de Cambasse et Clara gravissaient alors le sentier que descendaient les trois visiteurs.

Toutefois, à leur marche rapide et surtout à l'air affairé et aux signes multipliés de Clara, M. Sanson et les deux jeunes gens comprirent qu'il se passait quelque chose d'extraordinaire, et se hâtèrent d'arriver près de ces dames, dont cependant la présence calmait beaucoup leur inquiétude. Mais, au lieu de les attendre, Clara leur crie d'accourir, et retourne elle-même vers une partie de la route cachée par un coude et d'où s'élevait une sorte de tumulte.

Clémenceau, plus agile que ses deux compagnons, arrive le premier et voit au milieu de la route un homme pâle, défait, assis sur un tertre et soutenu par un gendarme, tandis que deux autres, le sabre au poing, et paraissant obéir à un homme d'une figure sinistre, placé derrière eux, maintenaient une foule de nègres qui semblaient vouloir leur arracher ce malheureux.

C'étaient des cris, des hurlements, un trouble extrême; les nègres pressaient peu à peu les gendarmes, sans violence apparente; ils en avaient déjà séparé un du groupe, et, le serrant entre eux, ils avaient rendu ses efforts inutiles.

Clémencea , au premier regard, voit que par cette manœuvre persévérante ils atteindront celui que la force publique a pris sous sa protection, et, supposant qu'il s'agit de

quelque féroce vengeance que les nègres veulent tirer de ce
malheureux blanc, il se jette en étourdi au milieu de la foule,
sans considérer que quelques-uns des jeunes créoles qui
étaient restés avec madame de Cambasse et Clara demeu-
raient, non pas les spectateurs impassibles de cette scène,
car ils la suivaient avidement des yeux, mais ne s'y mêlaient
point.

Si Clémenceau avait eu près de lui quelqu'un à qui il eût
pu dire sa pensée, il se fût sans doute écrié :

« Regardez, voilà ces esclaves que vous dites heureux à
ce point qu'ils chérissent leur esclavage : probablement
exaspérés par mille cruautés, ils poursuivent l'un de ces
maîtres indignes qui sont pour eux des bourreaux implaca-
bles ; et voyez comme le lâche tremble et pâlit maintenant. »

En vertu de ce mouvement oratoire, Clémenceau s'élance
au plus fort de cette foule pressée, et, croyant faire d'autant
plus d'héroïsme qu'il savait un coupable, il écarte les nègres, parvient jusqu'au gendarme déjà séparé des siens, se
joint à lui et regagne le groupe au milieu duquel se trouve
le malheureux poursuivi, plus pâle encore et plus défait. Au
moment où Ernest arrive, le monsieur qui avait l'air de com-
mander aux gendarmes, quoiqu'il fût en habit civil, le salua
et lui dit d'un ton empressé :

« Je vous remercie, monsieur, de votre concours ; vous êtes
sans doute un ami de M. L..., persuadez-lui de nous suivre,
c'est ce qu'il a de mieux à faire ; les bonnes intentions et le
dévouement de ses esclaves ne le sauveraient pas, et cela peut
devenir une fâcheuse affaire. »

« De quoi s'agit-il donc ? » fit Ernest en regardant autour
de lui et en voyant que les nègres suppliaient plus qu'ils ne
menaçaient, et que les gendarmes ne les repoussaient pour
ainsi dire que pour ne pas trahir leurs devoirs.

Probablement le monsieur allait expliquer à Clémenceau
la cause de tout ce tumulte, lorsqu'il aperçut venir de loin
une douzaine de nouveaux nègres accourant à toutes jambes, en poussant des cris et en élevant les mains en l'air.

« Faites attention, dit le fonctionnaire civil aux gendarmes, ceux-ci ont l'air moins bien intentionnés. »

Puis se tournant vers le prisonnier, il lui dit :

« Marchez, monsieur, ou il arrivera malheur... »

Celui-ci voulut se soulever, mais soit par calcul, soit que les forces lui manquassent, il retomba sur le tertre.

« Mais qu'a donc fait cet homme ? dit Clémenceau.

— Eh ! mon Dieu, monsieur, lui dit l'huissier avec impatience, il a fait des dettes ; j'ai mission de l'arrêter, et voici une heure et demie que je lutte avec tout l'atelier qui veut me l'arracher. »

Clémenceau rougit jusqu'aux oreilles.

Il s'était donc associé à un huissier et à des gendarmes pour contribuer à l'arrestation d'un débiteur, car sans lui la pression lente des esclaves qui se rapprochaient insensiblement du prisonnier eût probablement fini par diviser la petite troupe et eût favorisé l'évasion du maître. Mais le corps d'armée de l'huissier s'était reformé grâce à lui, Clémenceau, et les esclaves semblaient abandonner leur projet.

A ce moment, Clémenceau se fût souffleté s'il l'avait pu, surtout lorsqu'il pensait que c'était en présence d'Edouard, de Clara, de M. Sanson, de madame de Cambasse, de dix autres personnes qu'il avait fait cette cruelle sottise. Il voyait qu'on le regardait, et commençait à perdre la tête, lorsqu'il aperçut à quelques pas de lui Jean Plonget, qui semblait lui demander ses ordres du coin de l'œil.

Ernest profita de ce secours inattendu, et lui désigna le gendarme qui tenait le prisonnier.

Pendant que Jean Plonget tournait la position, les nègres qu'on avait aperçus de loin étaient accourus ; ils pénétrèrent rapidement jusqu'à l'huissier, et alors Clémenceau put juger ce que voulaient ces malheureux, qu'il croyait poussés à la vengeance par la férocité de leur maître.

Ils apportaient avec eux tout ce qu'ils possédaient ; les plus misérables, leurs habits les meilleurs, d'autres leurs petits bijoux, quelques-uns de l'argent. L'un d'eux tendit à l'huissier une bourse renfermant douze doublons, tous lui promettant leurs volailles, leurs cabris, leurs bestiaux, pour payer la dette de leur maître. L'huissier refuse ; mais ce mouvement et la discussion qui s'en suit ont permis à quelques femmes de se glisser jusqu'auprès du prisonnier ; elles se placent entre lui et les agents de la force publique, et, n'osant lutter contre eux, elles se couchent par terre, de façon que l'on ne pouvait plus l'enlever sans les fouler aux pieds.

Les gendarmes les menacent de leurs sabres, mais elles restent immobiles, et l'une d'elles, leur montrant son cou, leur crie :

« Coupez-le, je ne quitterai pas mon maître. »

L'huissier hésite, les gendarmes hésitent. M. L..., à moitié revenu à lui, veut éloigner ses esclaves, lorsque tout à coup on entend la voix de Jean Plonget qui s'écrie :

« Gare! gare! voilà un peu d'eau pour ce pauvre homme qui se trouve mal. »

Jean en apportait son chapeau tout plein ; on le laissa passer et il se place en face de M. L...

« Voilà, voilà, dit-il, comment on fait revenir un homme. »

Et il lance l'eau à tour de bras au visage de M. L..., ou plutôt au visage du gendarme qui le tenait. Celui-ci, surpris, suffoqué, lâche le prisonnier pour s'essuyer les yeux, et aussitôt, par un mouvement rapide, spontané, on enlève M. L., et il gagne un coin du bois par où il parvient à s'échapper.

Cet exploit du domestique sauva l'honneur de son maître, mais il faillit coûter cher à Jean Plonget.

Le gendarme lui avait mis la main sur le collet et voulait l'arrêter comme ayant favorisé l'évasion du prisonnier ; mais Jean Plonget était trop Normand pour résister, et personne n'eût pu prendre l'air plus pantois et plus désolé pendant qu'il disait :

« C'est ma faute, pardonnez-moi ; que je suis bête!... mais quelqu'un m'a tiré le bras par derrière... c'est sûr, je l'avais pourtant bien visé. »

Jean fit si bien, et Clémenceau, dont l'huissier ne croyait pouvoir suspecter les intentions, ayant déclaré que c'était son domestique, on le relâcha, et peu à peu tout le monde se dispersa.

Lorsque Jean et Clémenceau rejoignirent leur société, M. Sanson dit en riant à Jean :

— Tu as imaginé là un bon moyen, mon garçon.

— Il n'est pas de mon invention, dit Jean d'un ton modeste où il y avait une montagne d'orgueil. Je l'ai vu faire à M. Frédérick Lemaître dans la fameuse pièce de *Cartouche*.

Clémenceau, bien que l'on ne pût soupçonner le mouvement qui l'avait poussé, était embarrassé de lui-même ; car, d'une façon ou d'autre, son intervention n'était pas convenable, et s'il eût bien voulu s'apercevoir qu'aucune des personnes présentes ne s'y était mêlée, il aurait compris que c'était parce qu'aucune ne voulait ni aider à une résistance à la loi, ni à une arrestation qui semble toujours odieuse pour raison de dettes.

Pourquoi donc Clara avait-elle appelé son père avec tant d'ardeur? Était-ce pour lui donner le spectacle de cette lutte?

Non, certes; car, tandis que Clémenceau faisait sa sotte expédition, elle suppliait son père, madame de Cambasse, Edouard, de venir en aide à ce pauvre homme; elle voulait y participer de toute son épargne, et lorsqu'on se remit en route, M. Sanson lui répondit :

« Allons, voyons, je te promets d'arranger cette affaire avec les créanciers, si c'est possible. »

Clara remercia son père en l'embrassant.

Clémenceau et madame de Cambasse se regardèrent et parurent se comprendre, et Ernest se souvint de l'entretien qu'il avait promis d'avoir avec cette dame.

X

CONFIDENCES.

L'événement qui venait de se passer devint un texte de conversation dont M. Sanson s'empara, comme s'il eût voulu en profiter pour donner aux deux jeunes gens une nouvelle leçon.

« Vous le voyez, messieurs, leur dit-il, voilà ces esclaves qu'on vous représente comme des victimes qui nourrissent contre leurs maîtres un ressentiment qui n'attend qu'une occasion pour éclater.

« Ce dévouement vous prouve, tout au moins, une chose assez bizarre, c'est que l'esclave est, pour ainsi dire, plus riche que le maître; c'est qu'il possède, sinon d'après la loi écrite, du moins d'après la coutume, et que sa propriété est bien distincte, bien indépendante, bien séparée de celle du maître, et qu'il n'est jamais entré dans la tête de M. L....., malgré son malheur (pas plus que cela ne pouvait entrer dans la tête d'un colon plus heureux), de prendre ce qui appartient à ses esclaves pour se libérer. »

M. Welmoth savait fort bien que répondre, c'était accepter la leçon; il garda le silence, comme si on eût parlé d'une affaire qui ne le concernait pas ; mais Clémenceau, qui avait dans le cœur cette franchise qui ne déserte pas ses opinions, même lorsqu'on ne les attaque qu'indirectement, répondit à M Sanson :

.« Peut-être, monsieur, pourrait-on tirer de ces deux faits une conclusion tout opposée à celle que vous nous montrez. Sans doute ces faits témoignent en faveur des maîtres, trop légèrement accusés de tyrannie, mais ne témoignent-ils pas aussi en faveur des esclaves? Ces faits prouvent qu'ils possèdent, donc ils savent acquérir et garder, et ils prouvent aussi que l'usage que ces pauvres gens font de ce qu'ils possèdent peut, en certaines circonstances, comme celle-ci, être dirigé par les sentiments les plus généreux et les plus intelligents. »

M. Sanson sourit d'un air d'incrédulité et s'apprêta à répondre de ce ton amical qu'on prend pour celui dont on veut éclairer la raison, parce qu'on croit à la sincérité de ses opinions, quoiqu'on ne les approuve pas ; ton bien différent de cet accent de reproche amer avec lequel il s'était adressé à M. Welmoth, dont il soupçonnait probablement les vues intéressées.

» C'est là qu'est toute l'erreur, mon cher monsieur.

» Quand vous voyez le mal, vous lui donnez pour cause l'esclavage ; quand vous voyez le bien, vous l'attribuez à l'individu. Retournez complétement la question , et vous serez peut-être dans le vrai.

» Voilà vingt, trente esclaves qui possèdent, n'est-ce pas ? et vous dites : Ils savent acquérir et garder. Faites-les libres demain, et dans huit jours ils n'acquerront plus, parce qu'ils ne travailleront plus.

» Le nègre, mon cher Ernest, est absolument comme l'écolier.

» Forcé au travail, l'enfant en prend l'habitude, autant par amour des petits plaisirs que cela lui rapporte que par la crainte du châtiment, et je parle ici des laborieux. Mais ôtez-le de sa classe, enlevez-le à la surveillance de ses professeurs, et dites-lui qu'il est le maître absolu de travailler ou de ne pas travailler, même en l'avertissant que sa paresse le mènera aux plus dures privations : sur cent écoliers, tous ceux d'une nature paresseuse, et c'est la majorité, ne feront rien le lendemain ; quelques-uns persisteront ; mais lorsqu'ils auront quitté une seule fois le travail pour le plaisir, et que ni châtiment ni réprimande ne les y rappelleront, ils recommenceront bientôt après ; et un mois ne sera pas écoulé que tous s'endormiront dans la plus insigne paresse ; et, parce que un sur mille persévérera, vous n'admettrez pas, je pense, que l'on doive donner à tous les enfants la liberté de faire tout ce qu'ils veulent, en se confiant à leur intérêt pour les éclairer.

— Pardon, dit Ernest, mais vous parlez d'enfants dont la raison n'est pas développée.

— C'est que le nègre est toujours un enfant, mon cher monsieur Clémenceau ; la discipline y crée de bons sujets, comme elle en crée chez les écoliers ; mais la discipline rompue, les bonnes qualités disparaissent ; et c'est avec ces gens-là que vous voulez faire un peuple libre !...

« Mais vous n'auriez pas assez de haine et de mépris pour un chef d'institution qui, parce qu'il a obtenu par une surveillance active et sévère d'excellents résultats de l'esprit faible et versatile des enfants, se dirait tout à coup :

« Ils feront demain tout seuls ce qu'ils ont fait hier, grâce à mes soins ; »

« Et qui, sur ce beau raisonnement, les abandonnerait à eux-mêmes.

» Un père de famille qui en ferait autant pour ses enfants serait considéré comme un fou ou un misérable ; et c'est ce que vous prétendez faire pour toute une population, oubliant que, dans ce cas, les désordres s'accroissent en raison de la puissance des passions.

— Votre comparaison et votre raisonnement peuvent être fort justes, dit Clémenceau, mais ils partent d'un fait sur lequel tout repose : c'est l'incapacité du nègre.

— Le nègre possède l'Afrique depuis tantôt quarante siècles, repartit M. Sanson. Il a eu, comme toutes les races créées par Dieu, le temps et l'espace pour s'améliorer.

« Bien des civilisations ont eu le temps de naître, de grandir et de mourir en tous lieux, sans que jamais la leur ait franchi une limite qui est encore du côté de la barbarie.

» Lorsque les Celtes, nos aïeux, ont quitté leurs forêts pour aller à la conquête de la Grèce et de l'Asie Mineure, pour y trouver le bien-être qui leur manquait dans leurs sauvages forêts; quand les peuples pastoraux du Mongol, poussant les Huns qui poussaient les Slaves, qui poussaient les Germains, inondaient les Gaules, les Italies, les Espagnes; quand les Tartares envahissaient la Chine, toutes ces races obéissaient à ce sentiment providentiel qui pousse l'homme vers les lieux où la civilisation doit le compléter, comme la nature de la plante la pousse vers le soleil qui doit la développer.

» Celles-là conquéraient par la guerre la civilisation que d'autres enfantaient par elles-mêmes; mais toutes, sans exception, sont sorties de leur barbarie, les unes par leurs travaux, les autres par leurs émigrations. La race noire seule est restée stationnaire; elle n'a rien pris par la conquête; elle est ce qu'elle était il y a deux mille ans : elle vend à des étrangers les esclaves qu'elle immolait autrefois à ses dieux et les prisonniers qu'elle égorgeait pour ses festins; voilà jusqu'ici tout le progrès. Me direz-vous que c'est le climat qui l'a condamnée à cette impuissance ? Mais toute l'Afrique n'est pas sur la côte de Guinée, et son intérieur possède des climats tempérés et des rivières abondantes.

» Là où les Hollandais ont importé une colonie florissante, les Hottentots n'ont jamais trouvé que la misère la plus dégoûtante. L'exemple est près d'eux, pourquoi n'en profitent-ils pas? Les Maures ont fait rayonner à leur portée une civilisation qui eût dû les tenter, s'ils avaient su la comprendre.

» Non, vous dis-je, c'est une race que la main de la nature a laissée incomplète.

— Véritablement, monsieur Sanson, dit Ernest d'un ton sérieux, oseriez-vous dire que la Providence divine eût condamné une si nombreuse partie de ses enfants à une éternelle ignorance et à un éternel malheur?

— Et qui vous a dit, monsieur Clémenceau, reprit M. Sanson avec une conviction profonde, que cette traite que vous
appelez un abominable commerce, cet esclavage que vous
regardez comme une odieuse tyrannie, ne sont pas les
moyens providentiels par lesquels Dieu a résolu d'arracher
ces populations à la barbarie ?

» En combien de lieux la civilisation humaine n'a-t-elle
pas tracé son premier sillon avec le fer du glaive, et combien de sang n'a-t-il pas été versé par des guerres sanglantes
dans ce sillon pour le féconder !

» Ne faites pas l'histoire des individus, mais faites celle
des hommes, et reconnaissez avec moi que la race noire doit
à la traite et à l'esclavage la conquête de l'île la plus riche
du monde, de Saint-Domingue, conquête que jamais elle
n'eût faite, ni rêvée, ni comprise. Et, n'en doutez pas, ils
lui assureront, dans un avenir quelconque, la conquête de
cette terre où nous sommes. Mais cet avenir même, vous
risquez de le perdre pour vouloir trop le hâter.

» Tenez, monsieur Clémenceau, les instigateurs de cette
folle croisade sont peut-être au fond les plus coupables, mais
ceux qui se laissent aller à leur influence sont peut-être les
plus malfaisants. »

Clémenceau devint rouge, et, malgré son respect pour
M. Sanson, il allait peut-être répondre avec vivacité, quand
celui-ci se hâta de reprendre :

« Je vous demande pardon de m'exprimer si vivement,
mais c'est notre cause que je défends, une cause pour laquelle nous sommes exposés à toutes les injures et à toutes
les calomnies. »

Puis il ajouta tout bas, en parlant confidentiellement à
Ernest :

« Le souvenir de cette malheureuse affaire de Marianna
m'a emporté.

» Déjà l'Angleterre travaillait, sous des apparences de
bonne foi, à la destruction de cette colonie, et vous frémiriez d'apprendre jusqu'où peut descendre l'impitoyable machiavélisme de ce gouvernement lorsqu'elle s'est proposé un
but. »

Clémenceau s'étonna fort que les galanteries de la Marseillaise Marianna pussent se rattacher à la politique d'un peuple, et il eût été fort curieux d'apprendre par quels fils singuliers des intérêts si graves se rattachaient à des intérêts si frivoles.

Mais la conversation fut interrompue par l'arrivée de toute la société dans l'habitation de l'un des colons, chez qui l'on devait dîner et passer la nuit.

Ce ne fut que là que Clémenceau songea sérieusement à l'entretien qu'il avait à demander à madame de Cambasse. Il se trouva placé près d'elle à dîner, et, saisissant un moment où la conversation était assez générale pour couvrir de son bruit quelques paroles vivement échangées, il lui dit tout bas :

« J'aurais à vous parler en particulier, madame.

— A moi, monsieur ! dit madame de Cambasse d'un air étonné.

— A vous, madame, et de choses très-graves ! il s'agit des plus chers intérêts de M. Sanson.

— Ne pouvez-vous lui en parler directement ?

— M. Owen m'a dit que je ferais mieux de m'adresser à vous.

— Ah ! fit madame de Cambasse, comme si ce nom eût tout expliqué et justifié la demande d'Ernest ; c'est M. Owen : il s'agit donc de M. Welmoth ?

— Oui, madame, » dit Ernest, qui, malgré lui, regarda en ce moment celui dont il était question, et qui vit alors qu'Edouard les considérait avec la curiosité d'un homme qui se défie de tout ce qui l'entoure.

Mais avant qu'Ernest eût pu avertir madame de Cambasse, elle lui dit :

« Après le dîner, je sortirai et je dirigerai ma promenade du côté de l'allée de galbas qui mène de la route à l'habitation. Vous avez dû apercevoir, à gauche de cette allée, un bananier-figuier remarquable par son énorme dimension. C'est là que je vous attendrai.

— Je vous y rejoindrai, » dit Ernest.

Malgré le vif désir qu'il éprouvait d'entretenir madame de Cambasse en particulier, cette espèce de rendez-vous furtif ne convenait pas à Clémenceau, et, par un sentiment qu'il traita de puéril, mais qu'il ne put tout à fait vaincre, il s'en alarma.

Il était impossible de montrer cette crainte à une femme sans qu'elle y vît une sottise ou une impertinence; et cette première impression une fois passée, Ernest n'y pensa plus, et attendit l'heure désignée avec une vive impatience.

L'assemblée était nombreuse, et M. Sanson prit place à une table de jeu. Ernest refusa d'être son partner, et fut d'autant plus contrarié, que M. Welmoth accepta avec empressement.

Cette petite circonstance devait faire d'autant mieux remarquer le refus d'Ernest, et ce refus se trouvant suivi de sa sortie du salon, il était certain que si l'on s'apercevait de son absence, on penserait naturellement qu'il avait eu le projet arrêté de s'esquiver. Cette absence, combinée avec celle de madame de Cambasse, devenait immédiatement ce que c'était en effet : un rendez-vous convenu.

Mais un rendez-vous entre un beau jeune homme et une jolie femme ne s'explique en aucun pays par des affaires d'intérêt commercial, et à ce moment Ernest n'eût pas hésité à avertir madame de Cambasse de sa crainte, s'il en eût été encore temps ; mais déjà madame de Cambasse avait quitté le salon et l'attendait sans doute, et Ernest ne pouvait pas la laisser seule. Il se hâta donc de profiter du mouvement d'une contredanse, et disparut à son tour, bien décidé à abréger l'entretien le plus qu'il le pourrait.

Le jour s'éteignait, et le crépuscule qui commençait donnait même à ce rendez-vous un certain air de mystère qui contrariait Ernest, autant pour madame de Cambasse que pour lui-même.

En conséquence, il marcha avec rapidité, pour abréger autant que possible leur absence à tous deux ; il l'atteignit avant même qu'elle fût arrivée au bananier. Il lui proposa immédiatement de causer en regagnant la maison ; mais, par une détermination prise d'avance, que Clémenceau appela en lui-même un caprice, mais qui avait une raison que madame de Cambasse ne trouva pas à propos d'avouer, elle voulut continuer la promenade.

Ernest essaya de faire valoir quelque objection contre la fraîcheur de la saison, etc.; mais madame de Cambasse y répondit très-résolument et de manière, pour ainsi dire, à prouver à Ernest qu'elle le comprenait, mais qu'elle ne voulait pas céder à un motif quelconque.

Clémenceau se tint pour averti, et comme après tout il se croyait le moins compromis dans ce qui pourrait se dire de cette disparition simultanée, il raconta à madame de Cambasse sa conversation avec M. Owen, les craintes de l'Irlandais relativement aux exigences probables de M. Welmoth, et insista sur cette phrase d'Edouard glissée en anglais à son groom, et qui menaçait M. Owen, qui sans doute gênait les projets d'Edouard.

« Je savais les engagements de M. Sanson, dit madame de Cambasse, et s'il m'eût consultée avant de les prendre, il ne l'eût certainement pas fait ; car je connais sir Edouard Welmoth, et cet homme est peut-être le plus dangereux de tous ceux que j'ai rencontrés. Mais à propos, je croyais que vous ne saviez pas l'anglais ? »

Ernest lui raconta à quelle occasion il avait été entraîné à dire qu'il ne le savait pas, et comment ensuite il s'était réservé ce mensonge comme un avantage.

« En ce cas, monsieur Clémenceau, nous tenons peut-être dans nos mains le secret d'une intrigue qui nous livre M. Welmoth sans défense, et qui nous donnera le moyen de l'arrêter dans les poursuites qu'il oserait peut-être intenter.

— J'ignore, madame, dit Clémenceau, quelles armes vous pouvez avoir contre M. Welmoth ; mais à une demande d'argent, c'est par de l'argent qu'il faut répondre, sauf à punir plus tard les complots de ce monsieur.

« Dans ma précipitation, j'avais oublié de vous dire que je puis personnellement tenir à la disposition de M. Sanson la somme nécessaire à sa libération. Je me suis sans doute fort mal expliqué...

— En effet, dit madame de Cambasse, vous avez l'air fort inquiet, et cependant, grâce à votre confiante intervention, M. Sanson ne doit plus avoir rien à redouter.

— Peut-être, si vous vouliez bien vous charger de cette négociation. Je ne puis faire une pareille offre à M. Sanson sans avoir l'air de connaître l'état de ses affaires, tandis que, de votre part, il pourra accepter, puisque vous savez sans doute par lui les engagements qu'il a pris.

— Je les sais par lui, comme vous dites, monsieur Clémenceau ; mais de même que je connais sa fortune, il connaît la mienne, et il sait très-bien que je n'ai pas à ma disposition une somme pareille. Mais, entre nous, vous vous préoocupez là d'un danger tout à fait imaginaire, non que votre détermination vis-à-vis M. Sanson ne soit également honorable pour vous et pour lui.

« Vous ne connaissez pas M. Welmoth, si vous vous imaginez qu'il ait l'intention de faire valoir immédiatement et rigoureusement ses droits. S'il a eu cette intention dès le commencement, il a dû apprendre que M. Sanson n'est pas homme à céder à la crainte d'un scandale, et qu'à la moindre réclamation faite d'un ton de reproche, il trouverait moyen de s'acquitter sur l'heure, dût-il lui en coûter une partie de sa fortune.

« Mais ce que M. Welmoth a sans doute appris, c'est que M. Sanson, comme beaucoup d'hommes, est d'une facilité extrême dans les affaires faciles ; c'est-à-dire qu'autant il se montrerait récalcitrant en cas de contestation, autant il se laissera imposer toutes les obligations possibles, si on les lui offre comme service empressé.

« Vous n'avez aucune idée de M. Welmoth ; c'est le caractère anglais dans l'acception rigoureuse du mot ; lent, ténébreux, froid, patient. M. Welmoth, soyez-en sûr, n'exigera pas le payement de cette créance à son échéance prochaine, il la renouvellera et y ajoutera quelque nouveau prêt, dût-il demander à M. Sanson comme un service de se charger de ses fonds ; il la renouvellera, s'il le faut encore, une fois, deux fois, et c'est lorsqu'il aura engagé M. Sanson, pour que celui-ci puisse éprouver de véritables difficultés à le rembourser, qu'il agira ou fera agir avec la rigueur la plus impitoyable.

— Vous avez sans doute quelques raisons de parler ainsi ; mais, si je ne me trompe, M. Sanson est moins favorablement disposé que vous ne pouvez le croire en faveur de M. Welmoth, et il ne se laissera pas ainsi engager.

— Cette objection m'étonne de votre part, monsieur Clémenceau.

« Je n'ignore pas à quelle intention vous êtes venu ici, et j'ai cru m'apercevoir que vous ne considérez pas comme probable la réussite de vos projets.

G.

— Les affections de mademoiselle Sanson me paraissaient trop évidentes.

— Cependant cela ne vous a pas fait hésiter à venir au secours de son père ?

— C'est pour ainsi dire une affaire commerciale, tout à fait en dehors des sentiments du cœur.

« M. Sanson peut préférer un autre comme gendre, et ne pas en être moins à mes yeux un homme à la probité duquel je confierais une partie de ma fortune.

— Pour la même raison, M. Welmoth peut fort bien ne pas être un gendre selon les sentiments de M. Sanson, et lui paraître cependant un homme avec qui l'on peut traiter loyalement d'affaires loyales. C'est en cela qu'il se trompe.

» Mais, quel que soit ce danger, ce n'est pas, à mon sens, le plus pressant ; celui que je redoute surtout, c'est, je ne dirai pas l'amour, mais la préférence de Clara pour cet Edouard.

— Elle ne le cache à personne, dit Ernest d'un ton piqué.

— Et pourquoi voulez-vous qu'elle le cache, monsieur Clémenceau ? Edouard est son cousin, Edouard *paraît* l'aimer, il *paraît* riche, il *paraît* vouloir l'épouser ; un mariage entre eux *paraît* la chose du monde la plus simple et la plus convenable ; Clara n'a pas tant de torts de *paraître* aimer M. Welmoth. »

Ceci avait été dit d'un ton assez railleur pour que Clémenceau en fût encore plus piqué ; il répondit donc séchement :

« Aussi ne me suis-je pas étonné, comme vous pouvez le penser, de la préférence de mademoiselle Clara.

— En vérité, vous êtes admirables, messieurs, et les femmes auraient fort à faire à vous contenter.

— Je ne vous comprends pas, madame, dit Clémenceau d'un ton pincé.

— J'aurais bien plus le droit de ne pas vous comprendre, lorsque vous parlez de la préférence de Clara.

« Pour qu'il y ait préférence, il faut qu'il y ait rivalité. Cette rivalité était fort difficile à établir, je le comprends, depuis quarante-huit heures à peine que vous êtes ici ; mais il est toujours possible, et dans les bornes du respect le plus profond, de montrer à une femme qu'on désire lui plaire, surtout quand ce désir peut arriver à une conclusion honorable. »

Clémenceau ne voulut pas se tenir pour battu, et répondit d'un ton de fausse modestie :

« Vous me supposez, madame, plus d'habileté que je n'en ai.

— Vous en avez eu assez cependant pour montrer que vous ne vouliez pas entrer en lutte.

— L'avez-vous remarqué?

— Comme M. Sanson, comme Clara, qui s'en est félicitée.

— Félicitée! fit Clémenceau, singulièrement vexé de ce mot.

— Oui! félicitée de ce ton léger, et un tant soit peu moqueur, avec lequel les femmes dédaignent les hommages qu'on ne leur rend pas.

— A ce compte, mademoiselle Clara serait un tant soit peu coquette.

— Quand elle aurait voulu faire de vous ce que vous avez voulu un moment faire de moi.

— De vous, madame?...

— Vous ne me comprenez pas peut-être, dit madame de Cambasse d'un air railleur; lorsque vous faisiez l'empressé près de moi, vous n'aviez aucune idée que mademoiselle Clara pût le remarquer? Vous vous taisez... vous l'avouez donc...

« Serait-elle si coupable de penser que vos soins pouvaient rendre ceux de M. Welmoth plus empressés?...

— C'est un rôle que je ne veux jouer vis-à-vis de personne.

— Bah! lui dit madame de Cambasse en lui riant au nez... Etes-vous bien sûr que vous ne le jouez pas en ce moment même? »

Clémenceau se rappela ses propres craintes, et fut on ne peut plus contrarié de voir qu'on se servait peut-être sciemment de lui pour exciter la jalousie qu'il redoutait; il répondit donc avec un accent ou une politesse affectée qui montrait beaucoup de mauvaise humeur :

« Je désirerais être bon à autre chose pour vous, madame.

— Je vous rends ce que vous avez voulu me faire : c'est de la justice.

« — Est-ce de la prudence?

— Le danger a-t-il changé, parce que c'est moi qui le crée au lieu de vous?

— Si j'ai été maladroit, et même présomptueux, devez-vous être imprudente?

— Et qui vous a dit qu'en ce moment je ne fasse pas l'acte de prudence le plus consommé?

— En excitant la jalousie d'un homme qui, je le sais, vous aime de l'affection la plus vive? »

Madame de Cambasse s'arrêta et répondit après un moment de silence :

« M. Sanson est créole, monsieur, M. Sanson est jaloux : il le serait de son ombre, et il peut le devenir de vous ; mais cela n'excuse pas la... confiance qui vous fait croire que votre seule présence ici dût exciter la jalousie de tout autre. Je puis être seule avec vous sans que personne s'en alarme pour le repos de mon cœur... excepté M. Sanson peut-être...

— S'il en est ainsi, dit Clémenceau, si ma fatuité (permettez-moi de me servir de l'expression devant laquelle vous avez reculé), si ma fatuité, dis-je, se trouve justifiée par le caractère personnel de M. Sanson, expliquez-moi, je vous prie, comment vous pouvez appeler prudence ce que vous faites en ce moment. Je sais bien qu'exciter un soupçon, c'est raviver une passion qui s'éteint...

— Vous êtes peu galant, monsieur, et si M. Sanson était assez jaloux pour nous écouter, il se rassurerait sur vos façons, alors même qu'il douterait de mon affection. Mais ce n'est pas le seul sentiment que cette rencontre peut exciter.

— Je n'en vois pas d'autre, pour ma part.

— Vous êtes bien oublieux.

— Je vous jure que je me perds dans vos savantes combinaisons.

— C'est que vous ne voulez pas regarder dans vos propres observations.

— En vérité, je suis un sot, à ce qu'il paraît.

— Au contraire, vous voulez être trop fin. Quand vous m'avez demandé un entretien, n'avez-vous pas remarqué de quel regard M. Welmoth nous observait?

— En effet, madame ; et je ne doute pas qu'il ne songe à tirer parti de cette rencontre...

— En jetant dans l'esprit de M. Sanson ce soupçon, s'il n'y vient pas, et en l'aigrissant, s'il y est venu.

— C'est mon opinion.

— Et c'est mon désir, monsieur.

— Votre désir, madame?

— Mon désir, monsieur.

« Tout mal porte son fruit. La calomnie est un trait qui revient à celui qui le lance, lorsqu'il n'atteint pas celui contre qui il est dirigé. Les insinuations calomnieuses de M. Welmoth seront autant d'armes contre lui quand j'en démontrerai la malveillance. Notre conversation a un but avouable et que je ne craindrai pas de dire à M. Sanson, quand il en sera temps ; mais il n'en sera temps que lorsque M. Welmoth aura eu la maladresse de nous en faire un tort. Ce sera un commencement de lumière à jeter sur les intentions de cet homme.

— Vous êtes d'une habileté merveilleuse.

— C'est que nous avons affaire à un homme d'une adresse cruelle.

— Partagez-vous donc les craintes de M. Owen sur les résultats politiques de l'établissement de M. Welmoth en ce pays?

— Ces craintes ne sont pas sans fondement, surtout avec l'appui indirect que prêtent les faiseurs de liberté aux menées incessantes de l'Angleterre ; mais, à vrai dire, je suis préoccupée d'une crainte moins haute, mais plus réelle et plus menaçante.

« Les colonies sont dans un danger réel, mais elles ne manqueront pas dans leur sein de défenseurs ardents, éclairés, et qui lutteront par tous les moyens, tandis qu'il y a ici une pauvre enfant qui n'a d'autres défenseurs que nous, et cette enfant c'est Clara.

« Tout ce que M. Welmoth pourrait vouloir tenter contre les colonies, une fois qu'il serait le gendre de M. Sanson, pourrait être réprimé par des autorités mieux éclairées sur son compte ; mais tous les chagrins, tout le désespoir qui serait le partage de Clara, si elle devenait la femme de cet homme, échapperait à la répression même de son père, et c'est de cet avenir qu'il faut la sauver.

— M. Welmoth est donc cet homme?... »

Ernest s'arrêta, ne sachant quelle épithète il devait infliger à l'Anglais; madame de Cambasse elle-même hésita, et ce ne fut qu'après un moment de réflexion qu'elle répondit :

« C'est ce qu'on appelle un vilain homme.

— Vous en savez sur lui plus que personne ici, à ce qu'il me semble.

— J'en sais trop, beaucoup trop, pour pouvoir le dire sans preuves.

« Accuser un homme d'un tort, même grave, lorsque ce tort est dans l'ordre ordinaire des fautes, c'est souvent dangereux, mais c'est tenter une chose qui n'est pas sans probabilité de succès; mais accuser un homme d'un crime... d'un crime lâche, bas, hideux, c'est ce qu'on ne peut faire que sur des preuves éclatantes, irrécusables, et je n'en ai pas.

« Je n'ai que l'affirmation de ce qui m'a été dit, de ce dont je ne doute pas, de ce qui, pour moi, est clair comme le jour; mais de ce qui ne sera pas admis sans contestation, et de ce que je ne puis prouver.

— Oseriez-vous me le confier?

— Je le veux, je le dois peut-être.

« C'est un récit qui me sera cruel; mais je croirais manquer de loyauté et de courage, si je reculais devant ce qu'il peut avoir de pénible pour moi.

« D'ailleurs, il vous montrera pourquoi je ne puis révéler à M. Sanson la vérité, et quelles préventions elle aurait trouvées dans son esprit; et, d'un autre côté, quelles que soient votre opinion sur Clara et vos intentions à son égard, il vous décidera à vous unir à moi pour arracher cette innocente enfant à l'avenir dont elle est menacée, vers lequel elle marche dans sa naïve confiance, et où son père la laissera peut-être tomber, tant sa faiblesse est grande. Car, bien qu'il ait une sorte de répulsion pour M. Welmoth, par cela seul que c'est un Anglais, bien qu'il ne le croie pas exempt de certaines idées d'enthousiasme qui lui déplaisent, si Clara lui semblait devoir trouver son bonheur dans son alliance avec sir Edouard, M. Sanson ferait taire ses répugnances et consentirait à ce mariage.

« Comme lui, plus que lui, j'avais compté sur votre arrivée pour contre-balancer l'influence de M. Welmoth, mais vous avez déserté le champ de bataille.

— Ne puis-je y rentrer?

— C'est ce dont vous jugerez après m'avoir entendue.

« Mais ce récit est long; nous nous assoicrons, si vous voulez, sur le banc situé près de ce bananier?

— Volontiers.

« Je vous écoute, madame, et soyez assurée que vous vous adressez à un homme qui brûle du désir de vous montrer qu'il était digne de votre confiance.

— Je le crois, monsieur. »

Ils s'assirent l'un près de l'autre, et madame de Cambasse commença ainsi.

DEUXIÈME PARTIE

I

MADAME DE CAMBASSE.

Nous avons arrêté notre récit au moment où madame de Cambasse et Clémenceau s'étaient assis sur un banc près d'un bananier colossal.

Cette plante, qui prend toute sa croissance en moins de quinze mois, et qui a cependant fréquemment une élévation de quinze pieds, et dont la tige est formée de la seule réunion des pétioles, périt presque aussitôt après avoir porté ses fruits. Mais il arrive souvent que de ses racines restées en terre s'élancent bientôt dix ou douze rejetons qui prennent chacun un développement égal à celui de la première tige.

Chaque année cette racine s'étend, ces rejetons se multiplient, et grâce à la féconde nutrition de cette terre et de ce soleil, on peut voir croître et mourir tous les ans cette espèce de bosquet, car la hauteur de la plante et la largeur de ses feuilles lui donnent cet aspect aux yeux d'un Européen. Ces feuilles se divisent au moindre vent; alors leur froissement produit un murmure triste et égal, et assez semblable aux lointains gémissements de la mer.

Cette circonstance n'est point inutile au récit de l'aventure dont nous avons déjà mis une partie sous les yeux de nos lecteurs.

Voici maintenant le récit que madame de Cambasse fit à Ernest :

« Vous savez, monsieur, que le traité de 1814 assura à l'Angleterre la possession de Sainte-Lucie.

» Cette colonie, sans importance véritable par elle-même, posait l'Angleterre au milieu des Antilles et lui permettait d'agir selon le plan qu'elle avait formé depuis longtemps de ruiner la puissance française dans cette partie de l'Océan atlantique.

» En effet, ce traité de 1814, indépendamment de toutes les colonies qu'il enlevait à la France, proclamait en principe l'abolition de la traite et fixait à cinq ans sa suppression définitive dans les colonies françaises et anglaises.

» Cette dernière mesure, quoiqu'elle ne soit pas entièrement exécutée après plus de vingt-quatre ans, n'en fut pas moins une cause de ruine pour les colons de Sainte-Lucie, qui n'avaient devant eux qu'un avenir trop court et qui demeura longtemps incertain. Mais l'Angleterre n'entendait pas faire une richesse publique des quelques îles qu'elle avait enlevées à la France, et elle était fort peu sensible aux doléances particulières de ses nouveaux sujets, qui étaient presque tous d'origine française.

» Parmi ceux qui n'avaient pas su lutter avec énergie contre le mauvais vouloir de l'administration supérieure, était M. de Cambasse, dont l'atelier était chaque jour réduit par la désertion, contre laquelle on ne protégeait pas les colons.

» Cependant, par un heureux hasard, son habitation fut à peine atteinte par le terrible ouragan de 1817, qui en détruisit tant d'autres de fond en comble et qui ensevelit le gouverneur anglais sous les ruines de son palais.

» Il n'en fut pas de même pour nous, dont l'habitation était la plus voisine de celle de M. de Cambasse : maisons, cases, ateliers, magasins, tout fut renversé ou plutôt balayé du sol ; pas un arbre ne demeura debout ; les animaux disparurent entraînés par les torrents, et si nous-mêmes n'avons pas péri dans cet affreux désastre, nous le dûmes au dévouement de nos esclaves, qui, pressés autour de moi et de mon père, nous garantirent et du danger d'être enlevés par le vent de la terrasse où nous nous étions réfugiés, et du danger d'être brisés par les fragments de toiture et

les branches d'arbres que l'ouragan chassait devant lui
comme des projectiles lancés par une machine de guerre.
Beaucoup d'entre eux périrent dans cette circonstance, et
lorsque l'orage fut passé, nous nous trouvâmes littéralement
sans asile, possesseurs de terres ravagées de fond en comble
et privées de tous les bâtiments nécessaires à une exploitation.

» Une centaine de nègres nous restaient : bouches affa-
mées que nous ne pouvions plus nourrir, et dont la vente
était notre dernière ressource.

» Un malheur pareil au nôtre avait frappé beaucoup d'habitants; la vente des esclaves eût été fort difficile et fort
improductive ; il en résulta que, pour parer autant que
possible au désastre général, les colons préférèrent se réunir
et s'associer. Celui dont l'habitation avait le moins souffert
prit les nègres de celui qui, comme nous, n'avait plus de
moyens d'exploitation, et, en échange de cet apport, il reconnut à son associé une part de la propriété de cette même
habitation.

» Une transaction de cette espèce eut lieu entre mon père,
M. Vernan, et M. de Cambasse, son ancien ami, et quelque
temps après ce désastre, nous fûmes établis dans l'habitation
de ce dernier.

» A cette époque j'avais environ sept ans, et le fils de M. de
Cambasse en avait déjà vingt.

» Malgré l'amitié sincère et dévouée qui existait entre mon
père et M. de Cambasse, il y avait entre eux de fréquentes
contestations, qui eussent amené cent fois une rupture violente, si, d'une part, la condescendance patiente de mon père,
de l'autre, le caractère facile quoique emporté de M. de Cambasse, et par-dessus tout la communauté d'intérêts, n'eussent prévenu ce fâcheux résultat. La source de ces discussions était une différence essentielle d'opinions sur presque
toutes les questions.

» M. de Cambasse était un gentilhomme gascon qui, venu
aux Antilles avant la révolution, en exécrait les principes,
non-seulement comme noble, mais encore comme habitant
des colonies. Il en était résulté chez lui une admiration frénétique pour l'Angleterre, qui attaquait incessamment cette
révolution.

» Et lorsqu'en 1814 il apprit le renversement de l'Empire et la restauration des Bourbons, il considéra l'Angleterre comme une divinité bienfaisante et protectrice, et dans son enthousiasme il trouva que l'abolition de la traite et l'émancipation des esclaves étaient un bienfait de cette auguste nation, sous les lois de laquelle il s'estimait heureux de vivre.

» Mon père n'était point gentilhomme; mon père avait embrassé avec ardeur les principes de la révolution, et lorsque 1814 arriva, il considéra comme un malheur l'abaissement de la mère-patrie, et ce fut avec un véritable désespoir qu'il vit Sainte-Lucie passer définitivement sous la domination anglaise, et il prévit la ruine de la colonie dans les mesures prétendues philanthropiques de l'Angleterre.

» Entre des positions si différentes et des opinions si contraires, vous devez aisément comprendre le texte de la plupart des discussions.

« — Comment ! disait M. de Cambasse à mon père, vous trouvez excellent que la Constituante abolisse la noblesse, sous prétexte que les hommes sont égaux, et vous trouvez mauvais que les Anglais affranchissent les noirs?

» A cela mon père répondait : — Quand la Constituante a aboli la noblesse, c'est que la bourgeoisie, que vous méprisez si fort, avait de son côté les lumières, la probité, l'industrie, la puissance; tandis que si vous donnez la liberté aux esclaves, ils s'en serviront pour l'incendie, le massacre...

» — Absolument comme ces bons bourgeois blancs qui ont pillé les châteaux, égorgé leurs anciens maîtres, spolié les propriétaires; vous appelez cependant cela une régénération de la nation française; eh bien ! monsieur, les nègres, qui sont mes frères et amis comme le peuple l'a été, égorgeront, spolieront, massacreront, et ils seront régénérés ; ils trouveront quelque Bonaparte noir qui les mènera à la victoire, et ils finiront par avoir une chambre des députés et une charte. »

» A cela mon père répondait par des raisons que M. de Cambasse réfutait par la même raillerie, et comme je vous le disais, il en résultait quelquefois des scènes qui eussent décidé une rupture, si M. de Cambasse n'eût trouvé bon de profiter de la manière de voir et d'agir de mon père, qui avait établi dans l'habitation un ordre sévère, tout en se donnant vis-à-vis de l'administration anglaise comme un homme qui entrait complétement dans ses vues.

» Pour que vous ne vous étonniez pas de ce qui fut la cause des événements qui me restent à vous raconter, il faut que je vous dise un dernier trait du caractère de M. de Cambasse.

» Il avait été très-beau, très-galant, très-recherché dans sa jeunesse, et ses amours avaient même excité de brillants scandales; mais à l'encontre de beaucoup de créoles, jamais il n'avait admis qu'un blanc, un gentilhomme, un maître pût descendre jusqu'à une négresse, ou même une femme de couleur, si séduisante qu'elle pût être. Il possédait cependant quelques esclaves d'une beauté remarquable dans leur genre, particulièrement une mulâtresse appelée Christine.

» Ce mépris, cette horreur pour de pareilles faiblesses étaient si grands chez M. de Cambasse, qu'il avait chassé de chez lui un de ses neveux qui s'était laissé prendre à la beauté de cette Christine, et il s'était montré envers elle d'une cruauté qui épouvanta tous les autres. L'enfant qui était né de cette liaison supposée, et qu'on appelait Abigaïl, était une charmante créature, et si ce n'eût été les caractères ineffaçables dont est marquée la race d'où elle descendait, on eût pu croire que l'action seule du climat avait donné à sa peau sa teinte bronzée.

» La mère d'Abigaïl mourut presque aussitôt après notre arrivée chez M. de Cambasse, et mon père, qui s'était intéressé à cette femme, obtint que son enfant me fût donné, et je la pris assez en affection pour que M. de Cambasse évitât de me faire du chagrin, en la mettant aux travaux des autres esclaves, comme il avait juré de le faire.

» Léopold, c'était le fils de M. de Cambasse, était en France lorsque tout cela arriva; il y demeura et revint vers la fin de 1820, lorsque, grâce aux soins de mon père, l'habitation avait déjà repris une activité qui promettait les plus beaux résultats.

» A partir de ce jour, les projets de mariage furent arrêtés entre M. de Cambasse et mon père, et j'avais à peine quatorze ans accomplis lorsque je fus mariée à Léopold.

» Abigaïl était alors une enfant de dix ans, et je pus remarquer que mon mari me savait gré de la protection que j'avais accordée à cette petite esclave. Cependant, ayant demandé à M. de Cambasse son affranchissement, Léopold lui-même s'opposa à ce qu'il me fût accordé, mais cela par de si bonnes raisons que je renonçai aisément à cette prétention. Que deviendrait cette enfant si on lui donnait la liberté? Il faudrait la garder sans autorité sur elle.

» Quelques années plus tard, et à l'occasion de ma fête, je renouvelai cette demande : elle me fut encore refusée, mais par des raisons plus explicites.

» A quatorze ans, Abigaïl était une des plus belles mulâtresses de Sainte-Lucie, et mon mari me démontra clairement que l'affranchir, c'était la mettre dans la nécessité de recourir à la débauche pour vivre. Ce second refus me parut encore raisonnable, quoiqu'il montrât pour Abigaïl un intérêt plus prudent que le mien, mais que je m'étonnais de voir à mon mari.

» Quelques années se passèrent encore, pendant lesquelles j'eus le malheur de perdre mon père, et, comme M. de Cambasse, depuis notre association, s'était retiré de l'administration de notre fortune, ce fut Léopold qui se mit à la tête de l'habitation.

» Cette circonstance apporta un assez grand changement dans notre vie.

» Léopold, plus occupé de ses affaires qu'il ne l'avait été jusque là, avait moins de temps à me donner, et quelquefois j'éprouvais l'ennui de me trouver seule en société avec M. de Cambasse, qui voulait renouveler avec moi les discussions qu'il avait jadis avec mon père, et qui devenait d'autant plus emporté que je ne le contredisais pas.

» Déjà 1830 était arrivé, et les mesures prises par le gouvernement anglais pour amener l'affranchissement des esclaves devenaient plus imminentes ; déjà même le fanatisme des abolitionnistes (permettez-moi de me servir de ce mot que justifient les odieuses machinations d'hommes, dont quelques-uns étaient peut-être égarés par une idée généreuse, mais dont la plupart étaient guidés par une basse cupidité) ; déjà, dis-je, le fanatisme des abolitionnistes avait organisé sourdement un système étrange d'affranchissement anticipé.

» Il existait ce qu'on appelait à Sainte-Lucie une cour d'amirauté, et il suffisait que, devant cette cour, un esclave se plaignît de mauvais traitements infligés par son maître, il suffisait que cette plainte fût appuyée du témoignage de quelques autres esclaves, pour que l'affranchissement fût prononcé et le maître spolié. Ce qui vous paraîtra encore plus extraordinaire, c'est qu'une prime de cinquante livres était accordée à cette cour pour chaque tête affranchie.

» Joignez ce misérable intérêt à l'aveuglement de la passion, et vous comprendrez que nous en étions venus à ce point d'être à la merci de la probité de nos esclaves ; cela est tellement vrai, que l'on a vu dans des ateliers douze ou quinze esclaves se procurer mutuellement la liberté par des plaintes et des témoignages également faux. La passion était portée à ce point, de la part de cette cour d'amirauté, que la parole, le serment du plus honnête homme de la colonie, la vérité palpable des faits, la moralité de toute une vie, ne pouvaient balancer un moment la dénonciation du plus misérable esclave. Dans de pareilles circonstances, le meilleur moyen de défense des colons fut de séquestrer, pour ainsi dire, leurs ateliers et d'empêcher les prédicateurs des abolitionnistes d'y pénétrer ; car si, d'une part, la cour de l'amirauté était là pour prononcer l'affranchissement, de l'autre, la secte abolitionniste s'introduisait dans toutes les habitations pour exciter les esclaves au mensonge et à la délation.

» Voilà, monsieur, et je vous le jure sur l'honneur, par quels moyens l'Angleterre procède à cet affranchissement ; voilà par quelle éducation morale et religieuse elle prépare les nègres de ces colonies à être dignes de la liberté.

» Grâce à la bonté aussi bien qu'à la surveillance de mon mari, notre habitation avait échappé à ce système de décimation légale, et nous étions déjà en 1832, lorsque M. Welmoth parut à Sainte-Lucie.

» C'était un homme distingué, un homme du monde, et qui, là comme ici, cachait ses projets sous des formes élégantes et presque frivoles. Il avait des lettres de recommandation pour mon beau-père, M. de Cambasse, et celui-ci l'accueillit avec d'autant plus d'empressement que je détestais les Anglais, généralement parlant, et qu'en particulier

M. Welmoth m'avait inspiré d'abord une sorte de répulsion instinctive.

» A l'heure où je vous parle, monsieur, j'ai vingt-huit ans; dans nos colonies, la vie commence de si bonne heure, que je suis presque déjà une vieille femme; mais il y a six ans, je passais pour être belle, et je l'étais en effet. »

Madame de Cambasse prononça cette petite apologie d'elle-même avec ce ton d'assurance cordiale qui lui enlevait toute couleur de vanité maladroite.

Clémenceau s'apprêtait à répondre par le compliment obligé en pareille circonstance, lorsque madame de Cambasse reprit en souriant :

« Oui, monsieur, j'étais belle, et vous allez dire que je le suis encore, et pourtant je crois que ça n'a rien fait à mon malheur, car j'eusse été fort laide, que M. Welmoth n'en eût pas moins joué son horrible comédie; mais que voulez-vous? ma vanité de femme a longtemps cru que cette beauté avait été le mobile des actions de sir Edouard, et ce n'est que depuis que je l'ai retrouvé ici, que je me suis bien assurée que toutes ses actions ne partaient que d'une âme corrompue, dirigée par un calcul froidement arrêté, et je ne suis pas encore très-accoutumée à cette idée. »

Madame de Cambasse s'arrêta encore quelques instants, comme si ses souvenirs ne se présentaient pas avec la même netteté et la même abondance, puis elle reprit, après un moment d'interruption :

» Vous voyez, monsieur, que j'hésite à aborder la suite de mon récit; c'est qu'il me reste à vous dire une chose qui ne peut jamais être indifférente pour une femme; car, en pareil cas, elle est coupable ou ridicule. Je dois dire avec tout l'orgueil ou toute l'humilité possible que je ne fus que ridicule.

« M. Welmoth se montra amoureux de moi, et en effet je crus qu'il l'était.

» Si vous voulez bien rendre à sir Edouard la justice qu'il mérite, vous devez reconnaître qu'il s'entend à merveille à flatter les désirs et les caprices d'une femme, et que, sans l'aimer, il est très-aisé de le trouver un homme aimable. Voilà ce qui m'arriva, monsieur; voilà ce qui fit que je ne m'opposai pas à la familiarité avec laquelle mon beau-père permit à M. Welmoth de s'introduire dans notre maison.

» Cependant le système de plainte et de délation qui nous avait épargnés jusqu'à ce jour commençait à atteindre notre atelier, sans qu'aucun de nous pensât à remarquer que cet amour d'affranchissement chez nos esclaves coïncidait avec l'arrivée de M. Welmoth dans notre maison. Comme vous devez le penser, mon mari s'alarmait singulièrement de cet esprit d'insubordination, et lorsque de pareilles plaintes étaient portées devant la cour de l'amirauté, il restait souvent absent pendant plusieurs jours.

» Remarquez, monsieur, que je vous conte ces événements comme je les ai vus alors et non pas comme je les appris depuis. En leur laissant l'obscurité dont ils furent longtemps enveloppés pour moi et pour ma famille, peut-être comprendrez-vous mieux comment ils purent arriver.

» Or, ce fut un jour que mon mari était absent de l'habitation pour la dixième ou douzième plainte portée contre lui devant la cour d'amirauté, que M. Welmoth osa donner à un amour, jusque là fort respectueux dans ses soins, un langage plus direct, et sur les intentions duquel il m'était impossible de me méprendre.

» La transition fut brusque, et je ne pense pas que jamais homme soit passé d'un hommage plus retenu à une déclaration plus significative, et d'une abnégation plus profonde à une exigence plus insolente.

» M. Welmoth poussa cette insolence tellement loin, que je n'eus pas, pour ainsi dire, le temps de me repentir d'une coquetterie ou d'une condescendance qui avait autorisé ses intentions, et que, sans lui remontrer la folie de ses vœux ou la nécessité de mes devoirs, je lui ordonnai de quitter ma maison, en le traitant comme un misérable. On eût dit qu'il avait prévu et même sollicité ce résultat, car il fit à cette injonction une réponse qu'aujourd'hui je juge avoir été préparée d'avance, et que M. Welmoth avait assez bien calculée pour que l'effet en fût infaillible.

» — Adieu, madame, me dit-il ; de faux rapports m'avaient égaré, lorsque je vous plaignais de votre malheur : on me disait que M. de Cambasse, votre mari, cherchait dans un amour indigne une consolation à vos légèretés, et moi, égaré par cette calomnie, j'ai cru ne parler qu'à une femme coquette, et je m'aperçois avec un profond regret que je me suis adressé à une femme qui ignore encore toute son infortune. »

« Ces paroles furent prononcées d'un ton parfaitement désolé, et avec une pantomime de confusion douloureuse. Malgré ma colère, toutes ces paroles d'un sens douteux passèrent dans mon cœur comme de sinistres éclairs.

» M. Welmoth s'était retiré, et mon indignation, que sa présence eût sans doute fait parler plus haut que mes craintes, fit bientôt place à la curiosité passionnée que ces paroles excitèrent en moi.

» Il y avait dans cette phrase perfide tout ce qui peut bouleverser l'âme d'une femme et la jeter dans cette inquiétude fiévreuse où elle ne voit plus rien sous son véritable jour, où elle n'entend plus rien dans son vrai sens.

» J'étais calomniée, c'est-à-dire que je passais pour une femme assez légère et assez coquette pour qu'un homme se crût autorisé à m'adresser les plus odieuses propositions ; et mon mari se consolait de ma légèreté dans un amour honteux. C'en était assez pour que je regardasse autour de moi avec de sinistres désirs de découvrir ce qui avait pu autoriser de semblables paroles ; mais il se passa quelques jours avant que mes soupçons pussent se fixer sur personne, lorsque arriva une circonstance qui m'éclaira.

» Un matin que je déjeunais avec mon mari et mon beau-père, M. de Cambasse, on apporta une citation à comparaître de nouveau devant la cour d'amirauté, et cette citation était faite au nom d'Abigaïl.

» A ce nom, ce ne fut pas la colère qui se montra comme de coutume sur le visage de Léopold, ce fut une véritable douleur, une émotion si vive qu'il s'écria comme malgré lui :

» — Abigaïl ! elle ; c'est impossible ! Il y a quelqu'un ici qui pervertit les affections les plus vraies. »

« Je ne fis pas attention à la supposition de Léopold ; mais sa douleur, ce mot d'affection dont il se servait pour qualifier l'attachement de l'esclave au maître, tout cela me frappa comme une lumière soudaine ; dans un instant je vis disparaître devant moi Abigaïl, plus jeune et plus belle que moi ; Abigaïl, à qui ma protection aveugle avait fait donner une instruction qui la mettait bien au-dessus de toutes les femmes de sa classe; Abigaïl, que ma folle générosité se plaisait à parer plus que je ne l'étais moi-même, et je me dis tout aussitôt :

» — Voilà l'objet de ce honteux amour qui m'a été dénoncé. »

« Mon mari avait quitté la table, car M. de Cambasse, furieux de l'ingratitude de l'esclave, avait parlé de la faire châtier, et mon mari avait pâli à cette proposition. J'étais demeurée seule, et j'étais déjà certaine de la faute de Léopold.

» Un esprit comme le mien, monsieur, ne s'arrête pas aisément dans la voie où il entre avec une telle violence : ce honteux amour dont je ne doutais pas devint bientôt l'explication des calomnies dont on me disait l'objet.

» Il y a des maris assez peu jaloux de l'honneur de leur nom, et qui poussent l'hypocrisie de la bonne conduite jusqu'à laisser planer d'eux-mêmes des soupçons sur leurs femmes, pour atténuer le blâme universel qu'exciterait leur faiblesse. Il me sembla que l'outrage de Léopold était si odieux, qu'il n'avait pu l'excuser que d'une façon plus odieuse encore.

» Je ne sais jusqu'à quel point vous me jugerez folle; mais, une heure ne s'était pas écoulée que ce soupçon s'était formé dans mon esprit, que déjà il était devenu pour moi une certitude que j'aurais garantie sur ma vie.

» Le hasard entra-t-il dans l'arrangement des circonstances qui suivirent, ou bien la main qui les avait préparées avait-elle si bien prévu leur concours qu'elles dussent me précipiter plus avant dans l'aveuglement? C'est ce que je ne puis dire, mais c'est ce qui arriva cependant.

» Vous aller en juger, monsieur. »

La voix de madame de Cambasse s'était émue en parlant ainsi; elle-même semblait s'animer à mesure que les souvenirs de sa vie passée venaient agiter dans son âme les passions qui l'avaient jadis bouleversée; aussi, pendant le moment de silence qui suivit cette dernière phrase, Clémenceau lui ayant dit :

« Prenez garde, madame, il me semble que je viens d'entendre un léger bruit derrière nous, » elle lui répondit avec vivacité :

« — Ce n'est rien que le bruit des feuilles de ce bananier. »

Puis elle reprit avec un accent ferme, bien différent de la langueur traînante avec laquelle elle parlait d'ordinaire :

.« Oui, monsieur ; voyez jusqu'à quel point les circonstances s'unirent pour m'abuser : cette heure qui m'avait donné la certitude de la trahison de Léopold n'était pas passée qu'il rentra près de moi, le visage heureux et rayonnant de joie, et qu'il me dit, comme un homme qui vient d'obtenir une victoire à laquelle son cœur est intéressé :

» Je viens de voir Abigaïl, je lui ai parlé ; elle retire cette plainte qui devait lui donner son affranchissement : elle restera avec nous. »

« Je me mis à considérer mon mari avec l'étonnement muet que j'eusse éprouvé s'il m'eût dit en propres termes :

» Je suis sûr de garder ma maîtresse dans ma maison. »

» Si j'avais eu un doute sur la vérité de cette indigne liaison, peut-être aurais-je parlé à cet instant, peut-être une menace, une plainte, un reproche eussent-ils amené une explication qui eût prévenu de cruels malheurs ; mais la trahison de Léopold était pour moi comme la lumière du soleil, et l'audace de sa joie me semblait la dernière insulte qu'il pût m'adresser : j'eus peur du vertige de colère qui s'empara de moi, et je quittai le salon pour aller m'enfermer dans ma chambre.

» Sans doute Léopold ne comprit rien à ma sortie ; peut-être n'attacha-t-il pas son regard sur mes regards égarés, et j'eus encore une heure de solitude durant laquelle je pris la triste résolution de me taire et de préparer dans l'ombre l'éclat que je voulais donner à mon infortune. J'étais jalouse, monsieur, et jalouse de mon esclave.

» Quelque intérêt que nous puissions porter à ces créatures, il y a entre elles et nous une telle distance, que bien des fois j'avais compris la longanimité avec laquelle d'autres femmes avaient supporté les faiblesses de leurs maris pour ces êtres sans âme ; jugez donc à quel degré dut monter mon ressentiment contre Léopold, lorsque je me sentis en moi-même descendue à être jalouse d'une esclave.

» Je savais bien qu'il ne pouvait pas me sacrifier à elle comme il l'eût fait pour une femme du monde ; je savais bien qu'une pareille maîtresse n'aurait jamais dans ma maison cette insolente familiarité qui, dans cette autre liaison, vient

insulter l'épouse légitime jusque dans le foyer domestique ;
mais Abigaïl était belle à faire envie à un roi ; et, si esclave
qu'elle fût, mes yeux voyaient cette beauté, et je reconnaissais avec une effroyable humiliation que, par là du
moins, elle méritait, sinon l'amour, du moins les désirs d'un
homme.

» Vous souriez, monsieur ; il vous semble que la jalousie
passée parle encore dans ce que je vous dis ; détrompez-
vous, monsienr : Abigaïl est morte ; je n'ai plus que le droit
de la plaindre et de pleurer sur mon erreur ; mais si vous
l'aviez vue, vous comprendriez que ma jalousie n'était pas si
folle que vous avez l'air de le croire. Abigaïl, fille d'une mulâtresse quarteronne et d'un blanc, était, comme je vous l'ai
déjà dit, d'une couleur à laisser douter que le sang africain
coulât dans ses veines ; si quelques traits de l'espèce nègre
étaient restés empreints sur son visage, ce n'était que pour
lui garder cette ardente expression qui caractérise cette
race.

» Rien ne saurait vous rendre l'éclat de ses grands yeux
qui se noyaient, à la moindre émotion, sous un voile humide
qui semblait en rendre les rayons plus brûlants, comme
ceux du soleil quand il passe à travers une brume légère.
Les trésors du monde n'eussent pu amasser un collier de
perles plus pures, plus brillantes, plus égales que les
dents qu'elle montrait lorsqu'elle souriait comme une enfant ingénue.

» Et puis, monsieur, aucune femme d'Europe, et nous-
mêmes créoles auxquelles on accorde beaucoup de cette
grâce, jamais nous n'approcherons de la mollesse, de l'abandon, de la volupté inhérentes à la démarche de ces femmes,
lorsqu'elles se mêlent d'être belles. »

Malgré lui, Clémenceau souriait de l'exaltation dont était
empreint l'éloge que madame de Cambasse faisait de son
ancienne rivale, si bien qu'elle s'en aperçut, et qu'elle
lui dit :

» Jugez, monsieur, si ce souvenir s'exprime en moi d'une
façon qui vous paraît à juste titre ridiculement exaltée, lorsque la mort, et le temps bien plus puissant qu'elle, ont dû
contribuer à l'éteindre ; jugez, dis-je, de ce que dut être ma
colère, lorsque je ressentis cette jalousie et que je crus

comprendre que celle qui l'excitait en était pour ainsi dire digne.

» Comme je vous l'ai dit, je résolus de me taire ; mais je fis une plus grande faute que celle-là : ce fut de vouloir rendre à mon mari une part du tourment que j'éprouvais. Jalouse, je voulus le rendre jaloux, et le jour même je m'étonnai devant lui de l'absence de M. Welmoth, et, le lendemain, Léopold lui écrivit une gracieuse lettre pour lui demander pourquoi il nous négligeait depuis une semaine. Ici, monsieur, commence une nouvelle série d'événements.

II

« Plus de trois mois s'étaient passés depuis la terrible découverte que j'avais faite, et ni mon mari ni M. de Cambasse, ni Abigaïl elle-même, ne se doutaient du sentiment de vengeance que je cachais soigneusement à leurs yeux.

» C'est à peine si M. Welmoth se croyait assuré que j'avais gardé le souvenir de cette dénonciation, tant j'avais recouvert mes projets d'une apparence de calme et d'incrédulité. Toutes les fois que M. Welmoth semblait me montrer Abigaïl comme la rivale à laquelle il avait fait allusion, je m'éloignais sans avoir l'air de le comprendre.

» Cependant sir Edouard n'ignorait pas que j'avais, pour ainsi dire, révoqué les paroles qui l'avaient chassé de ma présence.

» Mon mari lui avait dit, sans y faire autrement attention, que c'était moi qui m'étais étonnée de son absence, et que c'était par mon observation qu'avait été écrit le billet qui l'avait ramené chez nous.

« Je m'étais vivement repentie de cette démarche inconsidérée ; mais je ne pouvais me soustraire aux conséquences que devait nécessairement en tirer M. Welmoth. Ou je l'avais rappelé parce que les soins dont je m'étais montrée indignée ne me déplaisaient pas autant que j'avais voulu le lui faire croire, ou bien, si cette indignation était vraie, je l'avais fait taire devant le désir que j'éprouvais d'avoir des renseignements plus certains sur le honteux amour qui m'avait été dénoncé.

» Alarmée de l'imprudence que j'avais commise vis-à-vis de M. Welmoth, j'avais redoublé vis-à-vis de lui de froideur, espérant qu'il m'éclairerait sans que je le lui demandasse ; mais sir Edouard était trop habile pour donner rien pour rien, et il attendait patiemment que je fisse un pas vers lui, afin d'avoir le droit de mettre des conditions au service qu'il me rendrait.

» C'était cette espèce de guerre d'observation qui avait rétabli un calme apparent dans mon âme, lorsque je me sentais intérieurement dévorée des plus cruels tourments de la jalousie. Vous ne pouvez guère vous figurer, monsieur, et une femme d'Europe ne pourrait elle-même se figurer ce que cette jalousie avait d'horrible.

» En effet, la vengeance m'échappait ; quelle vengeance pouvais-je exercer contre Abigaïl ? Certes, je pouvais appeler sur elle de cruels châtiments ; mais, outre qu'il est inouï qu'un maître ait jamais abusé de son pouvoir en pareille circonstance, qu'était cette douleur que j'infligerais à son corps en comparaison de celle dont elle avait déchiré mon cœur ?

« Faut-il vous le dire, monsieur ? que de fois j'ai souhaité qu'Abigaïl fût une femme non-seulement libre, mais d'un monde égal au mien, et que de moyens je trouvais alors pour la punir, l'humilier et la faire souffrir dans les sentiments dont je souffrais ! Mais humilier une esclave, chercher, pour la torturer, des sentiments d'orgueil qui n'existaient pas, c'était frapper dans le vide : elle m'échappait par son infimité même.

» Cependant tant de douleur intérieure et tant d'efforts pour la cacher avaient altéré ma santé ; je veillais souvent toute la nuit, espérant surprendre les coupables, et quoique tous mes espionnages fussent inutiles, je n'en gardais pas moins la certitude de leur crime ; car, mille fois durant le jour, je surprenais entre eux des regards d'intelligence qui ne pouvaient me laisser aucun doute.

» C'est dans ces moments que M. Welmoth semblait me

faire entendre qu'il pouvait me donner les preuves que je
cherchais vainement ; mais j'étais résolue à ne pas les lui
demander, et, irritée de mon impuissance à les découvrir, je
tombai dans une sorte de marasme et de maladie nerveuse
qui finirent par épouvanter mon mari. On fit venir un médecin, et, soit que le hasard lui eût inspiré cette idée, soit
que les circonstances de ma maladie pussent la faire naître
raisonnablement, toujours est-il qu'il déclara à Léopold que,
loin de s'alarmer de mon état, il devait s'en réjouir, et que
c'étaient les symptômes douloureux, mais certains, d'une
grossesse déjà avancée. Cette idée, monsieur, cette seule
idée effaça comme par enchantement tous les chagrins, tous
les soupçons, toutes les craintes que je pouvais avoir dans le
cœur.

» Comme la jeune fille qui, le jour de son mariage, pense
que cette union pose entre l'avenir et le passé de son mari
un abime si profond, qu'elle ne doit plus avoir souci de
toutes les fautes qu'il a pu commettre avant cette heure solennelle ; de même il me sembla que cette nouvelle, que
j'allais être mère, était une seconde union, un second mariage, et qu'il devait aussi obtenir dans mon cœur et pour
mon époux le pardon de tous les torts que je lui reprochais.

« A la joie qu'il montra de cette espérance, je crus comprendre qu'un bonheur avait manqué à son âme, et je l'ex-
cusai en me disant que c'était faute de ce bonheur qu'il avait
cherché à l'oublier dans de coupables plaisirs. Autant j'avais
mis d'ardeur à découvrir les preuves de sa faute, autant je
mis d'obstination à fermer pour ainsi dire les yeux, de peur
de les voir.

» Toute mon âme était remplie de joie et de bienveillance ;
je n'en voulais même plus à M. Welmoth : je lui laissais reprendre la liberté de son ancienne familiarité ; je ne le craignais plus : je me sentais sacrée à ses yeux.

» Ce fut cette confiance dans un espoir bien doux qui pro-
longea encore pendant plus de deux mois la position fausse
et inexpliquée dans laquelle nous vivions tous.

» Je m'étais soumise sans résistance à toutes les prescrip-
tions du médecin, et j'étais bien loin de prévoir que le réta-
blissement de ma santé devait anéantir l'espérance qu'avaient
fait naître les étranges circonstances de ma vie.

» Ce fut une scène horrible, monsieur, et que mon attachement pour M. Sanson et sa fille peut seul me décider à vous raconter ; mais elle vous fera comprendre l'effroi que m'inspire M. Welmoth pour mon avenir et celui de Clara, et sans doute elle vous décidera, quand vous en aurez appris les terribles conséquences, à vous unir à nous pour déjouer les projets de cet homme. »

Une fois encore, madame de Cambasse sembla se recueillir, comme pour mettre en ordre les souvenirs qui se présentaient à elle.

Puis, après un moment de silence, elle reprit d'une voix à laquelle elle commandait l'assurance :

» C'était un jour, monsieur, où je me trouvais bien heureuse : mon mari m'avait apporté le matin même une table à ouvrage qu'il avait fait venir de France ; elle était en ébène et merveilleusement sculptée.

» Dans la disposition où j'étais, monsieur, chaque attention de mon mari me devenait plus précieuse ; comme j'avais bâti dans ma pensée tout le roman de sa faute, de même je lui créais tout un roman de repentir. Tous les petits présents dont il m'accablait me semblaient autant de témoignages de retour, et je ne croyais pouvoir jamais montrer assez de joie quand il me faisait de ces aimables surprises.

» J'étais assise sur un canapé (et vous allez comprendre combien toutes ces petites circonstances sur lesquelles j'insiste sont nécessaires à l'intelligence de la scène que je vais vous dire), j'étais donc assise sur ce canapé ; j'avais amené cette table devant moi, sans m'apercevoir que la roulette de l'un des pieds s'était prise dans une frange qui garnissait le bas de ma robe. Je rangeais dans les compartiments de cette table, des laines et des soies que me remettait Abigaïl, debout devant moi de l'autre côté de la table.

» A ce moment, M. Welmoth entra dans le salon ; dans un mouvement joyeux et soudain, je me lève vivement en m'écriant :

» Voyez donc le joli cadeau que mon mari m'a fait ce matin ! »

» A ce moment la table, dont un des pieds, comme je vous l'ai dit, était embarrassé dans ma robe, la table se renverse et va frapper Abigaïl, qui pousse un cri terrible, et qui, au lieu de retenir le meuble, porte avec une angoisse cruelle sa main à ses flancs, comme pour contenir l'atroce douleur que le choc de ce meuble assez léger lui avait causée.

» Cette douleur dut être affreuse, car Abigaïl pâlit soudainement et tomba évanouie sur le plancher du salon.

» L'endroit où Abigaïl avait été atteinte, l'intensité de la douleur qu'elle en avait ressentie, l'évanouissement qui l'avait suivie, tout cela se réunit dans ma tête en une seule et même pensée, et ma main découvrit ce qui avait échappé à mon regard : je me penchai vivement sur Abigaïl ; je parcourus d'une main tremblante ce corps inanimé et étendu à mes pieds : Abigaïl était grosse.

» Je me relevai avec une épouvante indicible ; j'attachai sur mon mari et sur M Welmoth un regard désespéré ; une soudaine révolution s'opéra en moi ; mon sang, après s'être porté avec violence à mon cœur, parut s'en retirer tout à fait, et je tombai à mon tour par terre, prise d'une défaillance horrible. Abigaïl était grosse, monsieur, et moi je ne l'étais pas ; je ne l'avais jamais été ; le désespoir venait de faire disparaître les symptômes trompeurs que le désespoir avait fait naître.

« On me transporta dans ma chambre, on arrêta l'hémorragie violente qui semblait devoir m'être fatale : je repris mes sens, et avec mes sens cette pensée : Elle est mère, elle sera mère, et moi je ne le serai pas !

» Je n'avais pas méprisé l'amour que mon mari avait pu avoir pour une esclave, jugez si je pus mépriser celui qu'il pourrait avoir pour l'enfant de cette esclave ; si loin que cette femme fût de moi, elle devait prendre à ses yeux une part de ce caractère sacré de mère dont je m'étais fait une égide, et le cœur de Léopold, sevré d'une espérance plus haute, devait retourner, selon moi, à une espérance, si misérable qu'elle fût.

» Je ne puis rien vous dire, monsieur, de tous les horribles projets qui se formèrent dans ma tête durant les premiers jours de maladie et de fièvre que m'occasionna cette affreuse nouvelle.

» D'abord je voulais me laisser mourir ; mais, dans l'amertume de ma douleur, je ne voulais pas donner cette satisfaction à ceux qui me tuaient, sans les avoir cruellement punis.

J'eus la volonté de me rétablir, et la force me revint, sinon la santé, car je ne dormais plus, et mes nuits se passaient toutes dans les larmes ou dans les méditations les plus sombres.

» Ne sachant comment me venger selon mon cœur, je résolus enfin de me venger selon ma position : j'étais la maîtresse d'Abigaïl, et c'est comme maîtresse que j'entendis la punir. A la moindre faute, au plus léger oubli, les mots les plus durs, les plus humiliants l'avertissaient que l'heure de ma bonté pour elle était à jamais passée.

» Abigaïl supporta d'abord mes colères avec assez de résignation : mais peu à peu je sentis que la révolte se glissait dans ce cœur inaccoutumé à une telle sévérité ; j'en conçus une secrète joie, et je redoublai cette sévérité dans l'espoir d'amener une révolte ouverte.

» Cependant, malgré moi, monsieur, je reculais devant l'idée de faire infliger à cette femme le châtiment habituel de l'esclave désobéissant. Et pourtant je dois vous l'avouer, j'étais poursuivie par l'idée d'un tableau qui m'apparaissait toutes les nuits au milieu de mes rêves éveillés.

» Je voyais devant moi ce tableau comme s'il eût été peint sur une toile placée devant mes yeux : c'était cette Abigaïl, aussi belle que le pinceau eût pu la produire, Abigaïl soumise au châtiment d'un esclave, tandis que mon mari, caché dans un coin de ce sombre tableau, regardait avec rage et désespoir ces beaux yeux dont il avait vu l'amour, noyés dans les larmes d'ignobles douleurs, et entendant, sans pouvoir la faire taire, cette voix qui lui avait sans doute dit tant d'amoureuses paroles, se brisant dans les cris que lui arrachait la douleur.

» Cet horrible tableau, je le chassais toutes les fois qu'il se présentait devant moi ; je le fuyais quand je ne pouvais pas le chasser ; mais, dès que j'étais seule, il revenait sans cesse, et il me poursuivait au milieu de toutes mes occupations.

» Toutefois, monsieur, il est possible que j'eusse résisté à cette cruelle tentation, si cette révolte d'Abigaïl que j'excitais moi-même n'eût éclaté dans des paroles qui devaient m'être une injure impardonnable.

» Un jour que, pour un manque de service assez léger, je lui disais que, si elle continuait à se montrer si indolente, je

la ferais punir, elle me répondit, avec une assurance qui ne
pouvait partir que de la certitude qu'elle avait d'une protection puissante :

» — Eh bien ! madame, je demanderai à mon maître si je
mérite une punition pour n'avoir pas assez promptement satisfait à une fantaisie. »

» Vous pouvez vous faire une idée de ce que serait la
colère d'une maîtresse de maison européenne, qui verrait en
appeler de son autorité à l'autorité de son mari ; jugez de ce
que serait cette colère si ce domestique était une femme, si
dans cette femme on voyait une rivale, et jugez de ce que je
dus éprouver. Il fallait que cette fille, pour arriver à me
braver à ce point, eût fait cent fois plus de chemin dans son
mépris pour moi que la dernière servante d'Europe qui eût
eu cette insolence. C'était, dans nos mœurs, une chose
inouïe, et l'étonnement que j'en éprouvai suspendit un moment mon indignation. Mais, lorsque j'eus mesuré le degré
d'abaissement où je me vis descendue par cette menace, un
désespoir aveugle s'empara de moi, je courus au père de
mon mari ; je dis à M. de Cambasse l'insulte que je venais de
recevoir, et il ordonna qu'Abigaïl fût conduite au moulin
comme m'ayant insultée, et, qui plus est, matériellement
menacée. Je suis franche, monsieur, je vous dis toutes mes
actions et les sentiments qui les ont déterminées ; quant à
M. de Cambasse, il ne peut avoir besoin d'une excuse pour
un fait qui devait paraître fort naturel à tout le monde.

» Pour que vous puissiez comprendre toute la rigueur de
l'ordre que l'on venait de donner, il faut que je vous explique, monsieur, ce que c'était que le supplice du moulin,
ou tread-mill.

» Alors que l'administration anglaise préparait, disait-elle
sentimentalement, l'émancipation des esclaves, elle avait
jugé nécessaire, pour suppléer à l'autorité patriarcale du
maître qu'elle sapait, d'introduire à Sainte-Lucie des punitions jusque là ignorées. Il est vrai que le maître n'avait pas
le droit d'infliger les punitions : on en commettait le soin à
des agents de l'administration.

» Ce supplice du tread-mill consiste à pendre les esclaves
par les poignets, de manière à ce que leurs pieds posent sur
les ailes d'une roue ; cette roue, cédant sans cesse sous leur

poids, tourne et les force à chercher un point d'appui sur l'aile supérieure : et cette même roue sert à moudre le grain dont on nourrit les prisonniers. Un bourreau armé d'un martinet (le fouet avait paru trop doux à ces dignes protecteurs de la race nègre); un bourreau, dis-je, placé à côté du moulin, se charge d'exciter la paresse de ceux qui ne marchent pas assez vite sur cette roue tournante, et un médecin interroge de temps en temps le pouls du supplicié pour savoir s'il peut supporter plus longtemps sa torture.

» Vous frémissez, monsieur, à ce tableau hideux, et vous vous demandez peut-être si la femme qui a pu en condamner une autre à un pareil supplice est un monstre. Je ne vous dirai pas que j'ignorais la cruauté de ce châtiment, quoique cela soit vrai; car, au moment où je fis donner l'ordre d'emmener Abigaïl, je l'eusse poignardée si elle avait été mon égale, et je ne sais si j'aurais intercédé pour elle à ce moment, si j'avais su à quoi je l'avais fait condamner. Le commandeur et deux esclaves l'emmenèrent immédiatement, munis d'une lettre de M. de Cambasse pour le magistrat.

» Mon mari était absent, et lorsqu'il rentra, il vint causer avec moi sans s'informer d'Abigaïl, qu'il crut dans quelque coin de l'habitation. Quel que fût mon ressentiment contre Léopold, je me sentis prise, à son aspect, d'une crainte indicible.

» Une heure avant le départ d'Abigaïl, je l'aurais bravé et j'aurais foulé aux pieds devant lui l'indigne créature à laquelle il me sacrifiait; mais à mesure que je pensais que ma vengeance devait s'accomplir, mon épouvante s'accroissait au point que mon mari remarqua mon trouble, ma pâleur, mon égarement; inquiet de l'état où il me voyait, il voulut qu'on allât chercher un médecin, et appela Abigaïl pour qu'elle vînt me mettre au lit. Le croiriez-vous, monsieur? j'étais mourante, la parole expirait sur mes lèvres, je ne me sentais pas la force de me soutenir pour me traîner jusqu'à ma chambre : ce nom d'Abigaïl dans la bouche de mon mari, ce nom prononcé avec l'affection qui appelle, plutôt qu'avec le ton du commandement, ce nom me rendit un éclair de cette colère qui m'avait si longtemps dominée, et je dis à l'instant à Léopold avec amertume :

« Votre Abigaïl ne vous répondra pas. »

« M. de Cambasse était accouru aux cris de son fils, et il
entra au moment où celui-ci me demandait l'explication des
paroles que je venais de prononcer.

« Eh! mon Dieu, fit M. de Cambasse, pour qui ce qu'il avait
fait ne valait pas même la peine d'en avoir parlé, Abigaïl a
osé insulter et menacer votre femme, et je l'ai envoyée au
moulin.

« — Au moulin! s'écria Léopold avec un cri déchirant et
une pâleur mortelle, Abigaïl au moulin!... Ce n'est pas possible... Abigaïl... elle!... »

« Cette douleur désespérée me sembla le dernier affront.

» Je m'écriai, dans le transport de colère qu'il m'inspira :

» Oui, elle... Abigaïl, votre maîtresse.

» — Ma maîtresse?... Abigaïl! s'écria Léopold avec horreur... Abigaïl!...

« — Elle était votre maîtresse! s'écria M. de Cambasse en
s'avançant vers son fils; malheureux!... »

« Léopold avait pour son père un respect qui ne lui avait
jamais permis de résister à ses moindres volontés; il le craignait, et quoique déjà avancé en âge, il n'avait pu se départir
de cette crainte; mais à ce moment son visage prit une
expression terrible, et il répondit en regardant son père en
face :

« Elle n'était pas ma maîtresse, monsieur, elle était ma
fille!-

« — Votre fille! dit M. de Cambasse, tandis qu'épouvantée
de cette terrible révélation, je tombais à genoux devant mon
mari.

« — Oui, ma fille, répondit Léopold, elle que vous croyiez
l'enfant de votre neveu, qui s'est laissé chasser de cette
maison pour me sauver de votre colère; ma fille, que je n'ai
pas osé avouer pour l'arracher à votre brutalité; ma fille,
que je ferai maintenant libre, riche et votre égale. »

« A ces mots, il s'échappa du salon et fit seller un cheval
pour courir à la ville.

« Je voulus l'accompagner, mais il me repoussa, et mon
beau-père me retint lorsque je voulus l'y suivre. Léopold ne
revint que le lendemain avec Abigaïl, qu'il avait fait trans-
porter à l'habitation.

» Je tremblais de paraître devant mon mari, et j'attendais sa présence comme celle d'un juge implacable ; mais il monta dans ma chambre. Quoiqu'il eût l'air profondément affecté, il me parla avec douceur.

» Il faut que je retourne à la ville pour quelques heures, me dit-il : je vous confie Abigaïl.

« — Oh ! vous m'avez pardonnée ! m'écriai-je ; si vous saviez...

» — Je sais tout, me dit-il ; j'en sais plus que vous ne pouvez croire. Protégez Abigaïl contre les duretés de mon père ; protégez-la, je vous en prie : c'est tout ce que je vous demande. J'ai manqué de confiance envers vous ; je ne dois pas me plaindre de ce que vous n'en avez pas eu en moi. »

« Il m'embrassa et repartit.

» J'allai près d'Abigaïl. La pauvre malheureuse voulut se mettre à genoux sur son lit quand je l'abordai, mais la souffrance fut plus forte qu'elle, elle retomba mourante sur sa couche.

» Je m'approchai, je la consolai, je lui promis un meilleur avenir...

« — Il est trop tard... » me dit-elle.

« Puis, se prenant les flancs, elle me dit avec un accent égaré :

« Il est mort !...

« — Non ! m'écriai-je, non ! et tu épouseras son père...

« — Son père !... me dit-elle avec effroi ; M. Welmoth, jamais ! »

« M. Welmoth ! s'écria Clémenceau en interrompant madame de Cambasse, lui !...

« — Oui, monsieur, lui, et jugez quelle dut être mon horreur à celle que vous venez d'éprouver. Oui, c'était M. Welmoth qui avait séduit cette malheureuse esclave et qui l'avait fait servir à fomenter l'insubordination dans notre atelier ; M. Welmoth qui avait égaré la raison de cette pauvre fille au point de lui faire croire qu'il l'épouserait le jour où elle deviendrait une femme libre.

» Je vous épargne le récit de toutes les infamies de cet homme.

» Mon mari était allé le chercher à la ville ; il avait quitté

Sainte-Lucie le matin même, et j'en remerciai le ciel; car je
ne puis dire qu'il fût un lâche, et certes le combat que
Léopold allait lui proposer eût été mortel pour l'un d'eux. Je
ne prévoyais pas que, moins d'un an après, je perdrais mon
mari, toujours bon et affectueux pour moi, mais désolé de la
mort d'Abigaïl; car elle mourut, la pauvre enfant. Elle
mourut dans mes bras en me demandant pardon de m'avoir
fait involontairement souffrir.

» Eh bien, monsieur, savez-vous ce que nous rapportaient
les journaux anglais quinze mois après? Une discussion au
parlement où M. Welmoth, le père de sir Edouard, racontait,
au milieu des transports d'indignation de l'assemblée, qu'un
père, amoureux de sa fille esclave, et sachant qu'elle s'était
donnée à un autre amant, l'avait lui-même condamnée au
supplice du tread mill jusqu'à ce qu'elle fût morte. M. Welmoth affirmait la vérité de son récit; il le savait, disait-il
d'un témoin oculaire de cette infâme barbarie, et ce témoin
oculaire, c'était sir Edouard, monsieur, c'était cet homme à
qui M. Sanson est prêt à sacrifier sa fille, et qui, sans doute,
poursuit ses projets ténébreux.

« — Et vous n'avez pas raconté cette atrocité à M. Sanson?
dit Clémenceau.

« — Sir Edouard est son neveu, monsieur; d'ailleurs, il
est des choses que l'on ne confie pas volontiers à l'homme
qu'on doit épouser. Je ne puis dire la vérité sur sir Edouard
sans lui révéler tout ce qu'il y eut de folie dans ma conduite.
Vous savez la vérité sur cet homme; maintenant agissez en
conséquence.

« — Mon parti est pris, madame, et ce n'est pas à M. Sanson, mais à M. Welmoth lui-même que je m'adresserai.

« — Ne faites rien avant de m'avoir revue, dit madame
de Cambasse; il est temps, je crois, que je reparaisse au
salon. Un mot encore. Si M. Sanson vous boude, laissez-moi
le soin de le ramener; seulement n'oubliez pas que vous
m'avez chargée pour lui d'une importante mission.

« — Laquelle?

« — Je vous le dirai demain. Adieu. »

Madame de Cambasse s'éloigna, et Clémenceau resta seul
près du bananier. Comme il rêvait à tout ce qu'il venait d'en-

tendre, il entendit un léger bruit derrière lui ; il se retourna, et vit dans l'obscurité briller le reflet d'un corps d'acier ; il avançait la main pour s'en assurer, lorsqu'une lueur de feu éclata ; une détonation se fit entendre, et Clémenceau tomba frappé d'une balle.

III

Madame de Cambasse mettait à peine le pied dans le salon, qu'elle entendit l'explosion du coup de pistolet qui avait frappé Ernest.

Par un pressentiment terrible du malheur qui venait d'arriner, madame de Cambasse poussa un cri et jeta un regard rapide autour d'elle ; elle y aperçut M. Welmoth, mais elle chercha vainement M. Sanson.

Ce bruit éveilla aussi l'attention de quelques personnes : on se demanda vivement d'où il pouvait provenir. M. Welmoth, comme les autres, sortit de la maison, et, en traversant l'antichambre, il ordonna à John, qui s'y trouvait, d'allumer une torche et de l'accompagner pour aller à la recherche de l'événement qui venait probablement de se passer.

On avait remarqué l'absence de madame de Cambasse, celle de Clémenceau, puis l'inquiétude de M. Sanson, puis enfin sa sortie furtive de la maison, et voilà que tout à coup, au moment précis où reparaissait madame de Cambasse, lorsque Clémenceau et M. Sanson avaient pu se trouver seuls, on entendait un coup de feu, et l'on ne voyait revenir ni l'un ni l'autre de ces deux hommes.

Personne ne fit complétement ces remarques, et personne ne les coordonna ainsi probablement ; mais chacun poussa une exclamation ou dit un mot qui amena ce résultat d'abord confus, mais ensuite plus clair et mieux vu.

Ainsi Clara s'écria d'un ton d'alarme :

« Où est mon père ?

— L'avez-vous vu, madame? dit M. Welmoth à madame
de Cambasse.

— Non, reprit-elle, troublée d'une effroyable anxiété.

— Il est peut-être avec M. Clémenceau, dit une autre personne.

— Mais d'où vient cette panique ? dit quelqu'un ; c'est
quelque nègre qui a volé un fusil et qui a tiré sur un...

— Si près de mon habitation, dit le maître de la maison,
ce n'est pas probable.

— Vraiment, dit M. Welmoth, c'est le cri de madame de
Cambasse qui a causé toute cette épouvante.

— Ecoutez ! s'écria madame de Cambasse d'un ton égaré ;
il est arrivé quelque affreuse rencontre, c'est sûr ; venez,
venez ! »

Elle s'élança dans la direction du bananier, suivi de toutes
les personnes présentes, qui n'avaient peut-être pas fait
attention à l'imprudente parole qu'elle avait laissé échapper
dans un moment d'égarement, mais qui devaient plus tard
se la rappeler, pour la rapprocher des circonstances de cet
événement.

A mesure qu'on avançait, on entendait plus distinctement
les cris d'une voix qui appelait au secours, et l'on arriva
bientôt près de Clémenceau, auprès duquel était M. Sanson,
un genou à terre, et soulevant le blessé qui ne donnait plus
aucun signe d'existence.

« Qu'est-il arrivé, mon Dieu ! » s'écria madame de Cambasse en se précipitant auprès de M. Sanson.

A cette voix il tressaillit, et, jetant sur elle un regard
plein de reproche et de douleur, il lui dit :

« J'étais à quelques pas de cet endroit lorsque j'ai entendu
un coup de feu partir ; je me suis précipité vers ce banc, et
j'ai vu M. Clémenceau étendu par terre. Lorsque je suis revenu de ma surprise, j'ai voulu découvrir l'assassin, mais il
s'était enfui sans doute aussitôt après avoir commis son
crime ; ce que je puis seulement affirmer, c'est que le coup
de feu a été tiré au milieu de ce bananier. »

Pendant que quelques personnes emportaient Clémenceau
jusqu'à la maison, d'autres commencèrent des perquisitions
très-actives dans les environs de l'endroit où s'était passé

l'événement, et on reconnut aisément, aux feuilles froissées et à quelques tiges rompues de l'immense plante, que M. Sanson avait dit la vérité, et que l'assassin avait dû se cacher dans cette espèce de bosquet.

La logique naturelle de l'homme, la logique judiciaire qu'il apprend dans les écoles, disent toutes deux qu'il n'y a pas de crimes sans motifs; en vertu de cet axiome, on cherche quels sont les individus qui ont pu avoir un intérêt à commettre un crime, et une fois cet intérêt, supposé ou supposable, découvert, on se croit sur la trace du coupable, et on agit en conséquence.

Clémenceau avait été rapporté à la maison ; il avait bientôt repris ses sens ; la balle fut extraite, et il se trouva que la blessure ne présentait pas un danger bien grave.

C'est alors qu'on l'interrogea sur ce qui s'était passé, et c'est alors qu'il répondit qu'au moment même où madame de Cambasse venait de le quitter, il avait vu briller près de lui le bout d'une arme à feu, et qu'ayant été immédiatement frappé, il n'avait vu d'aucune façon celui qui avait commis le crime.

On remarqua que, pendant qu'on donnait à Clémenceau les premiers soins, M. Sanson n'était pas entré dans la chambre où on l'avait déposé, et bientôt le médecin ayant ordonné à tout le monde de se retirer pour donner à Ernest le repos qui lui était nécessaire, on le retrouva seul profondément agité et pensif dans l'embrasure d'une fenêtre, et si préoccupé qu'il ne s'aperçut pas de l'entrée de plusieurs personnes.

Déjà on avait réuni les unes aux autres les diverses circonstances de cet événement, et déjà l'étrange coïncidence de quelques-unes de ces circonstances avait peut-être frappé les esprits.

Chacun d'abord repoussa en soi la conséquence qu'il devait en tirer, et probablement personne n'eût osé y arrêter son esprit, s'il avait fallu chercher la cause du crime dans un de ces sentiments bassement intéressés qui eussent trop complétement menti au caractère loyal et honorable de M. Sanson.

Mais il est une passion pour laquelle les hommes du monde ont une indulgence excessive. Les crimes que cette passion inspire ne flétrissent pas à leurs yeux autant que les crimes qui partent d'une basse avidité ou de tout autre sentiment. On attribue même en général à cette passion une sorte d'ivresse furieuse qui, arrivée à un certain degré, ne laisse plus à l'homme la liberté de sa pensée et de sa volonté, et cette ivresse, la loi l'a, pour ainsi dire, reconnue quand elle a excusé le mari lorsqu'il tue sa femme et avec elle l'amant de sa femme, s'il les surprend en flagrant délit.

Madame de Cambasse assurément n'était pas la femme de M. Sanson, mais leur mariage était arrêté depuis longtemps ; la passion de M. Sanson était aussi avouée que pouvait l'être celle d'un mari ; on connaissait son caractère jaloux et irritable ; il n'en fallait pas plus pour admettre la possibilité d'un de ces moments d'ivresse dont nous venons de parler. Cela devait dépendre de ce qui s'était passé entre Clémenceau et madame de Cambasse, et il est juste de dire que l'effroi que celle-ci avait éprouvé, le cri qu'elle avait jeté, le mot de rencontre qu'elle avait si imprudemment laissé échapper, pouvaient jusqu'à un certain point justifier la supposition qu'elle s'était assez compromise pour redouter une vengeance immédiate.

Cependant, comme ces vagues rumeurs qui coulent sur les foules assemblées sans qu'on puisse en saisir le sens, ces soupçons se passaient, pour ainsi dire, de regard en regard. On observait M. Sanson ; on s'étonnait de sa préoccupation et de son indifférence pour le malheur d'un jeune homme qui était son hôte, et, sans que personne se fût parlé, il y avait cependant, parmi tous ceux qui se trouvaient dans le salon, une mutuelle intelligence de leurs pensées, une gêne extrême, qui leur faisaient garder un silence général.

En pareille occasion, on cause, on s'interroge, on fait des suppositions, à moins que la présence de celui qu'on soupçonne ne glace les paroles sur les lèvres.

Dans un angle du salon, madame de Cambasse, assise à côté de Clara, et tenant dans ses mains les mains de la jeune fille, jetait un regard égaré, tantôt sur M. Sanson, que rien n'arrachait à sa profonde méditation, tantôt sur les autres personnes présentes, dont elle comprenait le silence. On eût dit qu'elle sentait combien M. Sanson prêtait d'appui à cette accusation muette, et elle ne comprenait pas que l'anxiété qu'elle en éprouvait venait également en aide à cette accusation.

En effet, mieux qu'une autre, elle était à même de savoir jusqu'à quel point le crime était probable, puisque c'était pour elle sans doute qu'il avait été commis.

Cependant cette position ne pouvait durer plus longtemps, et ce fut M. Welmoth qui se chargea d'y mettre un terme.

« En vérité, messieurs, dit-il à un groupe qu'il aborda, voici une partie de plaisir qui a fini d'une manière fâcheuse, et voici en même temps un crime dont il serait bien difficile de trouver l'explication. Depuis le peu de jours que M. Clémenceau est à la Guadeloupe, il n'a pu se faire des ennemis assez acharnés pour qu'ils puissent en vouloir à sa vie, et il est affreux de penser qu'il peut exister des hommes qui assassinent par le seul besoin de tuer leurs semblables. »

Il y avait parmi ceux qui écoutaient M. Welmoth un jeune Français dont nous n'avons pas encore parlé, et qui s'appelait Bourdaillon. La vie de cet homme était fort peu connue à la Guadeloupe, et comme de sa personne il était bien tourné, vantard et beau parleur, on le recevait dans quelques maisons, grâce aux lettres de recommandation dont il était amplement muni à son arrivée.

Voici quel était ce M. Bourdaillon :

M. Bourdaillon était le fils d'un ancien colonel de l'empire, mort sous la restauration, et qui l'avait légué sans fortune à deux de ses sœurs, mariées à des hommes très-importants.

A l'époque de la révolution de juillet, on avait trouvé moyen de prouver que M. Bourdaillon s'en était mêlé activement, et en vertu de cet héroïsme, qui tenait lieu de toute autre vertu, on avait nommé M. Bourdaillon sous-préfet d'un petit arrondissement à une cinquantaine de lieues de Paris. M. Bourdaillon y était resté à peu près cinq ou six mois, au bout desquels il en fut chassé, non point par le gouvernement ni par une émeute politique, mais par la rébellion de ses créanciers.

On citait, entre autres facéties du jeune sous-préfet, qu'il avait emprunté au curé de sa petite ville toute son argenterie pour donner un dîner administratif, et qu'il avait payé la carte de ce dîner en donnant pour gage à l'aubergiste l'argenterie dudit curé. Les tantes de M. Bourdaillon apaisèrent cette affaire à force d'argent pour les uns et de supplications pour les autres, et envoyèrent M. Bourdaillon en Algérie avec un titre et des appointements dans une administration de notre nouvelle conquête.

Là sa conduite ne fut pas meilleure, mais elle demeura plus longtemps cachée, et ce ne fut guère que dix-huit mois après son installation qu'on s'aperçut que M. Bourdaillon ne volait plus de l'argenterie, mais beaucoup de viande, beaucoup de foin et beaucoup de paille. L'enquête était commencée et le résultat pouvait en être sérieux, si un des oncles par alliance de M. Bourdaillon n'eût occupé un poste éminent dans l'Algérie.

Il fit embarquer son neveu en deux heures, et le résultat de l'enquête disparut dans un des nombreux changements de gouverneurs qui se sont succédé en Afrique.

M. Bourdaillon, revenu en France, alarma de nouveau sa famille, si bien qu'à force d'intrigues, de prières, de supplications, elle obtint pour lui d'un ministre, à qui elle persuada que ce pauvre jeune homme avait été calomnié, une place dans la magistrature des colonies. M. Bourdaillon aimait beaucoup les voyages et les plaisirs de toute sorte, et le climat de la Guadeloupe était nouveau pour lui.

Aucun de ses parents ne se dit que si, le climat aidant les excès, M. Bourdaillon venait à mourir, ce serait un grand débarras pour une honorable famille; mais il est probable que tout le monde le pensa.

M. Bourdaillon trompa encore cette espérance; il avait une de ces santés comme Dieu en accorde rarement aux honnêtes gens; il se portait à ravir.

Cependant, depuis qu'il était à la Guadeloupe, il avait apporté un peu plus de modération dans le mépris qu'il avait professé jusque là pour les lois écrites du Code pénal. M. Bourdaillon ne passait pas et ne pouvait passer pour un homme parfaitement honorable, mais enfin il n'y avait contre lui rien d'éclatant et de manifeste, et, s'il n'était pas très-recherché, il était cependant admis dans la société.

Ce fut cet homme qui se chargea de répondre à la harangue de M. Welmoth.

« Monsieur, dit-il, en se posant dans l'attitude d'un homme qui va émettre les plus hautes vérités, les criminalistes mo-

dernes, en admettant cette monomanie de meurtre comme
une cause première du crime, ont sapé dans leur base tous
les fondements de la morale et de la justice. Non, monsieur,
il n'y a pas de crime sans motif ; je le dis, parce que l'expérience me l'a appris. Les motifs sont si variables et quelquefois si secrets, qu'il est bien difficile de les découvrir ; mais
ils existent toujours.

« Certes, je ne prétends pas qu'ils aient ce que j'appellerai le même degré de culpabilité, et qu'il n'y ait quelquefois
ce que j'appellerai aussi provocation morale ; que ces motifs
enfin ne deviennent déterminants que par des circonstances
indépendantes de la volonté du coupable ; mais je dis que
ces motifs existent. »

On avait écouté avec attention M. Bourdaillon, pour avoir
l'air de faire quelque chose ; alors, sûr de son succès, il continua en disant :

« Ainsi, je suppose un homme jaloux qui part pour aller
retrouver la femme qu'il aime et dont la légèreté l'alarme ;
certes, il ne part pas avec le dessein prémédité de la punir
si elle le trompe ; bien loin de là, il s'enfermerait chez lui
s'il avait une telle prévision : mais voilà qu'au moment où
il arrive, il voit qu'il est trompé ; il veut douter, il regarde,
il écoute ; et peut-être alors surprend-il son nom prononcé
d'un ton de raillerie et de dédain. Alors sa tête s'égare, et
il frappe en aveugle... »

A peine M. Bourdaillon avait-il abordé cet exemple, que
l'attention avec laquelle on l'avait écouté s'était changée en
une espèce d'effroi ; on avait baissé les yeux, comme pour
ne pas se mettre de moitié dans cette supposition, précisément parce qu'elle pénétrait trop vivement dans la pensée
de chacun.

M. Welmoth seul ne paraissait pas comprendre. et il répliqua comme si cet exemple ne pouvait recevoir aucune
sorte d'application immédiate :

« On a toujours raison, monsieur, quand on arrange les
circonstances d'un événement à sa guise. Mais lorsqu'on a
sur soi des armes, c'est qu'on part avec un dessein prémédité de faire le crime ; par conséquent, il est tout à fait indé-
pendant de ce qu'on a pu voir ou de ce qu'on a pu entendre. »

On voit que l'accusation se bâtissait avec une sottise cruelle d'une part, et une perfidie infâme de l'autre. Madame de Cambasse se leva, et s'approchant du groupe d'hommes où ce dialogue avait lieu, pendant que M. Sanson, arraché à sa rêverie, la suivait des yeux :

« Monsieur vient de faire une remarque qui peut nous conduire sur les traces du coupable, et à laquelle je n'avais pas songé dans mon trouble. L'homme qui a tiré sur M. Clémenceau devait être caché depuis quelque temps dans le bananier ; par conséquent il a dû entendre une partie de la conversation que j'ai eue avec M. Clémenceau, par conséquent, il a appris un secret d'une extrême importance, et en même temps il doit connaître la mission dont M. Clémenceau m'avait chargée.

— Quelle mission ? dit M. Sanson en s'approchant vivement de madame de Cambasse.

— Je suis fâchée, dit madame de Cambasse, d'être obligée de révéler tout haut et devant tant de monde une chose qui d'ordinaire se passe dans le secret des familles; mais cet événement est si extraordinaire qu'il faut tout dire pour y jeter quelque lumière ; et puisque M. Bourdaillon dit qu'il n'y a pas de crime sans motif, quel motif a pu pousser un assassin à tirer sur M. Clémenceau, lorsque celui-ci me chargeait de demander à M. Sanson la main de mademoiselle Clara ?

— C'était là le motif de votre entretien? s'écria aussitôt M. Sanson.

— Sans doute, fit madame de Cambasse en regardant fixement M. Welmoth ; mais comme personne ne pouvait prévoir que ce serait là le sujet de notre entretien, il faut encore chercher un autre motif à ce crime arrêté d'avance, comme le faisait très-bien observer M. Welmoth, puisque l'homme qui l'a commis était arrivé tout armé. »

Cette explication de madame de Cambasse avait démoli, comme par enchantement, tous les soupçons qui avaient plané sur M. Sanson sans qu'il s'en doutât. Lui-même perdit la pensée qui le dominait; car, témoin des sentiments que Clémenceau avait rendus à madame de Cambasse d'une manière si affectée, durant les premiers jours de son arrivée, il en avait d'abord conçu un vif sentiment de déplaisir.

Cela arrive surtout quand un homme reconnaît que celui qu'il croit son rival est plus jeune, plus élégant que lui, et mieux fait enfin pour inspirer cet amour qui tient souvent plus de compte de quelques avantages extérieurs que des qualités les plus réelles ; et il avait cédé à un sentiment de jalousie lorsqu'il avait quitté le salon pour aller à la recherche de madame de Cambasse et de Clémenceau ; il avait reconnu de loin le murmure de leurs voix ; mais, trop honnête homme pour écouter, il s'était tenu à l'écart pour attendre qu'ils fussent séparés, et lorsqu'il avait vu madame de Cambasse s'éloigner, il avait marché du côté de Clémenceau pour lui demander une explication.

C'était à ce moment que le coup de feu était parti, et cet incident, tout en affligeant M. Sanson, n'avait pu le détourner entièrement de la préoccupation que lui donnait sa jalousie.

Mais cette parole de madame de Cambasse venait de tout détruire, et M. Sanson se ressouvint qu'il n'avait pas montré vis-à-vis d'Ernest l'empressement qu'il devait à son hôte. Chacun paraissait déchargé d'un poids énorme, à l'exception de M. Welmoth, qui, malgré l'empire qu'il avait sur lui-même, ne pouvait cacher son mécontentement, et à l'exception de Clara, qui s'était laissé persuader qu'elle aimait sir Edward, et qui voulait paraître fâchée de la rivalité qui allait se mettre à l'encontre des espérances de son cousin, quoique, tout au fond de son cœur, il y eût une sorte de joie vaniteuse de se voir recherchée par un homme qui n'était pas du tout à dédaigner.

M. Bourdaillon fronçait les sourcils et semblait méditer sur ce qui venait d'être dit. Sans parler, il secoua la tête, et puis il dit :

« Voilà de précieux renseignements, et il serait peut-être bon de les faire confirmer par M. Clémenceau : voulez-vous, messieurs, que nous entrions chez lui ? Quelques questions ne le fatigueront pas... »

M. Sanson fut le premier à accepter, et l'on entra chez Clémenceau auprès duquel Jean était assis, jurant entre ses dents qu'il découvrirait bien le coupable.

« Pardon, lui dit M. Bourdaillon, si nous venons vous fatiguer de quelques questions ; mais elles sont utiles à la découverte de l'assassin, et nous désirons qu'il n'échappe pas à la justice. »

Clémenceau aussi avait des soupçons, mais il ne les portait point du tout du côté de M. Sanson.

« Parlez, monsieur, je suis prêt à vous répondre.

— Pensez-vous certainement que l'assassin fût caché dans le bananier?

— J'en suis certain ; j'ai vu briller l'arme à travers les feuilles.

— Avez-vous quelque raison de croire que l'assassin fût caché là depuis longtemps ?

— Je le crois d'autant plus que j'ai fait observer à madame de Cambasse que j'entendais un bruit qui me paraissait étrange, à quoi elle m'a répondu que c'était le bruissement des feuilles du bananier.

— Par conséquent, vous êtes convaincu que l'assassin a dû entendre votre conversation?

— J'en suis parfaitement convaincu, dit Clémenceau, et je dois ajouter qu'elle était de nature à alarmer certaines personnes.

— Ceci est grave ; vous êtes sûr que l'assassin a dû vous entendre prier madame de Cambasse de demander à M. Sanson la main de sa fille?

— Je n'ai point donné cette mission à madame de Cambasse, » dit naturellement Clémenceau.

Si nos lecteurs veulent bien se rappeler la fin de notre dernier chapitre, ils reconnaîtront que Clémenceau avait raison.

« En tout cas, avait dit madame de Cambasse, dites à M. Sanson que vous m'avez chargée d'une mission importante pour lui. — Laquelle ? avait dit Clémenceau. — Je vous le dirai demain. »

Ils s'étaient sans doute compris, et madame de Cambasse, toute préoccupée de sa pensée et de son projet, avait parlé comme si les mots eussent été véritablement prononcés.

On doit juger de l'effet que produisit cette déclaration : tout le monde se regarda d'un air stupéfait, et M. Sanson lui-même ne sut plus que penser de ce que madame de Cambasse venait de dire.

Un silence glacial s'établit dans la chambre, et Ernest s'aperçut que sa déclaration produisait un effet qu'il ne comprenait pas ; mais il était décidé à dire la vérité, et, dans la droiture de son cœur, la vérité lui semblait la meilleure manière d'arriver à la découverte du crime.

« Et, lui dit M. Bourdaillon, vous n'avez aucun soupçon sur l'auteur probable de cet attentat ?

— Ceux que je puis avoir, dit Clémenceau, ne reposent sur aucune base certaine, et je ne suis pas homme à accuser qui que ce soit sans preuves positives.

— Mais ces preuves, on ne peut y parvenir que par des indices que vous pourriez nous fournir mieux que personne.

— Ces preuves, dit Clémenceau, peuvent naître de circonstances accessoires qui se feront connaître d'elles-mêmes. »

Clémenceau, poussé par l'idée qu'il avait et que nos lecteurs ont déjà sans doute devinée, que M. Welmoth n'était pas étranger à l'attentat dont il était victime, reprit presque aussitôt :

« Il y a aussi une manière de procéder qui peut amener les indices que vous demandez à mes soupçons. Peut-être qu'en constatant quelles sont les personnes qui n'ont pu y participer, on arriverait à trouver celles à qui on peut demander, par exemple, compte de leur absence au moment du crime.

Cette nouvelle phrase semblait une accusation directe contre une des personnes de la maison, et tous les yeux se portèrent alors vers M. Sanson, qui enfin eut l'idée que sa présence sur le lieu du crime pouvait être mal interprétée. Il partit d'une indignation soudaine et s'écria :

« J'étais, moi, à quelques pas de l'assassin ; n'y a-t-il personne que moi qui fut à ce moment hors de la maison ?

— Personne, » repartit sèchement M. Bourdaillon.

Le silence général confirma la réponse de ce monsieur, et Clémenceau s'écria :

« Ce n'est peut-être pas si haut qu'il faut chercher, et parmi les domestiques, il y en a d'assez dévouées... »

Jean répondit sans doute à la pensée de son maître, car il dit avec un profond soupir :

« Ce bœuf de John était avec moi dans l'antichambre.

— Qu'oses-tu dire, drôle ! s'écria M. Welmoth.

— Je dis la vérité, dit Jean, voilà tout ; mais je découvrirai l'assassin, moi, je vous le promets. «

Clémenceau, à son tour, fut abasourdi de ce qu'il venait d'entendre. La présence de M. Welmoth au salon, celle de John à l'antichambre détruisaient tous ses soupçons. Un moment il lui vint dans la pensée que la jalousie de M. Sanson avait pu l'égarer jusqu'à un certain point, mais aussitôt il réfléchit que M. Sanson, caché dans le bananier, avait dû entendre ce qui se disait, et que dès lors il n'avait pu en prendre aucun ombrage.

» Eh bien! messieurs, dit M. Sanson, comme pour appeler l'accusation qu'on n'osait formuler, que pensez-vous de tout ceci? »

Personne encore n'osa répondre, et Clémenceau reprit :

« Je pense, moi, que ce crime a été préparé par une main habituée aux complots les plus ténébreux. Je désire que l'on me permette de prendre personnellement quelques renseignements, et pour cela je ne demande que quelques jours. «

Un moment après, M. Sanson se retira en emmenant Clara et M. Welmoth, sans adresser un mot à madame de Cambasse.

Madame de Cambasse retourna chez elle, et Clémenceau se fit porter le lendemain à la Basse-Terre, où il trouva ses malles que M. Sanson lui avait renvoyées.

Nous verrons dans un autre chapire comment la justice comprit cette affaire.

IV

LA JUSTICE.

Ce fut un grand trouble dans tout le pays, dès qu'on apprit cet étrange événement, avec toutes les circonstances obscures qui l'entouraient et les soupçons extraordinaires qu'il avait fait naître.

Ces soupçons avaient été, jusqu'à un certain point, justifiés par Clémenceau, qui s'était rendu, comme nous l'avons dit, à la Basse-Terre. Cependant le départ précipité de M. Sanson, emmenant avec lui Clara et M. Welmoth, ne lui avait pas permis d'agir autrement, et, lorsqu'il trouva ses malles à l'hôtel où il était descendu en arrivant à la Guadeloupe, et où il était probable qu'il retournerait, Ernest ne put pas douter qu'il avait fait ce qu'il devait.

Quant au sentiment qui avait guidé M. Sanson, il était facile de le comprendre.

Accusé, ou plutôt vaguement soupçonné de ne pas être étranger à l'assassinat de Clémenceau, il avait voulu, pour ainsi dire, laisser toute liberté à l'accusation, en se séparant de celui qu'on supposait être sa victime. En même temps, son silence vis-à-vis de madame de Cambasse, et le retour soudain de cette dame dans sa propre maison, lorsqu'elle était allée s'établir pour quelques semaines dans l'habitation de M. Sanson, cette retraite, dis-je, dénonçait une rupture, et cette rupture ne pouvait venir que des sentiments jaloux de M. Sanson.

C'était par conséquent les avouer publiquement; par conséquent aussi, c'était donner une espèce de justification à ceux qui, cherchant le motif d'un pareil crime, avaient cru le trouver dans un sentiment de rivalité.

Que M. Sanson eût gardé ses défiances, cela n'a rien d'étonnant, si l'on veut bien se rappeler que madame de Cambasse, ayant dit devant tout le monde qu'elle avait été chargée par M. Clémenceau de demander à son père la main de Clara, Ernest avait donné le plus formel démenti à cette assertion, démenti d'autant plus grave qu'il avait échappé à Clémenceau comme l'expression d'une vérité toute simple et pour ainsi dire sans importance.

Deux seules personnes au monde ne pouvaient et ne devaient avoir aucun doute sur M. Sanson. C'étaient madame de Cambasse et Clémenceau lui-même.

L'entretien qu'ils avaient eu, et qui avait dû nécessairement été entendu par l'assassin, devait aussi nécessairement avoir désarmé M. Sanson, alors même qu'il serait venu avec des intentions coupables. Mais, en même temps, le cri de madame de Cambasse, cet effroi qu'elle avait eu de prime abord d'une rencontre possible, avant qu'elle connût les circonstances matérielles de l'assassinat, pouvaient donner lieu de supposer que cet entretien, au contraire, avait pu être le véritable motif du crime de l'accusé.

Madame de Cambasse, donc, avait pour ainsi dire tué d'avance la confiance qu'on pouvait avoir en son témoignage et en celui d'Ernest; et si, plus tard, ils eussent voulu dire le sujet de leur entretien, il est probable qu'on y eût trouvé une excuse pour eux-mêmes, excuse qui eût pu profiter à M. Sanson, en démontrant l'invraisemblance de son crime, mais qui n'eût été inventée que pour se justifier vis-à-vis de lui d'une conduite qui pouvait être considérée comme fort équivoque.

C'est à dessein que nous insistons avec détail sur toutes les inductions morales qu'on pouvait tirer de cet événement et de ses circonstances. Cela servira à expliquer jusqu'à un certain point la tournure que prit cette affaire et la manière dont elle fut diversement envisagée.

Aucun des compatriotes de M. Sanson n'admit de prime abord la supposition de sa culpabilité, et tout le monde la repoussa au premier mot avec l'indignation qu'inspirait l'estime universelle qu'on avait pour le père de Clara.

Mais, à mesure qu'on cherchait une explication et un motif à ce crime, à mesure qu'on pénétrait dans les circonstances qui l'avaient précédé et suivi, à mesure qu'on discutait les sentiments qui avaient pu le dicter, la pensée que

M. Sanson pouvait être le coupable se glissait vaguement dans les esprits comme une ombre à la réalité de laquelle on ne veut pas croire, mais qui cependant passe sans cesse devant les yeux et importune le regard.

S'il en était ainsi pour ceux qui avaient un sentiment de bienveillance préventive pour M. Sanson, on doit penser que l'accusation devait être facilement accueillie par ceux qui, sans le connaître personnellement, avaient un parti pris de mauvaise opinion contre tous les colons en général.

De même que M. Bourdaillon, il s'est glissé, il faut le dire, dans l'administration de nos colonies, des hommes qui y sont arrivés comme les ennemis du pays dont ils doivent protéger la propriété.

Ce n'est pas que ces hommes montrent ostensiblement leur hostilité, on pourrait même dire que tous n'en ont pas l'exacte conscience, qu'ils obéissent à leur insu à des idées arrêtées d'avance, proclamées d'avance, et que la vérité les empêche de rétracter en présence même des faits qui en démontrent l'absurdité; ils se sont habitués à considérer les colons comme une espèce d'hommes vivant de sentiments particuliers, et consciencieusement égarés par des habitudes qui les laissent jusqu'à un certain point au-dessous de la civilisation philanthropique et philosophique de l'Europe.

Quoique les colons sachent tout ce que les Européens savent, connaissent tout ce qu'ils connaissent, soient à la hauteur de tous les sentiments et de toutes les sciences pratiques de la métropole, quoiqu'ils aient un savoir-vivre, une élégance de mœurs, un goût des arts aussi élevé qu'on peut l'avoir en France, ces messieurs dont je parle ne s'imaginent pas moins qu'il y a encore dans le colon un petit coin barbare et sauvage qui résiste à la lime de la civilisation et de l'instruction.

Pour ces hommes, tout ce qui est violence, accomplissement absolu des désirs les plus bizarres, tout ce qui est colère, irréflexion, vengeance, leur paraît aller aux colons comme le stylet aux bandits italiens et le fusil aux brigands de la Corse. Ils ont pour expliquer cela des phrases toutes faites sur l'incandescence d'un sang excité par le soleil des tropiques, sur les habitudes d'une vie qui, commandant incessamment à des esclaves, n'est accoutumée à aucun frein et veut tout faire obéir à sa volonté.

Les façons de voir et d'expliquer certains faits par des excuses accusatrices corroborent le plus souvent les rapports éloquents faits à certaines sociétés métropolitaines, et rapportent tant bien que mal au centre où toutes les grâces se distribuent une réputation d'hommes de progrès et d'hommes justes, qui se traduit en places plus ou moins bien rétribuées.

Ces hommes-là, on doit le comprendre, n'hésitèrent pas un moment à admettre la culpabilité de M. Sanson ; et une circonstance que nous allons rapporter donna à leur prévention une raison de plus, selon leur façon de voir.

Quoique la blessure de Clémenceau n'eût pas de danger réel, cependant la fatigue de son transport à la Basse-Terre, l'agitation morale qu'il éprouvait en pensant de quel côté l'accusation pouvait se diriger, et en pensant contre qui lui-même il la portait, lui avaient donné une fièvre assez intense pour qu'on lui eût ordonné le plus absolu repos, et surtout la plus complète inoccupation sur son accident.

Il arriva donc que, lorsque le magistrat se présenta chez lui pour procéder à un interrogatoire en règle, le médecin insista pour que cet interrogatoire n'eût pas lieu, et soutint par des raisons d'humanité les protestations énergiques de Jean qui jurait qu'on n'approcherait point de son maître et qui menaçait de résister à force ouverte, malgré le profond respect que tout Normand a d'ordinaire pour M. le procureur du roi.

« Puisqu'il nous est impossible, dit le magistrat, d'interroger aujourd'hui M. Clémenceau, peut-être trouverons-nous quelques renseignements en questionnant son domestique.

» J'espère, ajouta-t-il en se tournant vers Jean, que tu ne joueras pas plus longtemps cette comédie de rébellion, et que tu répondras à nos interrogations.

— Moi, dit Jean, refuser de répondre à la justice ? non vraiment, monsieur ; depuis deux cents ans, nous sommes habitués à répondre de père en fils à la justice quand elle nous interroge.

— Réponds-moi donc. Où étais-tu au moment où le crime a été commis ?

— J'étais, dit Jean, dans ce que nous autres, en Europe,

nous appelons le salon des domestiques, et les maîtres l'antichambre, et ce que, dans ce pays de sauvages, on appellé une galerie.

— Quelles étaient les personnes qui étaient auprès de toi ?

— Il n'y avait pas mal de moricauds de la maison où nous étions, et quelques-uns de la maison de M. Sanson qui nous avaient servi de guides.

— Pourrais-tu les reconnaître ? »

Jean se mit à ricaner d'un air bête, et repartit :

« Reconnaître un moricaud d'un autre, c'est comme si vous demandiez si on peut reconnaître une goutte d'encre d'une goutte d'encre. Pour reconnaître un homme d'un autre, il faut qu'il y ait une différence dans leur visage ; or, il est connu du monde entier, depuis que le monde est monde, que les moricauds ont tous la même figure, le même nez aplati comme une paire de castagnettes ouvertes, les lèvres en bourrelet, pour les empêcher de se faire mal quand ils tombent, les mêmes yeux et les mêmes cheveux : qui a vu un nègre les a vus tous.

» Ah ! par exemple, je ne dis pas si c'étaient des négresses, il y en a qui sont reconnaissables, » fit Jean avec une grimace amoureuse, adressée sans doute au souvenir qu'il avait conservé de la belle Sabine.

« — Cependant il est impossible que, dans le peu de jours que vous avez passés chez M. Sanson, vous n'ayez pas remarqué quelques-uns des nègres qui sont le plus particulièrement attachés à sa personne : et il serait utile de savoir si tous ceux-là étaient dans l'antichambre au moment où le meurtre a été commis. »

La pensée de Sabine avait dû nécessairement rappeler à Jean celle de Crésus qui avait, grâce à lui, échappé à la tentative d'empoisonnement de Théodore ; il crut se rappeler en ce moment qu'il ne l'avait point aperçu à côté de lui.

Cependant, comme il avait hérité, avec son sang normand, du grand art de ne dire à la justice que ce qu'il voulait bien qu'elle apprît, sans cependant se compromettre, il repartit :

« Je ne puis affirmer qu'ils y fussent tous ou qu'il en manquât, mais je puis être assuré que, si on me montrait à la fois tous ceux qui devaient y être, je reconnaîtrais aisément celui qui n'y était pas, si cependant il y en avait qui n'y étaient pas. »

Cette façon de répondre laissait à Jean la faculté de reconnaître à son gré le nègre absent, s'il jugeait plus tard que les soupçons dussent être tournés du côté de M. Sanson; mais comme sa haine pour les Anglais et sa prévention personnelle accusaient intérieurement M. Welmoth du crime, il ne voulait aider en aucune façon une accusation qui écarterait les soupçons de lui.

Il y a bien peu de magistrats capables de lutter de ruse et de précautions contre un Normand un peu madré, et celui qui interrogeait Jean Plonget accepta sa réponse comme faite de bonne foi, et lui dit :

« C'est une épreuve que nous ferons plus tard si elle est jugée nécessaire.

— C'est une épreuve qu'il faudrait faire le plus tôt possible, dit M. Bourdaillon; car il me semble que cela expliquerait complétement toutes les contradictions apparentes de cette affaire.

» En effet, supposez un esclave aposté dans le bananier par ordre de son maître, et exécutant cet ordre, malgré ce qu'il a pu entendre et ce qu'il n'a pas compris : il en résulte certainement que M. Sanson n'était là que pour surveiller l'exécution de l'attentat qu'il avait ordonné; il en résulte même qu'à supposer que ce que madame de Cambasse a dit soit vrai, que cet entretien eût pour sujet un projet de mariage entre M. Clémenceau et la fille de M. Sanson, celui-ci n'a pu l'entendre, et qu'il n'a pu retenir la main qu'il avait apostée en cet endroit.

— Cela me semblerait une explication probable, dit le magistrat, si M. Clémenceau n'avait instantanément et formellement nié avoir donné à madame de Cambasse la mission par laquelle elle a prétendu expliquer cet entretien.

— Cependant, dit M. Bourdaillon, l'émotion très-vive que M. Sanson a éprouvée lorsqu'il a entendu madame de Cambasse faire cette déclaration, la croyance qu'il a paru prêter à cette assertion, la joie qu'il en a ressentie, étaient trop naturelles pour qu'il sût ce qui s'était dit, soit que la déclaration de madame de Cambasse fût vraie, soit qu'elle fût mensongère.

— En admettant la supposition que le crime ait été accompli par la main d'un nègre, il importe peu, comme vous le disiez tout à l'heure, de savoir quel était le sujet de l'entretien ; et comme M. Clémenceau a nié l'assertion de madame de Cambasse, il me paraît à peu près certain que M. Sanson n'eût pas eu le désir de revenir sur sa coupable intention, s'il avait entendu ce qui s'était dit. Mais les intrigues de madame de Cambasse ne sont pas ce qui nous occupe.

— Pardon, fit M. Bourdaillon, on n'arrive pas à donner des rendez-vous à de pareilles heures sans des antécédents entre les acteurs de ces rendez-vous, antécédents sur lesquels ce garçon peut nous donner quelques renseignements. »

Le magistrat fit un signe de tête affirmatif et dit à Jean :

« Pendant le séjour que ton maître a fait chez M. Sanson, as-tu remarqué qu'il recherchât plus particulièrement la société de madame de Cambasse?

— Je n'ai pas l'habitude d'écouter aux portes, monsieur, et je ne voyais guère mon maître et madame de Cambasse en présence qu'à l'heure des repas ; c'est-à-dire que ç'a été si peu souvent, puisque nous sommes arrivés depuis trois jours, que ce n'est pas la peine d'en parler.

— Tu es au service de M. Clémenceau depuis longtemps?

— Depuis que je le connais, dit Jean.

— C'est-à-dire?...

— Depuis assez longtemps pour savoir qu'il n'est pas homme à courir après la promise de celui qui doit être son beau-père, fût-elle veuve et inflammable comme une allumette chimique allemande.

— Donc, tu nies que M. Clémenceau ait eu des attentions pour madame de Cambasse?

— Je le nie.

— Ceci est en contradiction manifeste avec les observations des personnes qui ont remarqué ces soins. Prends donc garde de ne pas mentir.

— Si ces personnes ont vu ça, elles ont pu le dire ; moi qui ne l'ai pas vu, je dis ce que je dois.

— Mais pour un garçon si ignorant des sentiments de son

maître, comment se fait-il que tu saches que M. Clémenceau
voulait épouser mademoiselle Clara Sanson?

— Je le sais d'Europe, dit Jean, où M. Clémenceau le père
me l'a dit en confidence.

— A toi :

— A moi! fit Jean en prenant un ton solennel.

— C'était donc un projet de famille, dit M. Bourdaillon en
se retournant vers le magistrat; M. Clémenceau n'avait donc
pas à charger madame de Cambasse d'une mission qui n'a-
vait pas de but, puisque cela était arrangé d'avance; cet
entretien avait donc des motifs bien différents; ces motifs
ne sont plus douteux, et peut-être M. Sanson a-t-il vengé à
la fois l'injure faite au père dont on abandonnait la fille, et
au futur mari dont on cherchait à séduire la promise, selon
l'expression de ce garçon.

— D'un autre côté, ajouta le magistrat, cette joie de
M. Sanson, quand madame de Cambasse a inventé cette prétendue mission, prouvait suffisamment que M. Clémenceau
avait gardé le silence sur ses projets, probablement parce
qu'il avait cédé à un autre entraînement.

— Oui, monsieur, s'écria Jean indigné de cette façon de
traduire les choses; il a cédé à l'entraînement de l'embêtement que lui causait près de mademoiselle Clara ce grand
dandin (il voulait dire dandy) d'Anglais qui lui faisait des
yeux perpétuels.

— Il serait alors assez concevable, fit M. Bourdaillon en se
dandinant dans sa sottise, que, par dépit, M. Clémenceau eût
tourné ses vues sur madame de Cambasse; on conçoit qu'il
est peu obligeant de faire un voyage de quinze cents lieues
pour trouver, près de la femme qu'on vient chercher, un
homme agréé pour ainsi dire d'avance, et qu'on veuille punir celui qui nous a valu cette mystification, en s'en prenant
à ses possessions. Tout cela confirme nos soupçons.

— Ils sont jolis, vos soupçons! dit Jean, en haussant les
épaules avec un air d'humeur.

— Qu'est-ce que c'est? fit M. Bourdaillon d'un air de
dédain.

— Ce que c'est? dit Jean; c'est que vous accusez un brave
homme d'une lâcheté, quand vous avez sous votre main un
coquin de... »

Jean s'arrêta, en s'apercevant, à la manière dont on l'écoutait, qu'il allait trop vite et trop loin..

« De quel coquin voulez-vous parler?

— De celui qui a fait le coup, dit Jean.

— Donc, reprit M. Bourdaillon, en se tournant vers son supérieur, il vous paraît probable que le meurtre aurait été commis par un esclave, sur l'ordre de M. Sanson.

— Ah bien! fit Jean en ricanant, si c'est comme ça, mon maître est bien loti avec son amour *philancropique* pour les esclaves, lui qui ne rêvait rien moins que de leur rendre la liberté.

— Que dites-vous là? s'écria M. Bourdaillon stupéfait, M. Clémenceau était-il abolitionniste?

— M. Clémenceau est Normand comme moi, monsieur, fit Jean.

— Mais enfin il avait à cœur la destruction de l'esclavage?

— C'est une idée comme une autre?

— Et a-t-il fait part de ses idées à M. Sanson ou à toute autre personne?

— Ah çà! monsieur, dit Jean imptienté, vous imaginez-vous que mon maître m'appelle pour me demander la permission de dire ce qu'il a envie de dire?

— Monsieur, fit M. Bourdaillon au magistrat, en donnant à son regard une profondeur de pensée immense; monsieur, prenons garde; ceci devient grave, ceci n'est peut-être pas ce que nous avons pensé.

« S'il était vrai que telles fussent les opinions de M. Clémenceau, s'il était vrai qu'il les eût manifestées hautement, le caractère de cet attentat prendrait une extension effroyable...

» Monsieur, répéta-t-il en élevant la voix, comme si chaque moment lui découvrait de nouveaux mystères d'iniquité; monsieur, est-ce seulement une vengeance particulière qui a dirigé l'assassin? n'est-ce pas un principe qu'on a voulu tuer dans un homme? et cette prétendue partie de plaisir, ce rendez-vous lui-même... Monsieur, j'aperçois une trame horrible, une conspiration furieuse d'intérêts qui, se croyant menacés, se sont associés pour prévenir les nobles efforts d'un homme! »

Le procureur du roi écoutait M. Bourdaillon d'un air embarrassé, n'osant pas croire à la combinaison inventée si soudainement par l'admirable perspicacité du magistrat qui l'assistait et n'osant la démentir, de peur de paraître tiède contre les habitants de la colonie, dont il se croyait appelé à réprimer les turbulentes passions, craignant surtout d'être dénoncé aux journaux de Paris comme manquant à ses devoirs, ce qui n'eût eu rien de surprenant de la part de M. Bourdaillon.

Quant à Jean, il écoutait d'un air effaré, regardant M. Bourdaillon pour le comprendre, et le procureur du roi, comme pour demander à son visage l'explication de ce qu'il ne comprenait pas.

Celui-ci se contenta de lever les yeux au ciel et de pousser un soupir, ce qui voulait dire :

« C'est possible ! qui sait? c'est une idée ! Il faut voir. »

« Monsieur, reprit Bourdaillon, cette affaire prend une tournure telle, qu'il est peut-être bon de prendre des mesures de sûreté générale pour que la justice ait son libre cours... »

Le magistrat leva la séance d'un air solennel :

« Il y a matière à consulter... »

Sur cette éloquente parole, les deux interrogateurs se retirèrent.

V

MESSAGE.

Comme nous l'avons dit, les magistrats étaient sortis de chez Clémenceau avec une conviction à peu près formée sur la culpabilité de M. Sanson; mais, avant d'en venir à des mesures plus graves, il était nécessaire d'avoir des renseignements positifs, et ces renseignements, on espérait les trouver auprès de la victime.

Toutefois on organisa autour de l'habitation de M. Sanson

une espèce de surveillance occulte, afin de saisir quelque circonstance capable de corroborer l'accusation, ou de jeter quelque lumière dans les ténèbres de cette affaire. Cette espèce d'atermoiement tacite dura à peu près huit jours, pendant lesquels Clémenceau se guérit complétement de sa blessure et put supporter la fatigue de plusieurs interrogatoires.

Pendant tout ce temps, madame de Cambasse avait envoyé savoir régulièrement des nouvelles du blessé, et, selon la manière dont on envisageait sa position, les uns disaient qu'elle s'affichait avec une imprudence sans exemple, et les autres la louaient de ne pas s'arrêter devant d'ignobles calomnies.

Cette affaire enfin, par son obscurité même, était arrivée à diviser tous les esprits, comme toutes les choses qui laissent aux esprits oisifs un champ libre pour des conjectures et des combinaisons plus ou moins ingénieuses.

Quant à la manière dont Clémenceau avait répondu dans ses divers interrogatoires, elle excitait également les commentaires. Il avait complétement refusé de dire quel était le sujet de son entretien avec madame de Cambasse, et avait seulement protesté contre l'accusation dont on menaçait M. Sanson.

Il est possible que cette affaire n'eût pas été plus loin; qu'ainsi que beaucoup d'autres elle se fût éteinte en laissant à chacun de ceux qui y avaient été compromis cette vague déconsidération qui poursuit toute la vie un homme lorsque le soupçon du crime l'a frappé, et qui l'exile pour ainsi dire du monde, sans que personne ait le droit de lui dire en face pourquoi on détourne la tête à son aspect et pourquoi on s'écarte de lui quand il vous aborde.

Durant ces huit jours, Jean n'avait pas quitté son maître, et le dévouement qu'il avait montré à Ernest n'avait pas peu contribué à donner à ses conseils une autorité à laquelle, sans cela, l'impétuosité naturelle d'Ernest eût dédaigné de se soumettre.

En effet, les conseils de Jean Plonget pourraient se résumer ainsi :

« Attendez, monsieur, attendez; tous les criminels sont de la même pâte; quand on montre qu'on les soupçonne, ils

se tiennent sur leurs gardes et ils ont une parade prête pour
chaque coup qu'on vient leur porter. Selon moi, pour les
découvrir, il faut les laisser faire et les laisser dire.

» Je suis toujours dans l'étonnement de la bêtise des pré-
sidents criminels, qui se croient bien fins quand ils entor-
tillent un accusé de toutes sortes de questions. Le coupable
n'a pas plus tôt dit quelque chose qui est en contradiction avec
ce que disent les témoins, que le président se récrie, lui dit
qu'il ment, et ne fait autre chose, selon moi, que de l'avertir
de la bêtise qu'il est prêt à faire.

» Il y avait, il y a quelques années, dans notre commune,
un juge de paix qui en aurait remontré au plus fin ; il est
vrai que c'était un pur Normand de Domfront, sans mélange ;
quand il lui tombait une affaire de vol ou d'assassinat dans
les mains, c'est un gaillard qui ne s'amusait pas à trouver
tout le monde coupable ; bien au contraire, il prenait les
gens d'un air patelin et doucereux et il leur disait :

» Voyons, mon gas ; il y a une méchante langue dans le
pays qui t'accuse d'avoir fait la chose ; tu es un brave garçon,
et il n'est pas possible que ce soit toi : mais comme je suis
magistrat, il faut que je prouve aux autres comme quoi
tu es innocent ; raconte-moi un peu ce que tu as fait ce
jour-là. »

» Là-dessus, l'autre commençait son récit, et ne croyez
pas que notre juge s'amusât à le contre-carrer à tout propos ;
au contraire, il faisait à tout moment de petits signes de
tête, en disant :

« C'est très-juste, ca ; c'est très-clair ; ça ne laisse pas le
moindre doute. »

« L'autre, qui avait commencé en se tenant sur ses gardes,
se laissait aller tout doucettement à en dire plus qu'il n'aurait voulu. Il allait de l'avant si bien et si longtemps, il voulait si bien prouver qu'il était innocent à ce bon juge qui se
laissait si bêtement emberlificoter que, la séance finie, le
crime était prouvé clair comme le jour.

» Eh bien ! monsieur, il faisait pour les actions comme pour
les paroles ; il ne faisait point sauter la gendarmerie à la
gorge du premier qu'on lui désignait comme le coupable ; il
le laissait libre, persuadé qu'il se laisserait aller à faire quelque bêtise qui l'accuserait infailliblement. Jamais je ne l'ai

vu se tromper ; il est toujours arrivé comme il a dit, et il me
semble que ce doit être dans ce pays-ci comme en Normandie.

» Taisons-nous sur l'Anglais ; ne montrons de soupçon à
personne, et, avant quinze jours, il aura fait quelque frasque
d'où il ne pourra pas se tirer. »

Jean avait raison, et Clémenceau consentit à se conduire
comme s'il avait complétement oublié la tentative dont il
avait été l'objet.

XI

PROVOCATION.

Déjà, nous l'avons dit, plus de huit jours s'étaient passés
sans rien apporter de nouveau dans la situation des divers
personnages de cette histoire, lorsque le bruit se répandit
que plusieurs nègres de l'habitation de M. Sanson venaient
de mourir subitement, et avec des symptômes tels, qu'on ne
pût y méconnaître l'action du poison.

A cette nouvelle, Clémenceau se rappela l'épouvantable
histoire qui lui avait été rapportée par Plonget, et se résolut
d'en donner avis à M. Sanson. Il s'était décidé à lui écrire,
lorsqu'il vit arriver chez lui le gérant de l'habitation, ce
même M. Owen à qui il avait raconté la découverte de Jean,
et qui lui avait fait en même temps la confidence de la position d'affaires où M. Sanson se trouvait vis-à-vis M. Welmoth.

« Je comprends le motif de votre visite, lui dit vivement
Clémenceau ; j'ai appris les malheurs arrivés à M. Sanson,
et je suis tout prêt à témoigner, ainsi que Jean, de ce qui
est venu à notre connaissance relativement à Théodore.

— Ce n'est point de cela qu'il s'agit, repartit M. Owen ; je
ne suis plus gérant de l'habitation de M. Sanson, et ce que
vous pourriez dire relativement à Théodore serait taxé de
mensonge, grâce au témoignage irrécusable de M. Welmoth
et de son domestique.

« C'est dans la nuit qui a précédé notre visite à la Soufrière que Jean a été témoin de l'horrible exhumation faite dans le cimetière des nègres, et cette nuit, Théodore prétend l'avoir passée tout entière en compagnie de John, le domestique de M. Welmoth, et celui-ci affirme que c'est la vérité.

— Attends, attends, s'écria Jean, qui était présent à l'entretien de M. Owen et de son maître, je m'en vais aller trouver ce pudding, et je lui attesterai une douzaine de coups de poing dans le nez en preuve qu'il a menti.

— Mais, êtes-vous bien sûr, dit M. Owen, d'avoir reconnu Théodore dans le nègre qui accompagnait l'empoisonneuse?

— Je n'ai reconnu rien du tout, dit Plonget; le moricaud Théodore a passé la nuit où il a voulu, mais il n'a pas passé la nuit avec le pudding, attendu que celui-ci était dans la chambre de la mulâtresse Rosie, pendant que je montais la garde au bas de la fenêtre.

— Vous ne m'aviez point dit cela! s'écria M. Owen, en parlant à Clémenceau.

— Vous avez raison, reprit celui-ci, mais j'avais cru cette circonstance parfaitement indifférente au projet de ce Théodore.

— Mais ce serait épouvantable, dit M. Owen, s'il était vrai que ce John eût passé la nuit avec Rosie, et qu'aujourd'hui il attestât n'avoir pas quitté Théodore; il y aurait donc complicité entre ces deux hommes, et ce nègre, protégé contre ma formelle accusation par le témoignage du domestique de M. Welmoth, serait donc l'agent des infâmes projets de cet homme.

— Ce serait affreux à penser! s'écria Clémenceau, reculant devant une supposition si horrible ; si indigne que puisse être M. Welmoth, il n'a pu descendre si bas : d'ailleurs, dans quel but s'associerait-il à de pareils crimes ?

— Toujours dans le même but, dit M. Owen : dans le but de la ruine de M. Samson, dans le but de le forcer à lui donner Clara et de devenir le maître d'une des plus riches habitations de la colonie.

» Déjà, comme nous l'avions prévu avec madame de Cambasse, les traites dont M. Welmoth était porteur ont été renouvelées, une somme considérable a été ajoutée à la somme déjà due par M. Samson, et celui-ci, à leur échéance, sera

encore moins en mesure de payer qu'il ne l'est maintenant ;
et il le sera d'autant moins, que son habitation aura été dé-
vastée par l'empoisonnement.

— Tout cela est-il possible ? dit Clémenceau.

— Comme vous le savez, la récolte du café s'opère en quelques jours, et ces quelques jours sont à peu près les seuls
où on exige des nègres un travail extraordinaire ; nous ne
sommes pas dans un pays où on remplace à prix d'argent
un ouvrier par un autre ; si, à l'époque de la récolte, l'atelier de M. Sanson est insuffisant pour la faire, ce sera autant
de perdu, et ce sera une impossibilité de plus ajoutée à sa
libération envers M. Welmoth.

» Alors, comme je vous le disais, ce n'est pas seulement
son mariage avec Clara que cet Anglais aura rendu nécessaire, ce sera la cession même des habitations ; il deviendra
propriétaire dans le pays, et alors vous verrez s'organiser
la sourde rébellion des esclaves ; grâce à ce noyau de cor-
ruption, il sera facile à l'Angleterre de répandre parmi la
population noire ces idées de meurtre, de vol et d'incendie ;
et de cet événement, si minime en apparence, naîtra peut-
être, dans quelques années, la ruine complète de la colonie. »

Clémenceau, sans porter si loin et sans étendre à une si
vaste combinaison les plans présumés de M. Welmoth, entre-
voyait cependant comme à peu près certaine la ruine de
M. Samson.

« Mais n'avez-vous point fait part, dit-il à M. Owen, des
craintes que vous avez ?

— C'est précisément parce que je l'ai voulu, que je ne lui
appartiens plus.

» D'ailleurs, comprenez ma position : au premier empoisonnement qui a épouvanté l'habitation, j'ai dit à M. Sanson
la confidence que vous m'aviez faite. Théodore a été interrogé, et je vous ai dit ce qu'il a répondu, et l'assertion de
John. Il en est résulté entre moi et cet homme une sorte
de discussion dans laquelle, je dois le dire à ma honte,
M. Sanson a pris, pour ainsi dire, parti contre moi.

» M. Welmoth a fait ressortir avec une habileté cruelle
l'espèce de connivence qui existait entre vous et moi, vous
qui veniez me faire des confidences qu'il était plus naturel

de porter au maître de la maison. A partir de ce moment,
j'ai été en état de suspicion dans l'esprit de M. Sanson. Malgré cela, lorsqu'il s'est agi du renouvellement des traites,
j'ai cru devoir mettre sous les yeux de M. Sanson le véritable état de ses affaires, et surtout les probabilités de son
avenir; je n'ai fait qu'atteindre un but tout à fait opposé à
celui que je me proposais. M. Sanson a longuement parcouru
ses comptes, et a fini par me dire :

« Allons, je n'ai d'autre ressource que de me fier à la
loyauté d'Édouard. »

« J'ai été si surpris de cette conclusion, que j'ai voulu me
récrier; mais j'avais été prévenu, car, dans la conversation,
M. Sanson m'a dit dans un moment de colère :

« Lorsque vous recommandiez à M. Clémenceau de ne pas
oublier de parler à madame de Cambasse, au moment où
nous partions pour la Soufrière, était-ce pour organiser avec
elle et ce monsieur vos accusations contre M. Welmoth? —
C'était pour vous sauver des indignes projets de cet homme! » me suis-je écrié.

« Comme je vous l'ai dit, j'avais été prévenu, et sans qu'il
me fût permis de m'expliquer, mes comptes m'ont été demandés. Je les ai remis aujourd'hui même, et je suis venu
vous prévenir.

— Si ce n'était qu'il y a deux goddems qu'il faut absolument aplatir, dit Jean, je vous dirais de lâcher là M. Sanson
et tout le bataclan; mais non, non de par non; il ne sera
pas dit que deux méchants rosbifs auront fait caler deux
Normands; et maintenant que monsieur est en santé, il n'a
plus besoin que je le veille; je vais un peu me mettre en
campagne.

« Mais, dit M. Owen, qu'avez-vous arrêté avec madame de
Cambasse? — Je ne suis point allé la voir, dit Clémenceau;
dans la fausse position où on nous a mis vis-à-vis l'un de
l'autre, j'aurais craint qu'une visite de ma part n'eût donné
de la consistance à des soupçons... — Qui ne peuvent être
détruits, dit M. Owen, que par la manière dont vous vous
mettrez au-dessus d'eux. — Vous avez peut-être raison, dit
Clémenceau; mais je ne veux pas cependant me présenter
chez elle sans son autorisation. Je veux lui écrire. — Eh
bien, monsieur, dit M. Owen, je me chargerai de la lettre,

car je compte aller aujourd'hui même chez madame de Cambasse. »

Ernest écrivit un simple billet de demande d'introduction, et M. Owen partit. Il n'avait pas encore quitté la maison que John se présenta, porteur d'une lettre pour M. Clémenceau. Dans cette lettre, M. Welmoth faisait demander à Ernest un moment d'entretien. Clémenceau répondit verbalement qu'il recevrait M. Welmoth quand celui-ci se présenterait, et John retourna près de son maître. Ernest avait remarqué la manière dont Plonget avait suivi des yeux son antagoniste, et lorsque John quitta l'appartement et qu'il vit Jean s'apprêter à le suivre, il s'imagina que c'était pour lui chercher querelle et attester à sa manière normande les sentiments qu'il lui inspirait.

« Où vas-tu ? lui demanda son maître. — Chut !... fit Jean, je commence mes opérations. — Je te défends de sortir. — Ça n'y fait rien, dit Jean en prenant son chapeau. — Je te le défends, reprit Clémenceau ; il importe à mes projets que tu n'aies pas de querelle avec ce drôle. — Des querelles avec lui ! fit Jean ; nenni-da, monsieur, nenni-da, pas si bête. Mais je l'embrasserais, ce bon John, s'il le voulait bien. Laissez-moi faire ; j'ai mon idée. Seulement, vous qui ne voulez pas que je me rosse avec le groom, tâchez de ne pas vous emporter avec le maître, et Dieu me confonde si d'ici à huit jours nous n'en savons pas sur leur compte plus qu'ils n'en ont envie. »

Clémenceau pensa que Jean voulait essayer de découvrir quelque chose en suivant le groom de sir Édouard, et il le laissa aller. Si lui-même avait pu suivre son domestique, il aurait été pleinement confirmé dans cette supposition ; car Jean ne quitta pas un moment son ennemi de vue, il le suivit pas à pas jusqu'à la demeure de son maître. John en étant ressorti un moment après, Jean recommença son incessante poursuite les yeux sans cesse fixés sur le groom, toutes les fois que celui-ci entrait quelque part. Il eût semblé nécessaire que Jean considérât exactement la maison pour la reconnaître ; mais point, il ne paraissait suivre John que pour le regarder, et il ne quitta sa trace que lorsque la nuit fut venue. On eût pu croire cependant que c'était le moment où cet homme devait se rendre dans les lieux où il pouvait avoir besoin de ne pas être reconnu, s'il était l'agent de son maître, ainsi que le Normand paraissait le croire. Quoi qu'il en pût être des soupçons de celui-ci, il s'éloigna aussitôt, sans cependant rentrer chez son maître. Pendant ce temps, M. Welmoth s'était rendu chez Ernest, et nous devons rendre compte à nos lecteurs de l'explication qui avait eu lieu entre eux, car elle importe à l'intelligence de ce qui doit suivre.

Lorsque sir Edouard entra chez Ernest, il avait plus que de coutume cet air guindé et impertinent qui est le propre de l'Anglais en général, et que M. Welmoth poussait à un degré éminent. — Ernest avait fait son profit des conseils de Jean, et il ne parut point s'apercevoir de la froideur hautaine de l'abord de son rival; il lui offrit gracieusement un siége et lui dit avec une aménité parfaitement jouée :

« A quel motif, monsieur, dois-je l'honneur d'une visite si aimable? — Monsieur, lui dit sèchement M. Welmoth, je ne suis point ici en mon nom, et si je n'avais été chargé d'une mission près de vous, je ne vous aurais pas importuné de ma présence. — Cette mission, monsieur, ne pouvait m'arriver d'une manière plus agréable que par votre entremise, dit Ernest avec une inclination bienveillante, et je suis prêt à vous entendre. »

Un Français, ainsi accueilli par un homme comme Clémenceau, eût été assuré qu'on se moquait de lui; mais l'imperturbable orgueil de l'Anglais et son mépris souverain pour tout ce qui n'est pas lui donnèrent à cette politesse excessive une autre explication.

« Ce petit monsieur, se dit M. Welmoth, a peur; c'est un pauvre garçon que je mènerai comme je l'entends; allons. »

« Monsieur, dit tout haut sir Edouard d'un ton parfaitement dédaigneux, j'obéis à M. Sanson en me présentant chez vous : c'est en son nom que je vous parle. »

Ernest fit un nouveau signe d'assentiment, et M. Welmoth reprit :

« Monsieur, vous n'ignorez pas qu'il y a des gens qui ont eu la bassesse d'attribuer à M. Sanson l'égratignure pour laquelle vous êtes demeuré au lit pendant huit jours. Vous-même, peut-être, avez eu cette pensée, n'est-ce pas? »

Ernest ne répondit pas, et M. Welmoth reprit d'un air de matamore :

« Vous l'avez eue! »

Edouard se tut encore.

« Vous ne répondez pas, monsieur? fit M. Welmoth.

— Monsieur, dit Ernest d'un ton embarrassé, la mission dont M. Sanson vous a chargé est fort indépendante, sans doute, des pensées que j'ai ou que je n'ai pas ; veuillez donc, je vous prie, me dire ce qu'il vous a chargé de me transmettre. — C'est que ce que j'ai à vous dire, monsieur, deviendra inutile, sans doute, si vous faites semblant d'avoir des soupçons que vous ne pouvez pas avoir. »

Malgré sa résolution, Ernest sentait le sang lui bouillir dans les veines; mais il se contint en pensant qu'en laissant le champ libre à l'insolence de M. Welmoth, il aurait d'autant plus le droit de l'en corriger, et il lui répondit d'un ton trop humble pour tromper tout autre qu'un Anglais infatué de lui-même au point où l'était M. Welmoth :

« Parlez, monsieur, si vous le croyez nécessaire... ou bien, si, comme vous le dites... — Il suffit, j'ai promis de vous apporter les propositions de M. Sanson, je tiendrai ma parole. — Parlez donc, monsieur. — M. Sanson, comme je vous l'ai dit, a été accusé, accusé est le mot, de vous avoir tiré ou d'avoir fait tirer sur vous le coup de feu qui vous a égratigné. Cependant cette accusation reste sans suite, et il paraît qu'on n'ose pas la pousser plus loin. Savez-vous ce qui en résultera, monsieur? C'est que M. Sanson restera à tout jamais sous le poids d'un ignoble soupçon, et ce soupçon, il s'adresse à vous pour le faire cesser. — Que puis-je faire pour cela, monsieur? Je suis tout prêt à retourner chez M. Sanson. »

Sir Edouard interrompit Ernest avec un geste de profond dédain et reprit :

« Les idées chevaleresques de M. Sanson étaient véritablement extravagantes, monsieur, et je le lui ai dit ; mais il y a tenu, et je dois vous en faire part, et vous allez le trouver bien ridicule. — Peut-être, monsieur ; je respecte M. Sanson comme un père. — Le mot est bien trouvé, monsieur, dit M. Welmoth avec un véritable mépris, et il sera une admi-

rable excuse pour vous empêcher de vous battre avec lui.
— Moi! s'écria vivement Clémenceau, me battre avec M. Sanson! jamais, monsieur. — J'en étais sûr, fit M. Welmoth. — Mais pourquoi me battre avec lui, monsieur? — Le voici, monsieur Clémenceau : vous avez insulté M. Sanson en poursuivant de vos hommages une femme qu'il aimait, et quoique vous lui ayez rendu un véritable service en le débarrassant d'une intrigante, il ne le considère pas ainsi. On accuse la jalousie de l'avoir poussé à vous faire assassiner, et à cela il disait : Je n'ai d'autre justification possible qu'un duel avec M. Clémenceau; il a pu par générosité déclarer devant des magistrats qu'il ne me croyait pas coupable; mais l'homme qui veut bien rendre un tel témoignage ne consentirait pas à rendre raison d'une injure à celui qu'au fond du cœur il considérerait comme un meurtrier. Un combat avec M. Clémenceau est un témoignage éclatant de l'estime qu'il doit me garder encore, et s'il me l'accorde, je considérerai cette rencontre comme une preuve de la sincérité de ses déclarations. Voilà ce que pensait M. Sanson, monsieur; voilà pourquoi je suis ici; voilà pourquoi je viens vous demander en son nom raison de vos attentions pour madame de Cambasse. — Oui, monsieur, je refuse, dit Ernest, et vous direz ceci de ma part à M. Sanson. Je refuse à M. Sanson de lui rendre raison d'une injure que je ne lui ai pas faite. — Ah! monsieur... fit Welmoth. — Je refuse, parce que M. Sanson n'a besoin d'être justifié vis-à-vis de personne du crime dont on a l'air de l'accuser; je refuse parce que j'ai des intérêts plus graves à suivre que ceux dont vous venez de me parler. — Je dirai à M. Sanson que vous refusez, monsieur. — Et vous lui direz les raisons pour lesquelles je refuse, vous les lui direz textuellement, entendez-vous, monsieur? Vous n'en passerez pas une syllabe, car je saurai si vous avez été un messager fidèle. — Et si je ne l'étais pas, monsieur! s'écria M. Welmoth, que le changement de ton d'Ernest avait surpris. — Si vous ne l'étiez pas, monsieur, c'est que vous auriez intérêt à cacher la vérité. — Monsieur! dit Welmoth. — Ce n'est pas pour vous que je dis cela, dit Ernest : vous répéterez le motif de mon refus à M. Sanson; vous ajouterez que mon respect pour lui m'empêche de les accepter, et que j'aurai l'honneur de

le lui dire moi-même. — Auriez-vous l'audace de vous présenter chez M. Sanson? — J'aurai cette audace, monsieur; j'irai en plein jour, monsieur, dites-le-lui, et dites-lui que je le prie humblement de m'accorder la faveur de m'entendre. — Humblement! — Oui, monsieur, je prie humblement M. Sanson, et n'oubliez pas le mot... — Et si je l'oublie? — Je lui dirai que vous l'avez oublié exprès, car je vous le recommande trop bien pour que vous en perdiez la mémoire. — Et s'il me plaît de l'oublier? dit insolemment M. Welmoth. — Alors, monsieur, ne vous chargez des commissions de personne, puisque vous les remplissez si mal. — Je me charge, monsieur, des paroles d'un homme d'honneur, mais non pas de celles d'un... — D'un? fit Ernest. — Vous m'entendez... — Pas le moins du monde, monsieur, dit Ernest; mais enfin faites comme vous le jugerez convenable. Seulement, ne dites rien, ou dites la vérité. Ceci est clair. — Encore une fois, monsieur, que voulez-vous dire? — Ce que je dis? Taisez-vous ou rapportez exactement mes paroles. Est-ce trop demander à un homme d'honneur comme vous? Au besoin, je vous en prie. »

Welmoth était demeuré indécis, tant cette patiente humilité lui paraissait impossible : mais enfin, ne pouvant arracher Ernest à cette froide résolution, il sortit en se coiffant d'un air provoquant et en disant :

« Je dirai la vérité, monsieur, je vous en réponds. — J'y compte, dit Ernest. »

Dès que Clémenceau fut seul, il prit une chaise et la brisa en morceaux...

« C'est bien, dit-il après cet exploit; j'avais besoin de donner un peu d'air à ma colère. Ah! je sais maintenant ce que je dois faire de ce monsieur, et le châtiment sera exemplaire. »

Sur ce, il appela Jean; mais Jean ne parut pas, car il n'était pas encore revenu de sa poursuite.

VII

UN DOMESTIQUE INTELLIGENT.

Malgré l'impertinence qu'il avait montrée envers Clémenceau, M. Welmoth n'était pas sorti parfaitement rassuré sur les intentions de son rival ; il était mécontent de lui-même, et quelque chose lui disait qu'il y avait un projet de vengeance au fond de cette couardise ; car sir Edouard ne pouvait démêler si ce devait être une vengeance éclatante, accomplie au grand jour, et si par conséquent la poltronnerie de Clémenceau n'était qu'un piége dans lequel il avait trop niaisement donné. Si, au contraire, cette vengeance devait ressortir de quelque intrigue ténébreuse et que la lâcheté d'Ernest fût réelle, il eût pu l'arrêter par des menaces plus significatives ; ce qu'il n'avait pas fait. Toutefois il pensa qu'une petite calomnie à ce sujet ne pouvait manquer de nuire à Clémenceau et de lui faire obstacle, en le privant du concours des personnes dont il pouvait espérer quelque appui. En conséquence, après avoir fait quelques visites, il se rendit au Cours, promenade au milieu de la ville de la Basse-Terre, où se rassemblent d'ordinaire les jeunes gens, et où il trouva quelques-uns de ceux qu'il avait eu occasion de voir, soit chez M. Sanson, soit dans les diverses maisons où il l'avait accompagné.

On devait être curieux à plus d'un titre de causer avec M. Welmoth : la nouvelle de la mort rapide et instantanée de sept ou huit des esclaves de M. Sanson servit de prétexte à ceux qui n'eussent pas voulu aborder directement le sujet relatif à l'assassinat de Clémenceau ; mais, à vrai dire, c'était là l'objet de la curiosité de tous. M. Welmoth mit toute la bonne grâce possible à céder aux premières insinuations qui lui furent faites, et à cette occasion il se plaignit avec

aigreur de la marche de la justice, qui, après s'être montrée
si menaçante, se taisait maintenant.

« A moins, ajouta-t-il, qu'elle ne soit de moitié dans les
projets de M. Clémenceau. — Quels projets? »

A cette question partie de tous côtés, sir Edouard raconta
la résolution plus chevaleresque que raisonnable de M. Sanson ; il dit comment il était venu faire à M. Clémenceau la
proposition de cette rencontre, et comment celui-ci l'avait
refusée.

« Je ne veux pas croire, ajouta-t-il, qu'un Français, un
jeune homme, manque à ce point d'un courage que tout le
monde possède ; il faut donc qu'il prépare en silence quelque complot contre celui qu'il soupçonne. — Qui donc? —
M. Clémenceau est fort discret sur ce chapitre. — Mais il y
a un coupable? — Quelque malheureux nègre qui aura
peut-être cru tirer sur un autre que sur ce monsieur, » dit
M. Welmoth en haussant les épaules.

Cette révélation faite fut bientôt le texte de nombreux
commentaires, et M. Welmoth fit si bien qu'au bout d'une
demi-heure de conversation tout le monde était persuadé
que Clémenceau était un de ces insignes poltrons qui méritent autant de pitié que de mépris. On était même venu
à railler sa blessure ; en effet, cet homme qui s'était évanoui
parce qu'une balle lui avait effleuré l'épaule, avait dû s'é-
vanouir de peur.

Cependant Clémenceau, fatigué d'attendre Jean inutilement, d'ailleurs fort agité de la retenue qu'il s'était imposée
vis-à-vis de M. Welmoth, sortit à son tour pour donner un
moment le change aux idées qui le préoccupaient, et arriva
au Cours, où il aperçut M. Welmoth au milieu d'un groupe
de jeunes gens. Aux regards furtifs et peu bienveillants
qu'on jeta, Clémenceau devina quel pouvait avoir été le sujet de la conversation, et il s'avança vers ce groupe. Sa
présence y jeta un certain embarras ; quoiqu'il n'y connût
qu'un de ceux qui s'y trouvaient, et qui avait fait partie
des personnes qui étaient allées à la Soufrière, Clémenceau
le salua, et s'adressant aussitôt à M. Welmoth, il lui dit :

« Je croyais, monsieur, que vous étiez déjà reparti et que
vous aviez été porter ma réponse à M. Sanson? — Une réponse comme celle que vous m'avez faite, lui dit M. Wel-

moth, n'a rien de pressé. — Vous vous trompez, monsieur,
repartit Clémenceau : puisque M. Samson s'inquiète des
soupçons qu'une malveillance stupide a fait planer sur lui,
et que je refuse de les faire cesser par le moyen qu'il m'a
fait proposer, il doit avoir hâte de prendre un autre parti
à cet égard. — Le parti qu'il prendra à cet égard, et le seul
qu'il puisse prendre, répondit M. Welmoth, est de mépriser
ces soupçons. — C'est une chose sur laquelle vous n'êtes
pas un juge compétent, monsieur; chacun dans ce monde
défend et protége son honneur comme il l'entend; M. Samson
croit le sien attaqué, il est juste qu'il soit mis à même de
le couvrir de tout soupçon. — Je vous ai dit comment
M. Samson entendait défendre son honneur. — Et je n'ai
pas jugé convenable de faire ce qu'il me proposait; je suis
encore du même avis, monsieur. Le moyen ne me paraît
pas heureux, et cela pour des raisons que je ne puis encore
dire, mais que je vous apprendrai devant tous ces messieurs, s'il vous plaît de venir au lieu, à l'heure et au jour
que je vous indiquerai pour cette explication, et si ces
messieurs ont l'obligeance de vouloir bien être les témoins
de ma justification comme je les rends témoins de mon refus formel... »

Le ton ferme dont ces paroles furent prononcées détruisit
en un moment la fâcheuse impression produite par le récit
de M. Welmoth. Chacun s'empressa de répondre qu'il se
rendrait à l'appel de M. Clémenceau, et sir Edouard, voyant
que la prévention allait peut-être tourner contre lui, essaya
de la détruire en disant :

« Je n'ai point d'explication à vous demander, monsieur,
je n'en ai point à recevoir de vous, et vous trouverez bon
que je me croie dispensé de me soumettre à cette espèce
d'ajournement. — En ce cas, reprit Clémenceau, si vous ne
venez pas la recevoir, j'irai vous la porter. — Mais il ne
me conviendra peut-être pas de l'entendre, monsieur, dit
M. Welmoth. Si vous avez quelque chose à me dire, me voilà,
je suis prêt; la nuit n'est pas venue et, au besoin, je puis
rester à la Basse-Terre jusqu'à demain matin; mais, passé
ce délai, vous trouverez bon que j'aie à mon tour des raisons
pour refuser ce que vous appelez une explication. — Ces
messieurs jugeront en ce cas de mes raisons et des vôtres,

— Il y a un meilleur juge que des témoins entre des gens d'honneur. — Vous avez raison, monsieur; quelquefois, et entre gens d'honneur, un duel efface bien des torts; mais je n'en veux point avec M. Sanson, que je tiens pour le plus parfait honnête homme que je connaisse; je n'en veux pas avec vous, monsieur; dispensez-vous donc de provocations qui, après ce que je viens de vous dire, auraient l'air de rodomontades. Je ne me battrai pas, je ne le veux pas; j'ai à remplir ici une mission qui m'interdit absolument une pareille rencontre. Cette mission peut être terminée dans quinze jours, dans huit jours, demain peut-être, et alors, monsieur, je vous engage ma parole d'honneur d'être à vos ordres comme et quand il vous plaira. Veuillez recevoir cette parole, messieurs. »

M. Welmoth réfléchit un moment et répondit ensuite :

« Eh bien! monsieur, j'y compte. »

Ernest s'éloigna; mais, en traversant la place, il remarqua un mulâtre qui se détourna vivement à son aspect. Ce que Jean avait dit au magistrat à propos de cette ressemblance qui donne à tous les nègres les signes si caractéristiques de leur race, est également vrai pour les mulâtres, et quoique la figure de cet homme eût vivement frappé Clémenceau, il ne pouvait se rappeler où il l'avait déjà vue. Cependant il le suivit des yeux et le vit s'éloigner rapidement, après avoir passé près du groupe où M. Welmoth était resté; il lui sembla même qu'un regard avait été échangé entre eux, et il ne douta point que cet homme et M. Welmoth ne fussent d'intelligence, lorsqu'il vit celui-ci prendre, quelques moments après, le chemin par lequel ce mulâtre venait de disparaître. Cette rencontre éveilla subitement les soupçons de Clémenceau : il s'informa à quelques personnes du nom de cet homme; mais, lorsqu'il apprit que c'était cet Idoménée qu'il avait rencontré à la pointe de Matouba et qui s'était montré si insolent, il supposa que cet individu avait été seulement embarrassé de sa présence, et que sa seule imagination avait fait les frais de l'espèce d'intelligence qu'il avait cru remarquer entre lui et sir Edouard.

Clémenceau rentra chez lui et commença à s'irriter de l'absence de Jean qui n'était pas encore rentré. Ce ne fut que le soir assez tard que celui-ci revint; mais son maître ne put rien en tirer, ni par menaces, ni par prières, et Jean se contenta de répondre que, dès le lendemain matin, il lui ferait part de ses projets, mais que jusque là il ne pouvait rien lui dire. Il fallut bien que Clémenceau se contentât de cette promesse. Mais le lendemain, quand Clémenceau sonna, Jean ne parut point. Ernest, furieux, sonna à tour de bras, sa porte s'ouvrit discrètement, et John, le domestique de M. Welmoth, parut à ses yeux.

« Le groom, il est sôti, dit-il avec un accent anglais extravagant, et il m'avait chââgé de dire à vous qu'il reviendrait.

— Mais vous, lui dit Clémenceau, qu'êtes-vous venu faire ici?

— J'étais venu pour voir sir Edouard qui voulait voir.

— Eh bien! tu diras à ton maître que je lui enverrai mon domestique pour lui répondre.

— Et je lui répondrai de la belle manière, s'écria Jean en reprenant son ton de voix normande et se posant au milieu de la chambre.

— Qu'est-ce que c'est que ça? fit Clémenceau.

— C'est Jean ou John, comme il vous plaira, monsieur. Hein! je l'ai suivi six heures durant, et l'ai étudié sur toutes les coutures; je l'ai dessiné dans ma tête, et puis après je suis allé chez le tailleur. Ah! j'ai eu du mal, mais la livrée est absolument pareille; j'ai pas eu de la peine à trouver les allures du pudding, attendu qu'il marche droit comme un piquet, les pieds en dehors et la tête à quinze pas devant lui comme un soldat, et puisque le baragouin vous a trompé vous-même, il en trompera bien d'autres.

— Que signifie cette mascarade? dit Clémenceau d'un ton sévère. — Ce que ça signifie, monsieur, c'est qu'on sait à point nommé tout ce que nous faisons et tout ce que nous disons, et qu'il est temps que ce soit notre tour. — Comment cela! — Comment? c'est que, depuis que vous êtes malade et blessé, un grand gueux de mulâtre que je n'ai pas fait semblant de reconnaître... — Idoménée! dit vivement Clémenceau. — Juste, celui que nous avons rencontré le premier jour, et qui a si bien sanglé le moricaud qui nous accompagnait. — Eh bien! ce mulâtre? — Il est venu presque tous les jours s'informer de vous et de votre état. — C'est étrange, dit Clémenceau. — Et pas plus tard encore qu'hier soir, je l'ai vu encore causer avec M. Welmoth. Et, sur l'âme de ma mère, je jurerais que j'ai entrevu sa figure à travers les broussailles, le jour de notre promenade à la Soufrière; mais enfin je n'en ferai pas serment à la justice, parce que je ne l'ai pas vu comme je vous vois; mais, si je ne l'ai pas assez vu pour le faire pendre, je l'ai assez vu pour vouloir en savoir quelque chose. — Et avec cet habit tu espères!... — J'espère savoir la fin de la chose. — Mais quoi? — Inutile à vous dire, monsieur, très-inutile; ça ne regarde que moi.

« Voyons, Jean, dit Clémenceau, si tu veux me dire ton plan, je te dirai s'il me semble bon. — Il vous paraîtra mauvais, j'en suis sûr. D'abord, voyez-vous, j'ai mon idée; j'ai tout ça dans ma tête; je tiens le fil, je suis sûr de réussir; mais s'il faut vous raconter la chose, je vas m'embrouiller si bien que ça n'aura pas le sens commun. Je me connais, je suis fait comme ça. — Tu sais fort bien dire, et très-clairement, ce qui te convient; or, comme il te plaît de te taire, il me plaît de te défendre de te servir de cet habit pour quoi que ce soit. — J'étais sûr de ça, et je me disais bien que je ferais bien mieux de ne pas vous montrer la frime; mais il fallait bien faire mon épreuve sur quelqu'un, et je ne connais que vous au monde à qui on puisse se fier dans ce damné pays. — Elle est jolie, ta confiance. — Il est vrai que vous n'en savez juste que de quoi n'y rien comprendre. — Et décidément je n'en veux rien savoir; seulement, n'oublie pas ma défense! — Comment pouvez-vous me défendre de faire une chose que vous ne connaissez pas? — C'est une sottise, j'en suis sûr. — Une sottise que vous feriez tout de suite, si je vous en donnais l'idée; seulement vous ne prendriez pas les précautions nécessaires, et alors gare à une balle entre les deux yeux. — Tu as beau faire le fin, mon pauvre Jean, tout cela doit te servir à espionner M. Welmoth? — C'est possible. — Et s'il découvre ce qui en est et qu'il te... — Qu'il me... quoi? Est-ce qu'il a fait afficher que cette livrée est à lui comme le drapeau tricolore à la France? Je voudrais bien voir qu'il me... ah! comme je lui chaufferais les côtes! — Sir Édouard ne te fera pas cet honneur, et c'est à moi qu'il demandera raison de ton incartade. — Eh bien! dame, vous avez quelque envie de le tuer un peu pour vous, vous le tuerez un peu

pour moi, ça fera qu'il aura son compte au grand complet.
— Laissons tout cela, dit Clémenceau, et va quitter cet habit. — Ah! je n'ai pas envie de le garder toute la journée; c'est bon le soir, à la nuit tombée, on... — M. Owen n'est pas revenu? — M. Owen, pas du tout; mais il y a en bas un moricaud qui a une lettre à vous remettre. »

Cette lettre était de madame de Cambasse, et finissait par ces mots :

« Je ne crains ni calomnies ni mensonges, venez. »

Clémenceau fut charmé de cette invitation; malgré sa résolution d'en finir avec M. Welmoth par une scène éclatante, il comprenait qu'il était entouré par un réseau de machinations auxquelles il ne pouvait rien comprendre. D'ailleurs, il désirait se servir contre M. Welmoth des révélations de madame de Cambasse, et il ne le pouvait sans son autorisation. Il se décida donc à partir immédiatement, et, pour prévenir toute imprudence de la part de Jean, il lui ordonna de le suivre. Celui-ci y consentit d'assez bonne grâce; ils prirent des chevaux et quittèrent immédiatement la Basse-Terre. Ernest marchait à cheval et Jean près de lui; mais il ne pouvait lui arracher une parole, tant celui-ci était occupé à regarder à droite et à gauche du chemin, comme s'il avait vu sortir une demi-douzaine de brigands de chaque côté de la route. Clémenceau ne partageait pas les terreurs de son domestique. Cependant il s'était armé, et se proposait de ne pas attendre la nuit pour revenir à la ville.

Tout à coup Jean arrêta brusquement son cheval et s'écria :

« Tonnerre d'enfer! il y a quelque chose qui nous suit le long de ces haies, je sens une odeur de moricaud depuis une demi-heure. — Tu es fou, dit Clémenceau; en plein jour, armés comme nous sommes, dans un pays où un guet-apens, une attaque sur les grandes routes est une chose inconnue. — Possible! dit Jean, mais il y a de l'Anglais dans la chose, et l'Anglais ça connaît les attaques nocturnes. — Mais il ne fait pas nuit. — Pas à présent, mais il faut revenir. — Eh bien, nous reviendrons ensemble. — Vous me le promettez? — Je n'ai pas envie de te laisser chez madame de Cambasse. »

Jean ne répondit pas et reprit :

« Passez un peu devant, et un train de galop : alors, s'il y a quelqu'un qui nous suit, je verrai bien remuer quelque chose s'il se met à jouer des jambes. »

Clémenceau suivit ce conseil et se lança de toute la vitesse de son cheval; puis, arrivé à un embranchement qui conduisait chez madame de Cambasse, il se retourna pour demander à Jean s'il n'avait rien vu, mais il n'y avait plus de Jean, aussi loin que la vue pouvait s'étendre. Ernest allait retourner sur ses pas, lorsqu'un nègre monté sur un poteau, le même qui avait porté la lettre de madame de Cambasse, lui cria :

« Vous êtes M. Clémenceau ? vous allez chez madame de Cambasse? — Oui. — Je vais vous mener. — Tout à l'heure, lui dit Ernest : il faut que je sache avant ce qu'est devenu un garçon qui m'accompagnait. — Ah! oui, dit le nègre, celui qui était avec vous là-bas? ah bien, il doit être loin, car sitôt que vous vous êtes mis au galop de ce côté-ci, il a tourné la tête de son cheval et a couru du côté de la ville — Oh! dit Clémenceau avec humeur! l'animal entêté! que diable va-t-il faire ? »

Il hésita un moment à retourner à la ville pour courir après Jean, était-il bien sûr de le rattraper et le trouverait-il à l'hôtel?

Il suivit aussitôt le nègre et arriva chez madame de Cambasse, où il trouva M. Owen. Elle l'accueillit comme un ami ; mais, malgré l'air d'indifférence qu'elle voulait affecter, Ernest remarqua combien elle était triste. Elle avait écrit qu'elle ne craignait ni mensonges ni calomnies, mais on sentait qu'elle était cruellement blessée des propos dont elle avait été l'objet. Cependant l'intérêt des confidences que tous deux avaient à se faire les préoccupa bientôt assez vivement pour leur faire oublier les heures, et lorsque Clémenceau raconta à madame de Cambasse ses deux rencontres avec Idoménée, elle parut très-étonnée de cette circonstance. Clémenceau lui apprit aussi que Jean avait vu ce mulâtre en conversation avec M. Welmoth, et madame de Cambasse tressaillit.

» C'est singulier, dit-elle : voilà trois fois en huit jours que cet homme s'est présenté chez moi. — Et à quel sujet? — C'est un homme à toutes mains, qui fait toutes sortes de métiers ; il est très-connu pour avoir un dépôt caché de marchandises anglaises; fréquemment il va les proposer dans les habitations, car vous savez que, nous autres femmes, uous aimons mieux une fort vilaine robe de contrebande que la plus magnifique étoffe qu'on peut acheter dans le premier magasin venu. — L'aviez-vous déjà vu? — Souvent, mais ses visites successives et rapprochées m'avaient déjà étonnée, et j'ai su qu'il est demeuré chaque fois assez longtemps sur l'habitation, et que lui, qui d'ordinaire se croirait déshonoré de se mettre en rapport avec des nègres, était descendu jusqu'à leur proposer ses marchandises et à leur laisser même à un prix bien au-dessous de leur valeur. — S'il les a volées, ce dont il est fort capable et ce qui, en matière de contrebande, est assez facile, puisqu'on ne peut guère dénoncer le voleur, il y a toujours pour lui bénéfice à s'en défaire; et peut-être un besoin d'argent... — Non, dit madame de Cambasse. J'ai cru remarquer depuis ces quelques jours une certaine agitation dans mon atelier. Plusieurs des ouvriers les plus vigoureux s'endorment le matin à leur travail, ce qui me prouve qu'ils ont passé la nuit dehors; et puis, durant les nuits, j'ai cru entendre comme des signaux qui se répondaient. — Craignez-vous donc quelque chose? — Personnellement, je ne puis rien avoir à craindre, dit madame de Cambasse avec un peu d'hésitation; mais les projets de cet homme me font peur pour vous. — Pour moi, dit Clémenceau, qui crut que, malgré ce qu'elle pouvait dire, madame de Cambasse était inquiète pour elle-même; je suis armé, et il est probable que messire Jean, mon domestique, sera bientôt ici, car il m'a fait promettre de ne pas m'en retourner seul. — Et vous ferez bien. »

Quant à ce qui s'était passé entre lui et M. Welmoth, Clémenceau avait cru d'abord ne devoir en rien dire à madame de Cambasse; mais il se détermina alors à lui tout confier.

« Ah! lui dit-elle, comment avez-vous pu agir ainsi après ce que je vous avais dit de cet homme? Ne vous y trompez pas : assez brave peut-être pour accepter un duel venu de mots piquants en mots injurieux, il fera tout pour éviter une explication publique et menaçante. »

M. Owen fut de cet avis, et l'on attendit l'arrivée de Jean avec une véritable inquiétude. Cependant la journée se passa sans qu'il parût, et, à force de l'attendre ainsi de quart d'heure en quart d'heure, la nuit arriva, et le départ de Clémenceau devint d'autant plus hasardé. M. Owen s'offrit alors à l'accompagner avec quelques nègres sur le courage et le dévouement desquels madame de Cambasse comptait, et déjà Clémenceau faisait ses adieux, lorsqu'on entendit le galop précipité d'un cheval, et bientôt ils virent s'arrêter devant la maison Jean en personne.

« Quelque chose de frais à boire; j'ai le gosier rôti. — Eh bien! qu'est-ce qu'il y a? s'écria Clémenceau avec impatience. — Laissez-lui le temps de se remettre, dit madame de Cambasse. »

Jean avala un immense verre de limonade et dit vivement :

« Voici de quoi il s'agit : ce matin, quand je vous ai lâché sur la route, je suis retourné à la Basse-Terre, attendu que je savais que le John y était demeuré, tandis que M. Welmoth en était parti hier au soir. Or, pour qu'un Anglais se passe de son domestique, quand il en a un, il faut qu'il le charge de quelque chose de bien important. C'est ce quelque chose que je voulais savoir. A peine arrivé, je laisse mon cheval à un moricaud et je vas flâner du côté de l'hôtel où était demeuré mon camarade. Je le vois bientôt qui bâillait à se démonter la mâchoire (chose qui m'embêterait, si elle arrivait, attendu que je me fais un doux espoir de la lui démonter moi-même). Je l'aborde d'un air aimable et je lui propose une bouteille de quelque chose. Savez-vous ce qu'il me répond? c'est qu'il ne boit pas avec les ennemis de son maître.

» — Si c'est pour moi que tu dis ça, tu as tort, que je lui dis; M. Clémenceau peut détester M. Welmoth, mais ce n'est pas mon affaire. D'ailleurs, vois-tu, j'en suis las du service de ce monsieur : c'est gueux, ça n'a pas le sou, il n'y a rien à gratter; au lieu que toi, tu es avec un richard et tu dois faire des beurres (pardon, madame, beurre veut dire profit), tu dois faire des beurres soignés.—Hum! fit John en hochant la tête. — Bah! que je lui dis, moi qui avais une idée d'entrer à son service. » John me regarda de côté, et je pris le grand moyen en usage entre nous, c'était de lui dire des horreurs de mon maître. La bête était dure, monsieur, et si

je n'étais pas à l'épreuve, c'est moi qui serais, à l'heure qu'il
est, étendu dans un lit comme un pourceau. Mais je n'en ai
pas tiré grand'chose, si ce n'est qu'il était véritablement
avec Rosie la nuit qu'il a juré avoir passée avec Théodore.
Puis ceci, c'est que son maître sortait souvent la nuit à cheval, et qu'il l'accompagnait jusqu'à l'entrée de ce bois, qui
est là, à gauche, entre cette habitation et celle de M. Sanson.
Mais pour savoir ce qui se passe, rien, attendu qu'on le laissait à l'entrée avec les chevaux. Enfin, et le point le plus important, c'est qu'il devait aller le soir dans la rue du Galisbé,
où il devait recevoir des instructions qu'il devait rapporter à
son maître. — Et tu lui as surpris ses instructions? — Attendez donc, s'écria Jean, voici le point le plus important. Où
ça, lui ai-je dis, vas-tu lui rapporter ça? — Au coin du sentier qui mène chez madame de Cambasse, où je dois l'attendre à cheval, m'a répondu John.» Voilà le magnifique! s'écria
Jean. J'y serai à dix heures à cheval, et je verrai bien où il
me mènera, l'Anglais. — Comment? s'écrièrent ensemble
Clémenceau et madame de Cambasse. — Mais ce n'est pas
de ça qu'il s'agit, reprit Jean. — Une fois mon homme en
train de ne plus compter les coups, je lui ai entonné du madère, puis du rhum par-dessus, puis de tout ce qu'il a voulu,
et j'ai loué pour lui une chambre où nous l'avons couché ivre
pour trois jours. Cela fait, je suis rentré et je me suis mis à
l'anglaise; quand je dis que je me suis mis à l'anglaise, ce
n'est pas... mais enfin j'ai endossé la livrée, et à la brune je
suis allé au rendez-vous. Là, j'ai trouvé ce grand chenapan
d'Idoménée et je lui ai dit en passant :

« Parlez-moi en me suivant: » L'autre m'avait dit que c'é-
tait l'habitude. Nous avons une belle occasion, me dit-il,
M. Clémenceau est chez madame de Cambasse. — Vraiment!
— Et s'il vient tard, son affaire est sûre. » J'avais mon idée,
et je lui dis effrontément :

« Bah ! vous l'avez déjà manqué à bout portant. — On ne
réussit pas toujours du premier coup. Mais que devons-nous
faire ? — N'y a-t-il pas un rendez-vous pour ce soir? dis-je à
tout hasard. — Oui, au bois des Balisiers. — Eh! bien, vous
saurez là ce qu'il y a à faire. » Je n'en demandai pas davantage, continua Jean, et je me dis : Maintenant il n'y a pas à

reculer ; il faut tout savoir cette nuit, ou j'aurai fait comme si je n'avais rien fait. Je suis retourné à l'hôtel où loge M. Welmoth, et là, sans rien dire, j'ai été seller le poney, je suis venu et me voilà. » « C'est donc lui ! s'écria Clémenceau, c'est M. Welmoth qui a voulu me faire assassiner. Mais cet homme ne mérite pas même que je le démente en public, c'est à la justice qu'il faut le livrer. — Avec ma seule déclaration, dit Jean, et en racontant comment je l'ai attrapée? on s'y fierait difficilement. Non, non, il faut voir les choses jusqu'au bout, et je les verrai cette nuit, ou j'y passerai.—Quoi ! s'écria madame de Cambasse, vous oseriez... — Je me plante au coin de la route à dix heures précises, et je suis l'Anglais quand il devrait me mener en enfer. — Mais si vous êtes découvert, on peut vous massacrer. — J'ai le cuir dur à entamer, et avant qu'on me l'écorche, j'en aurai touché quelques-uns. — Tu n'iras pas ! s'écria Clémenceau, et c'est moi qui suivrai M. Welmoth. — Voilà, voilà, s'écria Jean, quand je disais hier que si je vous apprenais la sottise que je veux faire, vous voudriez la faire vous-même. Avec ça que vous ressemblez à un groom anglais, et que vous n'avez pas la tête de plus que l'autre. C'est bête comme tout, ce que vous dites-là... — Plaît-il ! fit Clémenceau. C'est que j'en étais sûr, madame, dit Jean, et c'est pour ça que j'avais une terrible envie de ne pas venir ; mais j'ai pensé que le demi-moricaud pourrait bien avoir l'idée de ne pas attendre de nouveaux ordres, et qu'il pourrait bien se poster derrière quelque autre bananier, c'est une herbe qui pousse dru dans le pays, et que cette fois il ajusterait mieux. — Ce garçon a raison, monsieur, et vous ne partirez pas, dit madame de Cambasse. — Madame... — Je vous comprends, monsieur ; mais les choses en sont venues au point qu'il faut tout risquer. Que ce garçon fasse ce qu'il désire. — A la bonne heure ! s'écria Jean, voilà parler. — Vous le suivrez avec M. Owen et quelques esclaves. — Pour qu'on découvre la mèche, non. J'irai seul, ou je n'irai pas.

— Laissez faire cet homme, dit M. Owen ; seulement, s'il court quelque danger, qu'il tire un coup de feu ; nous serons aussi près que possible de l'endroit où il se trouvera, et alors nous lui répondrons, et cette intervention suffira peut-être à arrêter les assassins. — C'est une idée, et je ne dis pas non ! fit Jean. Maintenant, pardon, excuse ; mais je mangerais bien un morceau. »

On servit Jean, et à neuf heures sonnant il avait réparé le désordre que sa course rapide avait apporté dans sa toilette. Une demi-heure après, il était au coin de la route, tandis que M. Owen et Clémenceau, cachés tout près de lui dans les broussailles, attendaient l'arrivée de sir Edouard pour voir quelle route ils suivraient. A dix heures, en effet, M. Welmoth arriva et s'arrêta à quatre ou cinq pas de Jean en lui disant en anglais : « Quoi de nouveau? » Jean pouvait bien contrefaire l'anglais en baragouinant, mais à cette question tout faillit être découvert, Jean fit caracoler son cheval comme s'il ne pouvait pas le maintenir, et Clémenceau, affectant l'accent irlandais de John, dit d'une voix que le bruit des fers du cheval couvrait un peu :

« M. Clémenceau est chez madame de Cambasse. — Je le savais, dit sir Edouard : je l'ai vu avec ma lunette à une des fenêtres de l'habitation. Est-ce tout? — On vous attend, dit Clémenceau de même. — Bien, fit sir Edouard : suis-moi. » Et il partit au grand trot en se dirigeant vers le bois. Jean lui laissa gagner quelques pas et dit tout bas à Clémenceau : « Comment dit-on : oui, monsieur? — *Yes, sir*. — C'est bien, j'en ai assez : *yes, sir*; » et il partit à la suite de M. Welmoth.

L'attente fut cruelle pour Clémenceau, qui s'en voulait d'avoir permis à un autre qu'à lui-même de courir un danger pour son propre salut, et il fallait toute la fermeté de M. Owen pour l'empêcher de courir vers le bois. Enfin, après plus d'une heure d'attente, ils entendirent le galop des chevaux et virent passer devant eux sir Edouard, qui reprit la route de l'habitation de M. Sanson. A quelques pas derrière lui venait Jean, qui ralentit d'abord le galop de son cheval, puis qui mit pied à terre, après avoir laissé à M. Welmoth le temps de prendre une avance considérable; alors il chassa le poney d'un coup de cravache dans la direction que suivait sir Edouard. Déjà M. Owen et Clémenceau étaient près de Jean.

« Ma foi, dit Jean, si M. Welmoth ne s'arrête pas, le poney arrivera après lui à l'habitation S'il s'arrête, il l'entendra galoper derrière et croira que John le suit, et ils arriveront ensemble. En voyant le poney tout seul, il s'imaginera que John a été désarçonné et qu'il s'est fendu la tête, et je vous réponds qu'il ne reviendra pas pour lui porter secours.

— C'est probable, dit Clémenceau ; mais qu'as-tu vu ? — Allons à l'habitation d'abord et vivement ; dans cinq minutes il ne fera guère bon par les chemins : toute la troupe va rentrer : nous avons de l'avance, parce que je suis venu au galop ; mais filons vite... »

Tous les trois s'éloignèrent rapidement et arrivèrent près de madame de Cambasse, qui les attendait avec une vive impatience.

VIII

HORRIBLE DÉCOUVERTE.

Lorsque Jean fut arrivé, avec son maître et M. Owen, chez madame de Cambasse, il lui adressa la parole, et, prenant vis-à-vis d'elle un air de protection qui avait quelque chose de noble et de grave, malgré l'accent plaisant et la tournure grotesque de l'auteur ?

« Ne craignez rien, madame, lui dit-il, vous êtes avec des Français normands, Français première qualité, c'est-à-dire que, fussent-ils dix fois plus nombreux, il n'y aura pas le moindre danger pour vous. — Que voulez-vous dire, mon ami ? reprit madame de Cambasse. — Rien du tout, si ce n'est qu'il ne s'agit de rien moins que de mettre le feu à votre habitation. — Quelle horreur ! s'écria Clémenceau, es-tu bien sûr de ce que tu dis ? — Dans une heure ou deux, vous ne me ferez pas cette question-là. — Peut-être avez-vous mal compris ? dit madame de Cambasse qui, malgré sa résolution, se mit à trembler en pensant à une attaque nocturne et à un incendie. — Si nous laissions ce garçon nous raconter ce qu'il a

vu ou entendu, nous pourrions mieux juger des précautions
que nous avons à prendre. — L'Irlandais raisonne bien, dit
Jean, je vous en réponds. Cré mâtin! quelle sueur rentrée
j'ai eue sous la peau ; si je ne m'étais pas réchauffé en revenant, je serais mort d'un froid entre cuir et chair. — Allons,
explique-toi sans tant de préambules. — Ma foi, monsieur,
reprit Jean, je ne sais pas si, dire ce que j'ai éprouvé, ça s'appelle des préambules ; mais tout brave que vous êtes, vous
en auriez eu des préambules dans les jambes et dans l'esto-
mac, si vous aviez été un peu à ma place. — Certainement,
dit madame de Cambasse, et ç'a été de votre part un grand
courage et un grand dévouement. »

« Pour lors, je me mis à galoper sur les talons de l'Anglais, et nous fîmes comme ça un bon quart de lieue ; nous
arrivâmes à un bois, où nous n'eûmes pas fait quatre pas,
que M. Welmoth tourna brusquement à droite, si bien que
moi, qui n'étais pas habitué à la chose, et qui d'ailleurs commençais à n'y voir goutte, attendu que les bois de ce pays
sont en forme de toiture imperméable, j'allais passer raide
devant lui, quand il m'appela à voix basse et me dit avec une
colère furieuse... Je ne puis pas vous dire toutes les injures
dont ce misérable m'a accablé, attendu que je n'avais pas pu
en comprendre une seule, vu qu'il a eu la prudence de me
parler anglais, mais j'ai à peu près deviné qu'il m'accusait
de m'être grisé, ce qui m'a permis de me dissimuler dans un
silence absolu ; et comme, d'un autre côté, l'obscurité était
profonde, j'ai joué mon rôle avec un talent consommé, comme
disent les feuilletons sur les spectacles. M. Welmoth attacha
lui-même son cheval à une branche d'arbre, et j'en fis autant, puis il me dit quelque chose en façon de demande, à
quoi je répondis : *Yes, sir*, et il tira de sa poche un petit sifflet qui rendait un son doux, mais qui allait au diable. Au
même moment, un autre petit sifflet, doux comme le cri
d'un crapaud dans les nuits de pluie (vous savez, c'est comme une plainte, et ça s'entend à des demi-lieues) répondit,
et mon maître me quitta. Je dis mon maître, c'est un façon
de dire pour consommer mon rôle de John. Il savait le chemin, le gueusard, preuve qu'il les avait fréquentés déjà bien
des fois, et l'endroit où j'étais était celui où John attendait
d'habitude ; je ne pus pas en douter, parce que tout autour
la terre était couverte de mousse et molle, et qu'elle avait

été battue par l'embêtement des chevaux qui frappaient du pied pour se désennuyer. Pourtant, au milieu de tout ça que je découvrais en marchant à quatre pattes, je n'avais pas quitté des yeux l'endroit par où M. Welmoth avait disparu. C'était entre le troisième et le quatrième arbre à gauche de celui où était attaché son cheval : mais quand je fus là je ne pus me rappeler si c'était le troisième, y compris l'arbre du cheval, ou sans le compter ; et il y avait de quoi se tromper, car il y avait le percement de deux sentiers, l'un après le troisième, l'autre après le quatrième. Tonnerre de Dieu! ça fut un moment cruel.... tout perdu pour un polisson d'arbre de plus ou de moins. J'allais me risquer au hasard, lorsque j'entends un léger bruit, et la voix de M. Welmoth me crier : « John, mai pistoles (1). »

» C'était pas au maître à demander des pistoles au domestique, je compris que ça voulait dire pistolets ; je cherchai dans les fontes de la selle et je m'amusai à piquer légèrement le ventre du cheval qui se mit à caracoler, ce qui me donna le temps d'enlever les capsules des pistolets de ce monsieur, sans qu'il pût l'entendre. Au moment où je les remis à leur adresse, sir Edouard Welmoth me gratifia d'une injure en bon français, car il m'appela *stupide animal*. Je craignais d'abord qu'il m'eût reconnu, mais il ajouta plusieurs mots dans son damné baragouin, et je vis qu'il prenait soin de traduire le compliment en anglais pour que le vrai John ne s'y trompât point. Mais cette idée-là ne me suivit pas longtemps, j'étais trop occupé à voir par où il allait filer ; je ne m'y trompai pas cette fois, et je me glissai à sa suite, un pistolet dans chaque main, et bien décidé à lui montrer que les miens n'avaient pas les dents arrachées.

» Du reste, une fois engagé dans le sentier, il n'y avait pas moyen de se tromper, c'était comme un corridor avec des murs de branches à droite et à gauche, si ce n'est que ça allait en tournaillant comme un ressort de sonnette. J'avais beau faire, je ne pouvais m'empêcher de marcher sur des petits morceaux de bois qui criaient, si bien que deux ou trois fois M. Welmoth s'arrêta, mais j'avais l'oreille au guet

____

(1) John, my pistoles.

aussi bien que lui, je me tenais immobile et sans respiration
dès qu'il s'arrêtait, et je reprenais quand il reprenait. Tout
à coup son hésitation parut cesser, et je l'entendis marcher très-vivement ; j'aperçus au même instant comme une
lueur rougeâtre à travers les arbres, et un murmure de
voix couvrit bientôt le bruit des pas de M. Welmoth et des
miens.

» Enfin, après trois ou quatre minutes de cette marche rapide, je vis clairement à la lueur de trois ou quatre bougies
(comprenez-vous que ces gueux de moricauds éclairent leurs
conseils d'enfer avec des bougies ?... car c'en était, je l'ai remarqué) ; je vis donc, à la lueur de trois ou quatre bougies,
des vingtaines de moricauds, parmi lesquels je reconnus, à
ne pas m'y tromper, ce gredin de Théodore, que je connais
de nuit comme de jour, et l'autre gredin d'Idoménée. Quant
à M. Welmoth, si je n'avais pas été sûr que c'était lui, du
diable si je l'aurais reconnu : imaginez-vous une figure vert-
pomme avec des tours d'yeux rouges comme des écrevisses ;
avec ça un grand manteau rouge... il avait l'air d'un mélo-
drame. Le bandit s'était masqué. Ça se conçoit, quand on est
un Jean f... Pardon, madame, si j'ai ajouté le mot, mais ce
n'est pas un Jean tout court : il ne faut pas déshonorer le
nom d'un brave Normand comme je suis, en l'appliquant à
une canaille de cette espèce. Il paraît que le masque n'était
pas seulement pour se cacher, mais qu'il en faisait encore
une sorte d'épouvantail pour ces pauvres moricauds, qui
tombèrent à genoux quand ce vampire se montra. Pourtant
m'est avis, à la façon dont ils regardèrent sans trop trembler,
qu'ils y mirent plus de malice que de peur ; car il n'y en a
pas un qui ne tendît bravement la main quand M. Welmoth
fit le tour du cercle, en leur mettant à chacun dans la main
une belle pièce jaune, qu'ils baisèrent comme une sainte
croix : ce qui veut dire que c'était de l'or pur. Après cette
bénédiction en guise d'à-compte, le masque se mit à parler
d'une voix caverneuse, et ce fut là que fut proposé sans en-
tortillement, sans y mettre tant de finesse que l'on pourrait
croire que c'était nécessaire, de venir mettre le feu à l'habitation de madame de Cambasse ; et il fut dit comme quoi (je
demande pardon à madame) elle était une mégère qui avait
fait mourir des milliers d'esclaves à la Jamaïque, et qu'elle

en tenait ici même des paquets au cachot, avec des fers qui ont des pointes en dedans.

— L'infâme! murmura madame de Cambasse. Mais personne n'a pu le croire?

— Je ne pourrais pas dire que l'on a cru, dit Jean, attendu qu'ils n'ont rien répondu de significatif, si ce n'est un grognement de mauvais augure; reste à savoir pour qui il était. Mais le gredin ne s'est pas arrêté là; il a raconté, au sujet de madame, des choses qu'il est inutile que je répète. — Qu'a-t-il osé dire? s'écria madame de Cambasse, qui rougit à la seule pensée des accusations que M. Welmoth avait pu porter contre elle. — Madame, reprit Jean, cet homme a dit des mensonges, et je ne sais pas assez bien me servir de la parole pour vous les répéter, de manière à ne pas être un animal butor. Il a dit des horreurs de vous dans tous les sens; voilà tout ce dont vous pouvez être sûre; et vous avez le droit de le faire punir par qui vous aime, et ça ne sera pas difficile à trouver, comme le dernier des grossiers et des n'importe qui! — Permettez-lui de continuer son récit, dit Clémenceau, ou sans cela l'heure arrivera de prendre un parti, sans que nous soyons bien informés de ce qui nous reste à faire. — Monsieur me couvre d'épigrammes comme si j'avais perdu mon temps! dit Jean, et il ne s'aperçoit pas que c'est déjà fini, sauf le plus important.

« Idoménée répondit qu'on obéirait aux ordres du maître, et celui-ci annonça alors que, s'ils satisfaisaient à ce qu'on leur demandait, ils seraient tous libres le lendemain, et que chacun pourrait passer sa vie à ne rien faire Ceci les toucha d'autant mieux, qu'on fit une ou deux tournées de tafia, pendant lesquelles le masque et Idoménée se mirent à causer en particulier; or, c'est ce colloque particulier qui est le comble de l'infamie.

» Tu comprends, dit sir Edouard, qu'une fois l'incendie allumé, il est plus que probable que M. Sanson, malgré sa colère contre madame de Cambasse, conduira ses noirs au secours de l'habitation; moi-même, je serai forcé d'y venir; mais, dès que nous approcherons assez près de l'habitation, sous un prétexte quelconque, je tirerai un coup de feu, et alors tu pourras t'évader ainsi que tes compagnons!...

» Là-dessus, il lui donna un petit coup de tafia particulier et du rhum le plus fin, pour lui donner du cœur au ventre.

« Et maintenant, reprit Jean, voilà tout ce que j'en sais, attendu que je profitai du moment où l'on recommençait une tournée de pièces jaunes et de tafia, pour rétrograder sur moi-même ; et bien m'en prit de m'être dépêché, car je n'étais pas arrivé à deux pas des chevaux, que j'entendis M. Welmoth sur mes talons, et que je me mis à battre la semelle contre terre, pour avoir l'air de dissimuler les pas qu'il pourrait avoir entendus devant lui. Je ne puis dire s'il avait horreur de ce qu'il venait de faire, mais il ne me dit pas un mot, prit son cheval, sortit doucement du bois et se mit à galoper, comme vous avez pu voir. Maintenant que la chose est sue, c'est à vous, qui connaissez le terrain, à organiser le plan de défense. Seulement, si vous devinez par où viendra en personne ce moricaud d'Idoménée, je réclame la préférence pour me trouver nez à nez avec lui, attendu que je lui en veux de quelque chose qui m'est personnel. — Qu'est-ce donc? — Oh ! rien de rien ! C'est ça, dit le domestique en montrant sa cuisse qui était tout ensanglantée, ce dont on n'avait pu s'apercevoir à cause de la couleur rouge de la peluche dont sa culotte était faite. — Une blessure ! dit madame de Cambasse. — Un rien que j'avais négligé de vous dire, à cause que monsieur prétend toujours que je fais des préambules dans mes récits. — Allons, ne te fâche pas, Jean, dit Clémenceau ; tu dois concevoir que nous fussions impatients de savoir le résultat de ton expédition. — Je ne me fâche pas ; mais moi non plus, je n'ai pas été à mon aise pendant ce damné colloque. C'est ça qu'il paraît qu'il m'a échappé un gros soupir qui a fait qu'Idoménée s'est retourné. « Qu'est-ce que c'est? a dit M. Welmoth. — Je ne sais, a dit tout à coup Idoménée ; c'est par là ! »

« Et sans autre préambule, il a lancé son grand couteau dans ma direction ; ça m'a *éraflé* la cuisse en biseau et ça a été se planter dans un arbre à côté de moi. Mais comme je me suis mordu la langue pour ne rien dire, comme je n'ai pas bougé d'un pas, il s'est mis à dire tranquillement : « Il n'y a rien, je m'étais trompé. » Il y avait quelque chose pourtant ; mais il fut bien heureux pour lui de ne pas s'en douter, car s'il était venu chercher son couteau à côté de moi, je n'avais qu'un parti à prendre, c'était de lui faire sauter la tête d'un coup de pistole, comme dit l'Anglais, quand il passerait près de moi et de profiter du tumulte pour m'esquiver de mon mieux ; mais enfin il n'a pas eu cette idée, le moricaud, je l'en félicite. »

IX

RUSE DE GUERRE.

D'après ce qu'avait dit madame de Cambasse de l'agitation qu'elle avait remarquée parmi ses esclaves, on craignait que quelques-uns d'entre eux ne fussent du complot. On aurait pu faire une visite de toutes les cases, mais c'eût été donner l'alarme ; et, dans tous les cas, l'absence de quelques noirs ne pourrait rien prouver contre eux, car il y en a qui passent des nuits loin de leur demeure pour des raisons souvent tout autres que celles d'une conspiration contre les maîtres. On en fut donc réduit à distribuer les postes à M. Owen, à Clémenceau, à Jean, au commandeur, sur lequel on pouvait compter, et à madame de Cambasse elle-même, qui voulut veiller et qui se chargea de garder la maison.

En effet, comme on ne pouvait savoir où porterait l'incendie, si ce serait à l'habitation elle-même, ou au moulin, ou aux cases, ou au magasin, il fallait quelqu'un pour veiller en chaque endroit. La volonté de madame de Cambasse se manifesta si formellement, que, malgré leur opposition, M. Owen et Clémenceau furent forcés d'y céder ; Jean, qui, grâce à son courage, avait acquis le droit de prendre part au conseil, ne s'opposa pas à cette résolution, malgré sa galanterie normande, et demanda, après avoir examiné les lieux, à avoir la garde du moulin. C'était probablement en raison de quelques motifs cachés qu'il agissait ainsi, et Clémenceau en eut quelques soupçons ; mais il ne voulut point les lui demander après ce qu'il venait de faire, bien certain qu'en le laissant agir à sa guise il ferait mieux que si on lui prescrivait une marche régulière.

Les postes ainsi distribués, chacun attendit dans un silence profond que rien ne vint troubler. On avait compté sur quelques signaux lointains qui pourraient avertir du moment où la troupe se mettrait en marche et qui permettraient de calculer le moment où les incendiaires seraient près d'arriver à l'habitation; mais aucun bruit, aucun cri ne se fit entendre. Quoiqu'il fît peu de vent, cependant les arbres s'agitaient encore assez pour produire des frôlements qui tenaient sans cesse éveillée l'attention des quatre sentinelles. Deux heures entières s'écoulèrent ainsi, sans qu'on pût s'apercevoir que cette nuit était vouée à un sinistre projet; et déjà Clémenceau et M. Owen commençaient à croire que Jean avait mal compris, ou que les noirs avertis par M. Welmoth, qui s'était peut-être alarmé de la disparition de John, auraient renoncé à leur complot, lorsque tout à coup une lueur soudaine et qui grandit avec une rapidité effrayante se montra du côté du moulin et l'enveloppa bientôt. On n'avait pas prévu le cas d'incendie, c'est-à-dire qu'on n'avait pu penser que ceux qui s'approcheraient assez près pour mettre le feu pussent échapper à celui qui veillerait près du bâtiment menacé, de manière que cet aspect déconcerta tout le monde. Clémenceau, le commandeur, M. Owen, se précipitèrent du côté du moulin, craignant que Jean, affaibli par ses fatigues et sa blessure, n'eût été surpris et peut-être égorgé. Mais ils furent très-surpris de voir le moulin tout en feu et de ne pas apercevoir Jean. Ils l'appelèrent avec des cris désolés, et bientôt les noirs sortant de leurs cases accoururent de toutes parts pour éteindre le feu.

Cependant Clémenceau, désolé de la disparition de son domestique, courut à l'habitation, qui retentissait aussi de cris et qui lui parut dans un désordre causé sans doute parmi les négresses qui l'habitaient, par la peur de l'incendie. Mais en entrant, Clémenceau fut tout stupéfait en apercevant dans un coin de la pièce où il avait laissé madame de Cambasse, celle-ci couverte de sang et évanouie par terre, un nègre étendu, et au milieu de la pièce, luttant avec d'affreux rugissements, Jean et Idoménée. Clémenceau se précipita au secours de son domestique; mais au moment où il allait

frapper le mulâtre, celui-ci céda à un dernier effort de Jean,
qui l'abattit par terre en disant avec un accent qui montra à
son maître que l'ardeur de la lutte avait fait sortir Jean de
la paisible moquerie de son caractère dans les plus grands
dangers :

« Laissez-le-moi.... Je le tiens.... Je le tuerai bien tout
seul. »

Clémenceau courut vers madame de Cambasse ; un léger
coup de couteau qui n'avait fait qu'effleurer les côtes et
l'effroi de la scène qui s'était passée avaient seuls causé son
évanouissement. Elle revint bientôt à elle-même pendant
qu'on garrottait le mulâtre et qu'on emportait le corps du
nègre mort, qui était celui de l'empoisonneur Théodore ; et
pendant qu'on éteignait les restes de l'incendie, Jean raconta ce qui s'était passé et en vertu de quel plan il
avait agi.

« Faut vous dire, reprit-il, que comme je n'avais pas dit à
madame toutes les horreurs que s'était permis de dire l'Anglais sur le comte de madame, j'avais gardé pour moi toutes
les horreurs que le mulâtre s'était promis de lui faire. Ç'a été
dit dans le colloque particulier où il a été question de l'a-
vertissement. Comprenez-vous que ce cuir tanné, cet horrible noiraud déteint avait dit :

» Eh bien ! je l'enlèverai cette femme qui a appartenu à
qui l'a voulue, et qui me regarderait comme un chien si
elle me rencontrait sur son passage ; je l'enlèverai et elle
sera à moi. C'est pour ça, voyez-vous, que j'ai lâché le mou-
linet, et pour autre chose aussi... Vous le verrez sans doute
tout à l'heure sans que je vous le dise. Je suis donc venu me
poster près de la maison, et, au moment où le moulin fut en
flammes, je vis deux hommes sauter par une fenêtre basse,
et entrer comme l'éclair dans la galerie où était madame de
Cambasse. Je m'élançai après eux, mais la fente était gardée
par le gueux d'empoisonneur qui avait été chargé de rester
là sans doute pour protéger la retraite de son chef. L'affaire
ne fut pas aisée ; le gredin avait empoigné le bout du pistolet
avec lequel je voulais lui donner la bénédiction, et dans le
mouvement que je faisais pour le lui arracher, je n'osais
tirer, de peur que la balle n'allât frapper madame de Cambasse qui se débattait contre cet affreux Idoménée. Celui-ci,

entendant ma lutte avec Théodore, lâcha madame de Cambasse qui criait :

« Vous êtes découvert et on va vous punir : » mais il lui donna alors ce coup de couteau sous lequel je la vis tomber. Ça me rendit enragé, et je le devins encore plus en voyant que le mulâtre se dirigeait de mon côté et que j'allais en avoir deux sur les bras. Ma foi, je lâchai les pistolets, et je m'armai naturellement de mon seul poing. La tête du nègre est de fer, mais le poing du Normand est d'acier ; le coup fut si bien appliqué entre les deux yeux que le moricaud chancela et tomba. Je jugeai, en sentant ma main toute trempée, que ses yeux avaient pris un billet de sortie de sa tête, et que je n'avais pas grand'chose à en craindre, et je n'eus que le temps de me retourner vers le mulâtre qui venait sur moi avec son grand gueux de couteau. Je lui tins le poignet si serré qu'il le lâcha, et que nous nous mîmes à serpenter l'un contre l'autre comme vous avez pu le voir au moment où vous êtes entré.

— Ah ! s'écria madame de Cambasse, sans vous j'étais perdue, et ma reconnaissance... — Ne parlons pas de ça, madame, dit Jean, car l'affaire n'est pas finie. — Y a-t-il encore quelque danger que vous ne nous avez pas révélé ? — Je ne sais pas s'il y a encore du danger... Mais ce n'est pas pour rien que j'avais mon plan ; ce n'est pas pour rien que j'ai laissé brûler le moulin. Il faut régler le compte à tout le monde cette nuit. Vous comprenez bien que, selon les paroles qu'il a dites, le goddam va arriver tout chaud, tout bouillant, avec M. Sanson, pour vous apporter des secours ; nous tenons son confident... Il me semble que... il y a quelque chose à faire, quelque comédie à jouer pour les enfoncer l'un par l'autre au vis-à-vis du père Sanson. Pour ça, je l'avoue, je suis très-insignifiant, je n'ai pas de plan, je ne sais par quel bout vous pouvez vous y prendre ; mais M. Clémenceau, qui faisait en cachette de son père des pièces pour le théâtre du Hâvre, trouvera bien une idée...

— En effet, dit Clémenceau, on pourrait, ce me semble...»

Et il se mit à rêver tandis que Jean reprenait :

— Voilà la chose prête, la casserole est au feu, c'est à vous de poivrer et d'épicer la sauce ; je n'y connais plus rien.

— Eh bien ! dit madame de Cambasse, laissez-moi faire ;

que M. Clémenceau se retire ainsi que Jean pour qu'on me croie seule, et qu'ils se tiennent dans la pièce à côté de celle-ci, ou l'on amènera Idoménée de manière à ce qu'il puisse entendre tout ce qui se dira ici. Si M. Welmoth et M. Sanson arrivent, nous serons avertis par les coups de feu que sir Edouard doit tirer pour avertir Idoménée de fuir. Nous n'avons pas besoin de dire quel fut le plan de madame de Cambasse, car il fut presque à l'instant renversé par l'apparition inattendue de M. Sanson et de sir Welmoth.

X

LE MASQUE TOMBE.

Mais, avant de raconter la scène qui s'en suivit, il est bon de dire que, de tous ceux qui avaient pris part à la tentative, Idoménée, seul, avait été arrêté. Ceux qui avaient mis le feu au magasin, où il n'y avait personne, avaient eu le temps de s'échapper en entendant accourir Clémenceau et M. Owen, et les autres noirs qui s'avançaient vers les autres bâtiments, surpris de voir qu'on était sur pied, s'étaient retirés avant d'accomplir la part de crime qui leur avait été confiée. Si l'on s'étonne de l'arrivée de M. Welmoth et de M. Sanson sans que le signal convenu eût été donné, il ne faut pas oublier que Jean avait retiré les capsules des pistolets de sir Edouard. Il en résulta que celui-ci, qui croyait avoir des armes en état, essaya de tirer à une certaine distance de l'habitation. Son premier coup n'étant point parti, il examina son second pistolet et vit que la capsule, comme nous l'avons dit, en avait été enlevée. Cette circonstance, si légère qu'elle pût être, et quoiqu'il fût raisonnable de l'attribuer au hasard ou au manque de soin de son domestique, surprit un esprit aussi soupçonneux que le devient celui d'un homme voué aux intrigues les plus cachées et les plus ténébreuses. Cette

circonstance s'appuya sur les remarques qu'avait déjà faites
sir Edouard sur la disparition de son groom, sur ce qu'Idoménée avait cru entendre, sur les pas qui lui avaient paru à
lui-même suivre les siens, enfin, la rapidité avec laquelle
l'incendie avait été éteint, et le point unique où il s'était
manifesté. Un moment il avait voulu retenir M. Sanson, et
il lui dit :

« Je crois inutile de porter plus loin nos secours, madame
de Cambasse aura probablement trouvé des aides qui n'auront pas eu un si long intervalle que nous à franchir pour
arriver jusqu'à elle.

— D'où vient cette assurance que le danger de madame
de Cambasse soit passé ? — Mais de ce qu'il est véritablement
passé, fit sir Edouard ; vous pouvez voir que le feu diminue
sensiblement. — C'est vrai, dit M. Sanson en avançant toujours ; mais quelles sont les personnes qui ont pu, selon
vous, apporter des secours plus immédiats que les nôtres à
madame de Cambasse ? — Je ne suis sûr de rien ; mais il est
certain qu'en revenant de la Basse-Terre, j'ai rencontré sur
la route un certain mulâtre avec qui j'ai causé un moment
et qui m'a dit avoir vu M. Clémenceau se rendre chez madame de Cambasse. — Vous ne m'en aviez pas averti quand
nous sommes partis, dit M. Sanson d'un ton d'humeur. —
J'avoue que, dans le premier moment de trouble, je l'avais
complétement oublié : la crainte de voir cet incendie s'é-
tendre et se propager m'avait présenté un danger si redoutable que je n'avais pas pensé à autre chose. — C'est concevable, dit M Sanson d'un ton froid, et cela pourrait bien
recommencer, malgré le zèle de M. Clémenceau ; dans tous
les cas, ce serait un déshonneur pour moi de ne pas aller où
un pareil danger peut exister, quels que soient l'accueil qui
m'y attend et les personnes que j'y vais rencontrer. »

Il fallut bien que M. Welmoth se rendît à une volonté si
formellement exprimée, et il se promit de se tenir sur ses
gardes contre tout ce qui pourrait se présenter à lui. Quant
à M. Sanson, il avait bien remarqué que sir Edouard avait
examiné, touché et même essayé de faire partir un de ses
pistolets, mais il n'avait tiré de cela aucune conclusion.
Il était trop préoccupé de la pensée de revoir madame de
Cambasse et de l'idée de la retrouver avec Clémenceau. En

effet. il était près de deux heures du matin quand l'incendie avait éclaté ; donc, si M. Clémenceau se trouvait à pareille heure chez elle, c'est qu'il avait dû y passer la nuit. Ce fut le sentiment d'amère appréhension qu'il portait en lui, qui fit qu'au moment où il mit le pied dans le salon où se trouvait M. Clémenceau, il s'écria :

« Vous aviez raison, sir Edouard, madame avait près d'elle des amis qui rendent notre présence ici tout à fait inutile. » Un signe de madame de Cambasse avertit tous ceux qui se trouvaient chez elle qu'elle se gardait le droit de répondre, et elle dit aussitôt : « Pardon, monsieur Sanson, nous avons un compte à régler ensemble : c'est une affaire d'argent pour laquelle je n'admets pas d'intermédiaire, quoique j'y veuille bien admettre des témoins et M. Welmoth tout le premier, et que je vous prie instamment de vouloir bien terminer immédiatement avec moi, car je vous préviens que je quitte ce pays dans quelques jours. »

Je n'ai pas besoin de dire que M. Sanson voulait partir et que cependant il demeura. Quel homme amoureux n'a gardé l'espoir de voir sortir une justification de la preuve qu'il avait demandée pour ne plus douter d'une perfidie ? Il s'inclina en signe d'assentiment, tandis que M. Welmoth interrogeait du regard tous les visages et tous les objets : il découvrit les traces de sang sur le sol, et jugea qu'une lutte pouvait avoir eu lieu, et se promit d'user d'une prudence d'autant plus excessive que peut-être on avait arrêté quelqu'un de ses complices ; mais il était inconnu à tous, excepté à Idoménée, et il suffisait de s'assurer que celui-ci n'était pas pris pour n'avoir rien à craindre. Cependant madame de Cambasse, offrant un siège à M. Sanson qui le refusa, lui dit : « Permettez-moi donc de m'asseoir ; l'émotion que j'ai éprouvée et la blessure que j'ai reçue ne me permettent pas de me tenir debout. — Vous êtes blessée ! » s'écria M. Sanson en pâlissant.

Madame de Cambasse porta la main à son cœur, elle voulut y comprimer un de ces bonds de joie qu'éprouve une femme en se sentant aimée au point où elle se sentait l'être ; elle garda un moment le silence pour se remettre, et, gardant son air sérieux et réservé, elle repartit : « Ma blessure est sans danger, mais permettez-moi toutefois de vous remercier

et de l'intérêt qui vous a poussé à venir à mon secours et de
la crainte que vous avez éprouvée en apprenant que j'étais
blessée ; ce ne sera rien, vous dis-je. — J'en suis charmé,
dit M. Sanson d'un air qui annonçait qu'il se repentait presque de la vivacité de son premier mouvement. Mais je craindrais de vous fatiguer, et si vous voulez remettre à demain,
à un autre jour, cette affaire dont je n'ai pas d'idée, ce sera
peut-être plus prudent pour vous. — Monsieur Sanson, reprit
madame de Cambasse d'un ton amical, croyez que si j'insiste, il importe beaucoup pour moi que cette affaire soit
terminée à l'instant même ; je quitte... je quitterai peut-être,
reprit-elle en voyant la pâleur se répandre sur le visage de
M. Sanson à ce mot, je quitterai peut-être ce pays dans quelques jours, cela peut dépendre de ce qui va se passer : soyez
donc assez bon pour me prêter un moment d'attention ;
quoiqu'il s'agisse d'un intérêt assez minime, je veux que
vous fixiez vous-même l'indemnité que je puis vous devoir.
— A moi ? — A vous. — Et pourquoi ? — Le voici : cet incendie, qui vous a alarmé au point de venir chez moi, n'est
pas le résultat d'un accident, comme vous pourriez le penser ;
c'est le commencement d'un plan qui a voué cette colonie à
la ruine, et c'est par les mains des esclaves qu'on espère
l'accomplir. — Je ne sais à qui peut s'adresser cette accusation, dit M. Sanson ; je suis hors de cause, puisque la ruine
de cette colonie sera ma ruine ; ce projet, s'il existe, ne peut
donc s'imputer qu'à des hommes étrangers à ce pays, qui,
bercés d'idées de philanthropie ridicule, ou poussés par des
sensations odieuses, ont juré de l'anéantir. — Monsieur !...
dit Clémenceau. — Ces paroles de M. Sanson, reprit madame
de Cambasse, ne s'appliquent pas à vous, j'en suis sûre, pas
plus que les miennes ne s'appliquaient à M. Welmoth, mais
je vous prie de vouloir bien m'écouter sans m'interrompre.
Ce complot existe, monsieur, croyez-moi, et si j'en ai été la
première victime apparente, vous l'avez été avant moi sans
soupçonner que vos pertes n'étaient que le commencement
de l'exécution de ce grand projet. On a procédé chez vous
par l'empoisonnement ; chez moi, on voulait amener la ruine
par l'incendie. Il fallait aller vite, car j'avais des soupçons, et
on les connaissait. — Pardon, madame, dit M. Sanson, mais
je ne vois pas ce qui peut vous autoriser à croire que cet

incendie soit le résultat d'un complot. — L'un des incendiaires a été arrêté ici, » dit madame de Cambasse. Malgré toute sa fermeté, le visage de M. Welmoth laissa percer la violente appréhension qu'il éprouvait.

« Et cet incendiaire, dit madame de Cambasse sans avoir l'air de s'apercevoir du trouble de sir Edouard, est un de vos esclaves. — Se peut-il? — C'est Théodore, celui qui a déjà commencé chez vous par l'empoisonnement de vos meilleurs travailleurs. — Qu'on me l'amène et que je l'interroge! s'écria à l'instant M. Sanson. — Tout à l'heure, mon ami, » dit madame de Cambasse, que chacun écoutait avec une extrême attention, surtout Clémenceau et M. Owen, qui comprenaient bien qu'elle voulait démasquer sir Edouard, mais qui ne voyaient pas comment elle pourrait y arriver. Quand à Jean, il avait disparu. « Tout à l'heure, reprit-elle; mais avant de l'interroger, il faut que je vous dise ce qu'il nous a répondu, pour que vous jugiez si ses réponses seront conformes. Cet homme a juré cette nuit avoir assisté, dans le bois des Balisiers qui est en face de l'habitation et qui commence au bout du chemin qui mène à la route, il a avoué, dis-je, avoir assisté à une réunion où l'incendie de mon habitation a été proposée à lui et à plusieurs autres noirs par un homme portant un masque vert avec des cercles rouges autour des yeux. Il ne pourrait, nous a-t-il dit, reconnaître la voix de cet homme ni sa taille, mais il existe un homme qui le connaît et qui leur en a répondu : c'est le mulâtre Idoménée. — On dit, reprit alors Welmoth, qu'il a été fort assidu à aller demander des nouvelles de la blessure de M. Clémenceau ; ils doivent se connaître, et M. Clémenceau pourrait peut-être nous donner des renseignements à ce sujet. »

Ernest fut si surpris de ce comble d'audace, qu'il cherchait pour ainsi dire une qualification assez forte pour répondre à sir Edouard, lorsque madame de Cambasse, qui devina que M. Welmoth avait le projet de détourner la marche que prenait cet éclaircissement pour en faire une querelle particulière, se hâta de reprendre.

« Je ne connais pas les relations de M. Clémenceau avec Idoménée, mais il ne pourrait guère nous instruire sur les relations de l'homme masqué, car, pendant que la réunion

des incendiaires avait lieu, M. Clémenceau était chez moi.
— Vous êtes donc bien sûre de l'heure où a eu lieu cette
réunion ? dit sir Edouard, qui ne put s'empêcher de parler
comme un accusé. — Sûre de l'heure, monsieur, dit madame de Cambasse, et sûre des moindres circonstances.
Ainsi, cet homme masqué dont je parle aurait dit à Idoménée, et je vous prie de bien faire attention à ceci, mon ami,
que l'on pourrait voir l'incendie de l'habitation où il se
trouvait, et qu'il lui faudrait bien nécessairement avoir l'air
d'accourir à mon aide, mais que, pour ne pas s'exposer à
surprendre les incendiaires au moment où il arriverait, il ti-
rerait un ou deux coups de feu à quelque distance de la
maison. »

Cette dernière circonstance fut comme un éclair terrible
de vérité pour M. Sanson.

« Un coup de feu ! s'écria-t-il en regardant sir Edouard en
face, mais vous avez essayé de tirer vos pistolets quand nous
avons été à peu de distance de la maison... — Monsieur !
s'écria sir Edouard, après un pareil soupçon... je ne puis
pas... — Tu avé pas pu tiré les pistoles, dit tout à coup la
voix burlesque d'un homme en grande livrée, qui barra le
chemin à sir Edouard, parce que je avé retiré les capsules.
— Qu'est-ce que c'est que ça ? fit sir Edouard, en voyant devant lui cette caricature de John. — Que veux-tu dire,
John ? s'écria aussitôt M. Sanson, qui, dans le premier moment, se trompa à la ressemblance. — Je voulais dire, monsieur Sanson, dit Jean en continuant son baragouin, que je
avé saoulé le John au goddam, que jé avé monté sur le poney et suivi le goddam à l'assemblée des noirs, où jé avé
tout vu, tout entendu. — En vérité, s'écria M. Welmoth, je
savais bien que les Français étaient renommés pour être de
grands comédiens, mais je ne savais pas qu'ils fussent des
bateleurs de si basse espèce ! — Ils ne mettent pas de masque, monsieur, dit Clémenceau en s'approchant ; et comme
vous avez l'habitude d'en porter, en voici un qui vous ira à
merveille. »

Il avait déjà levé la main pour donner un soufflet à
Edouard, mais M. Sanson l'avait arrêté, tandis que sir
Edouard, au comble de la rage, oubliant l'état de ses pisto-
lets, en avait dirigé un contre la poitrine d'Ernest.

« Il ne pouvé pas partir, lui dit Jean de son ton goguenard, je l'avé empêché beaucoup. »

M. Welmoth jeta ses armes par terre avec un geste de fureur, tandis que M. Sanson disait :

« Non, monsieur Clémenceau, ceci n'est ni une querelle d'homme à homme, ni de nation à nation, c'est une affaire de cour d'assises. — Vraiment, dit M. Welmoth ; et c'est sur l'accusation d'un esclave qui avoue ne pas me connaître, sur l'accusation d'un domestique, d'un homme que j'ai provoqué publiquement et qui a eu la lâcheté de refuser, qu'on me croit coupable... Prenez garde, mon oncle, ceci est une comédie qui peut tourner à votre honte. — Ah ! fit madame de Cambasse, nous avons un témoignage bien autrement important que celui de Théodore ; amenez le prisonnier ! » dit-elle.

On entraîna Idoménée dans la chambre, et à son aspect M. Welmoth parut perdre tout à fait contenance.

« Tu connais M. Welmoth ! lui dit M. Sanson, — Non, fit Idoménée. — Ce n'est pas lui qui était cette nuit dans le bois des Balisiers ? — Il n'y a eu personne dans le bois des Balisiers. — Comment ! s'écria Jean, il n'y avait pas une réunion et tu n'a pas causé avec lui en particulier, et tu n'as pas entendu remuer près de toi, et tu n'as pas lancé ton couteau du côté du bruit, si bien que j'en ai encore la marque, et qu'elle doit être aussi à l'arbre où la lame s'est plantée ? — Tout ça, dit le mulâtre, sont des inventions. — Faites venir Théodore, dit M. Sanson. — Il est mort, Théodore, dit Idoménée. — Mais il y a quelque chose, s'écria Jean, qui n'a pu disparaître ; c'est le manteau et le masque ; ils doivent être dans les effets de ce gentleman. — Il est certain, dit M. Welmoth, qui s'était tout à fait remis, que si votre ignoble parade est bien combinée, vous avez dû les y cacher pour qu'on les y retrouve. »

M. Sanson baissa la tête, puis, après un moment de silence, il reprit :

« Pardon, mon cher Edouard, de vous avoir un instant soupçonné, mais toute cette comédie a été si habilement conduite, que j'ai pu un moment m'y laisser prendre. Cependant, puisque c'est un de mes esclaves qui, dit-on, a mis le feu à l'habitation, je ne veux pas, quoique rien ne m'y oblige, qu'aucun tort ait pu arriver à madame de Cambasse par moi ou par un des miens, et je suis tout prêt à lui payer une indemnité. — Je ne veux rien que de la loi, dit madame de Cambasse ; car j'espérais vous éclairer sur les infâmes menées d'un monstre. — Cette femme est folle ! dit sir Édouard en haussant les épaules. — Monsieur Welmoth, reprit Ernest, vous m'avez promis de m'écouter devant les mêmes personnes à qui vous avez dit que j'avais lâchement refusé une rencontre avec M. Sanson ; puisque l'aveuglement de votre oncle vous protége encore, je vous préviens que je vous dirai mes raisons partout où je vous rencontrerai ; et je vous avertis que vous ne fuirez pas ici comme vous avez fait à la Jamaïque. — Quand et comme il vous plaira, » dit sir Édouard.

Madame de Cambasse s'était mise à écrire pendant que ces paroles s'échangeaient, et dit, en remettant sa lettre à M. Owen :

« Qu'on porte immédiatement cette dénonciation au procureur du roi. Si le principal coupable nous échappe, en voici un du moins que rien ne peut sauver. Ce mulâtre a forcé ma maison de nuit, les armes à la main ; c'est lui qui m'a porté ce coup de couteau... ceci n'est pas une comédie. »

Idoménée, malgré lui, jeta un regard sur sir Édouard ; mais il demeura impassible.

« Que ceux qui font agir le sauvent, s'ils le peuvent, » ajouta madame de Cambasse.

Welmoth fut parfaitement insensible à cette insinuation.

« Est-ce que nous ne laissons pas madame à son rôle de grand justicier ? dit en riant sir Édouard à M. Sanson. — Je suis à vos ordres, mon ami, dit M. Sanson ; partons. J'étais bien sûr que vous ne pouviez être mêlé à une si infâme tentative. Quant à ce misérable, le seul moyen qu'il lui reste d'adoucir sa situation, c'est de nommer ses complices. »

Cette fois, on ne pouvait se tromper sur l'intention de M. Sanson ; elle tendait manifestement à obtenir un aveu d'Idoménée, et chacun devina qu'il ne s'était si bien contenu que pour tromper sir Édouard.

« C'est ce qu'il y a de mieux à faire, dit M. Welmoth sans se troubler, et je le lui conseille... mais c'est à ses juges et non pas à nous qu'il doit répondre. »

Pendant qu'il parlait ainsi, M. Welmoth attachait sur Idoménée des yeux inquiets. M. Sanson semblait confondu de son silence.

« Eh bien! lui dit M. Welmoth d'une voix altérée, venez-vous?... »

M. Sanson fit un mouvement pour sortir avec sir Edouard. En ce moment, le mulâtre chancela sur ses jambes et poussa un cri sourd et terrible.

« Attendez, sir Welmoth, dit-il... attendez... »

Ce changement soudain arrêta tout le monde.

« Quoi donc? » s'écria-t-on de tous côtés. « C'était du poison... Ah! fit le mulâtre râlant... le coup était bien monté. S'il avait tiré le coup de feu, je me serais enfui et j'aurais été crever dans quelque coin d'un bois... — Horreur! » crièrent tous ceux qui étaient présents. « Oui... oui... dit Idoménée, voilà le scélérat qui m'a fait tirer un coup de pistolet sur M. Clémenceau. — Je le savais bien!... s'écria Jean. — C'est lui... c'est lui... »

Le malheureux n'en put dire davantage; il chancela. Dans une dernière convulsion, il se précipita du côté de sir Edouard, comme pour le punir; mais, avant qu'il eût pu l'atteindre, il tomba mort à ses pieds.

Celui-ci le contempla un moment en silence et avec une joie farouche. Tout le monde était anéanti de ce dénoûment soudain et imprévu.

« Infâme! s'écria M. Sanson, nieras-tu encore? — Quoi donc! dit M. Welmoth, vous mêlez-vous aussi de la partie? est-ce votre rôle qui commence pour me payer en injures les belles guinées que je vous ai prêtées en espèces? — L'argent est prêt, dit Clémenceau, et le but de cet entretien que vous avez calomnié, était d'arracher M. Sanson de l'habile spéculation par laquelle vous espériez le ruiner. — Assez de toutes ces accusations! dit sir Edouard; j'ai trop longtemps répondu à des laquais, à des intrigants, à une femme perdue et à un honnête homme qui n'est qu'une dupe. — Monsieur l'Anglais, lui dit Jean en s'approchant doucement de lui... voulez-vous que je vous fasse un cadeau? — Qu'est-ce?... fit sir Edouard. — Ce sont des capsules pour vos pistolets; car, si vous êtes un tant soit peu gentleman, vous vous brûlerez la cervelle en sortant d'ici. »

Il lui tendit les capsules, et sir Edouard avança la main en disant :

« Oui, je les prends, pour envoyer dans la tête de ton maître la balle que je lui dois. »

Mais, avant qu'Edouard eût pris les capsules, Jean s'était précipité sur lui et l'avait terrassé. Tout le monde s'élança pour arracher sir Welmoth à la colère de Jean, qu'on croyait vouloir se venger en voyant le coupable lui échapper.

« Laissez, laissez, dit Jean, je n'ai pas tout dit : je veux voir le gilet de flanelle de ce monsieur... Quand j'ai grisé son groom, comme il dit, à mesure que sa langue s'embarrassait pour la prononciation, elle se déliait pour la confidence, et il m'a glissé dans l'oreille qu'il portait entre cuir et laine des papiers bons à consulter.

Pendant qu'il parlait ainsi, Jean avait arraché ces papiers à M. Welmoth, et il avait lâché celui-ci pour les remettre à M. Sanson. M. Sanson commençait à peine à les lire, que Welmoth s'était relevé, avait ramassé ses pistolets et les avait armé des capsules que lui avait moqueusement remises Jean.

« A mon tour ! » s'écria-t-il en dirigeant ses pistolets sur le groupe désarmé qui s'était réuni autour de M. Sanson pour prendre connaissance avec lui de ces papiers accusateurs. « Oui, entendez-moi, leur dit sir Edouard; c'est vrai, j'ai fait tirer sur ce M. Clémenceau, parce qu'il eût détruit les projets dont je suis l'exécuteur, et qui vous perdront un jour; car, moi mort, mille autres me succéderont. Il faut que la France perde ses colonies, nous l'avons décidé; et ce que l'Angleterre a décidé est l'arrêt du ciel, implacable et inévitable. Oui, j'ai voulu vous ruiner, j'ai voulu perdre cette femme de réputation; oui... j'ai organisé cet incendie. Voilà l'aveu de tout ce que j'ai fait, et vous avez en main les preuves de ma mission. A quoi cela peut-il mener, d'après les lois de votre pays?... — A l'échafaud, misérable! lui répondit M. Sanson. — Eh bien! dit sir Edouard, il m'importe peu que j'y monte pour un crime ou pour dix ; eh bien ! j'en ai encore deux à commettre ; j'ai deux victimes à choisir ici, qui prendrai-je ?... — Malheureux ! s'écria M. Sanson. — Non, pas vous, monsieur, dit sir Edouard, mais cette femme et ce jeune élégant prétendant à la main de miss Clara. »

Madame de Cambasse pâlit, et Jean voulut s'élancer devant elle.

« Pas un mouvement ! s'écrie M. Welmoth, ou elle est morte. Cependant je puis vous proposer une transaction : monsieur Sanson, il y a une bougie derrière vous... brûlez-y, les uns après les autres, tous les papiers que vous tenez, et je me retire.

— Jamais ! jamais ! dit M. Sanson. — Alors comme il vous plaira, dit Welmoth en visant madame de Cambasse, qui tomba à genoux presque morte de terreur. — Cédez... s'écria Clémenceau, cédez... au nom du ciel ! — Ah ! vous avez peur pour vous, jeune galant, dit sir Edouard. — Misérable ! » s'écria Clémenceau en voulant s'élancer contre lui.

Mais il fut retenu par Jean qui l'arrêta en s'écriant :

« Il le ferait comme il le dit, le gueux ! — Il suffit ! » dit M. Sanson en s'approchant de la bougie.

Welmoth, les pistolets tendus, regarda brûler tous les papiers les uns après les autres. Puis quand ce fut fini, il marcha à la croisée, tira les deux coups de pistolet en l'air, et se retournant alors vers ses ennemis, il leur dit :

« L'honneur de l'Angleterre est sauvé, messieurs ; maintenant je suis à votre disposition. »

Cet acte de farouche héroïsme frappa Clémenceau et M. Sanson d'une admiration étrange.

« Partez donc, lui dit M. Sanson ; vous avez ce jour tout entier. — Merci ! » dit sir Edouard en sortant.

Nous n'avons pas besoin de dire quel fut le dénoûment de cette histoire entre madame de Cambasse et M. Sanson. Le mariage de Clara et d'Ernest fut célébré le même jour que le leur. Quant à l'incendie et à la tentative d'assassinat sur Clémenceau, Idoménée resta chargé de tous ces crimes ; et personne, excepté ceux qui avaient été témoins de la

scène que nous venons de raconter, ne soupçonna la part
qu'y avait prise M. Welmoth. Cette leçon suffit à guérir Clémenceau de son enthousiasme abolitionniste pour l'Angleterre. Peut-être pourrons-nous raconter un jour comment
il fut guéri de son enthousiasme pour la liberté des esclaves.

FIN DU BANANIER

EULALIE PONTOIS

I

Dans un salon boisé du château de la Grasserie se trouvaient, durant une des froides soirées du mois d'octobre 1838, quatre personnes assises autour d'un feu qui commençait à s'éteindre.

Deux bougies posées sur une console, à l'autre extrémité du salon, n'éclairaient qu'imparfaitement cette pièce, et l'on n'entendait que le bruit de la pluie qui tombait à verse.

Une préoccupation inquiète agitait le cercle formé autour du feu, mais chacun semblait vouloir garder ses réflexions pour soi-même et craindre de les communiquer aux autres.

Il y avait deux hommes et deux femmes. Les femmes occupaient les deux côtés de la cheminée, les hommes étaient en face.

L'une de ces femmes pouvait avoir quarante-cinq ans. Elle avait pu être belle, quand la fraîcheur de la jeunesse et son riant embonpoint adoucissaient les lignes dures et osseuses de ses traits ; mais à l'âge où elle était arrivée, et surtout à cause de son extrême maigreur, rien d'aimable ni de bienveillant n'était resté sur ce visage. Un nez busqué, des lèvres minces, un menton pointu, de petits yeux gris, lui donnaient un caractère de hauteur et de méchanceté.

Cette femme était d'une taille élevée et carrée ; cepen-

dant ce disgracieux ensemble était empreint d'un air de distinction aristocratique qui n'appartient qu'aux femmes laides d'un monde élevé.

Du reste, la jeune fille qui était en face d'elle semblait
prouver qu'on peut être belle avec de pareils traits ; car
il existait entre elle et cette femme une ressemblance parfaite.

L'expression seule était différente, et un peu d'ironie et
de dédain se montrait seulement sur ce visage blanc et rose,
rayonnant de santé et encadré de magnifiques cheveux
blonds. Toutefois, on reconnaissait aisément que ce devait
être la mère et la fille.

Le plus âgé des deux hommes assis en face de la cheminée était un prêtre, vieillard encore vert.

Il gardait le silence comme les autres ; mais à la ténacité
avec laquelle il attachait ses regards sur son voisin, on eût
dit qu'il eût voulu lire jusqu'au fond de son âme, et plusieurs petits mouvements maladroitement réprimés annon-
çaient une extrême envie de causer, sinon d'interroger.

Quant au dernier de ces quatre personnages, c'était un
homme de trente ans ; il avait aussi quelque chose de méchant
et d'insolent dans le visage ; mais cette insolence et cette
méchanceté devaient être d'une tout autre famille que celle
de la dame. C'était un nez retroussé en pied de marmite ; des
pommettes roses saillantes sur des joues creuses, et un menton fuyant ; une bouche en dessous, comme celle d'un re-
quin, un œil inquiet et agité.

Il était assez grand et n'était pas mal tourné de sa personne ; mais il y avait dans cet individu une importance
grêle qui dénotait invinciblement une envie incapable contre tout ce qui était plus beau ou plus spirituel que lui.

Déjà plus d'un quart d'heure s'était passé dans un absolu
silence, lorsqu'un homme d'une quarantaine d'années entra dans le salon par une porte qui faisait face à la cheminée.

— Ah ! c'est vous, Pontois ? lui dit la plus âgée des deux
dames, est-ce que vous passez la nuit au château ? — Si madame la comtesse le désire, répondit cet homme, j'y reviendrai : mais je suis venu pour chercher M. le curé et le conduire jusque chez lui. Il y a loin d'ici au presbytère.....

— Mais vous demeurez à deux pas, dit le jeune homme. Ce n'est pas une grande peine que vous prendrez là. — Ce n'est pas pour moi que je parle, répondit Pontois, c'est pour M. le curé ; il est près de minuit, et il fait un si mauvais temps !...
— C'est juste, reprit la comtesse ; bonsoir, monsieur Denis, fit-elle au curé ; vous avez eu un triste devoir à remplir aujourd'hui, et nous vous remercions de l'empressement et de la sollicitude que vous y avez mis. — Je suis prêtre pour apporter les secours de la religion aux mourants, comme pour offrir des conseils à ceux qui ne sont pas dans une bonne voie, repartit le curé en regardant le jeune homme, qui le toisa d'un regard impertinent et qui probablement allait lui faire une réponse peu amicale, lorsque la comtesse s'empressa de dire à Pontois :— N'est-ce pas Eulalie qui veille cette nuit près de la marquise ? — Oui, madame, répondit Pontois, c'est ma fille et la vieille Marthe qui passeront la nuit près de madame de Soubiran.

La comtesse et le jeune homme échangèrent un regard d'intelligence pendant que le curé cherchait son parapluie et son chapeau.

— Est-il nécessaire que je revienne ? dit Pontois. — Non, reprit la comtese, vous devez être horriblement fatigué ; restez chez vous. Il n'y a pas d'accident à craindre cette nuit, du moins je l'espère, soyez ici demain de très-bonne heure.
— Il suffit, dit Pontois.

Le curé et le régisseur, car cet homme était celui qui gérait les propriétés de la marquise de Soubiran, le curé et le régisseur, disons-nous, quittèrent le salon, et presque aussitôt la jeune fille s'écria en étouffant un long bâillement de manière à lui donner l'apparence d'une contraction nerveuse :

— Maman, veux-tu rentrer ? Je suis brisée. — Eh bien ! Camille, dit la comtesse, je ne remonte pas encore ; mais, si tu es fatiguée, tu peux aller te coucher.

A cette proposition, la jeune fille tressaillit et laissa échapper cette exclamation :

— Toute seule ! — Tu as raison, dit la comtesse, qui se méprit au sens de cette exclamation ; je vais aller t'aider à te déshabiller.

Puis elle reprit en s'adressant au jeune homme :

— D'après ce que vous m'avez écrit, monsieur Gagerot, je n'ai pas même voulu amener avec nous une femme de chambre. Du reste, ce sera l'affaire de cinq minutes. Veuillez m'attendre; je redescends.

La comtesse prit une bougie, mais Camille ne quitta point son fauteuil.

— Eh bien! Camille? lui dit sa mère d'un air sec. — Maman, j'aime autant rester ici: je dormirai sur ce fauteuil.

La comtesse fronça le sourcil, M. Gagerot se mit à rire.

— Ah! dit-il d'un air galant, la belle mademoiselle Camille a peur des revenants. — J'aime autant rester ici, dit la jeune fille. — Point de sot enfantillage, reprit la comtesse de Brevise; venez.

Camille se leva pour obéir, et Gagerot lui dit avec un sourire qui avait ou la prétention d'être aimable ou d'être spirituel :

— Pour revenir, il faut être mort, et madame de Soubiran n'est pas encore dans l'autre monde.

Camille parut encore plus alarmée, et elle semblait encore hésiter à partir lorsqu'une des portes du salon s'ouvrit, et une jeune fille parut tenant d'une main un flambeau, de l'autre une cafetière.

— Ah! c'est vous, Eulalie, dit la comtesse ; vous allez dans la chambre de la marquise? — Oui, madame, répondit Eulalie. — Est-ce la potion ordonnée par le médecin que vous portez là? dit la comtesse en montrant la cafetière. — Non, madame, c'est du café que j'ai pris à l'office pour Marthe et pour moi. Comme c'est la troisième nuit que nous passons, nous avons peur de dormir. — C'est bien, fit la comtesse.

Eulalie sortit, et madame de Brevise dit à Camille :

— Voilà une fille plus jeune que vous, et qui n'a pas de sottes terreurs. — Ah! maman, dit Camille d'un air de dédain, ces gens-là... — C'est vrai, reprit Gagerot d'un air railleur, ces gens de rien, ignorants et pauvres, ça n'a pas le droit d'être.... superstitieux.

Madame de Brevise se pinça les lèvres, tandis que sa fille regardait Gagerot d'un air si étonné, que celui-ci pensa qu'elle n'avait pas compris le sarcarme; la jeune fille s'étonnait seulement de ce que M. Gagerot le lui eût adressé.

La comtesse fit un signe impératif à Camille et l'emmena.

Gagerot haussa les épaules et murmura à voix basse :

— Petite bégueule... Enfin, c'est fait...

Puis il alla s'asseoir au coin de la cheminée, tisonna le feu pour le ranimer et se pencha sur son fauteuil, les yeux fixés au plafond, en sifflotant un air d'opéra comique qu'il interrompait de temps en temps par quelques mots comme ceux-ci : Soixante-dix... soixante-quinze... quatre-vingt mille... Il reprenait son air, et ajoutait un peu plus tard : La forêt de Coudray, trente mille... cent dix mille... la terre des Lorières, seize mille... cent vingt-six mille....

Il compta ainsi jusqu'à deux cent mille, et arrivé à ce beau chiffre, il se trémoussa joyeusement sur son fauteuil en criant assez haut pour qu'on pût l'entendre : — Deux cent mille livres de rente... eh! eh! Un regard ardent jeté autour de lui avec un vif mouvement de tête, sembla dire : J'en aurai bien quelque chose.

A ce moment, madame de Brevise reparut et vint rapidement s'asseoir près de Gagerot.

— Enfin, lui dit-elle, nous sommes seuls; eh bien?... — Eh bien! c'est fait comme il a été convenu.

La comtesse laissa échapper un profond soupir de sa poitrine, Gagerot en comprit le sens.

— Ne vous l'avais-je pas écrit? — Sans doute; mais l'accueil de madame de Soubiran a été si froid! — Une mourante... et puis vous n'étiez pas d'une parfaite intimité. — Mais nous venions de faire cent lieues en poste pour lui prodiguer nos soins.

Gagerot laissa échapper un petit ricanement.

— Plaît-il? fit la comtesse avec hauteur. — Seriez-vous venue, si je ne vous avais pas appris qu'elle instituait votre fille sa légataire universelle?

La comtesse ne jugea pas à propos de répondre; mais elle reprit en baissant la voix :

— Vous avez donc lu le testament? — Je l'ai dicté, repartit Gagerot en regardant la comtesse avec une intention marquée.

Madame de Brevise sembla se mettre sur ses gardes et examiner Gagerot.

— En ce cas, lui dit-elle, vous devez en connaître les moindres dispositions? — Je les connais, et je suis chargé de les faire exécuter. — Vous, l'exécuteur testamentaire de madame de Soubiran? — Moi! — Ah! fit la comtesse. Et il y eut un moment de silence, pendant lequel Gagerot regardait d'un air railleur les petites crispations nerveuses que cette nouvelle semblait donner à madame de Brevise, et qu'elle avait grand'peine à contenir. Cependant ce fut elle qui reprit l'entretien la première. — Et qu'a-t-elle laissé à ce Paul Chagoin? — Rien! dit Gagerot avec un accent de rage satisfaite. — Absolument rien? — Absolument rien! repartit Gagerot du même ton.

Par un mouvement involontaire, madame de Brevise se recula sur son fauteuil, et reprit d'un air presque soumis :

— Mais, je ne l'entendais pas ainsi; c'est son neveu, son véritable héritier, et je ne veux pas qu'on dise que nous l'avons entièrement dépouillé. — Il est temps encore de faire révoquer le testament, fit Gagerot d'un ton dégagé.

Madame de Brevise s'agita sur son fauteuil; Gagerot se prit à ricaner, la comtesse se leva et se promena avec agitation dans le salon.

Gagerot se mit à la lorgner avec une impertinence si marquée, que la comtesse finit par s'arrêter tout à coup, et lui dit avec colère :

— Vous vous êtes fait, sans doute, votre part dans ce testament? Ainsi, monsieur...— Moi, madame, dit Gagerot d'un air de puritain offensé, je n'ai d'autre part dans ce testament que celle que madame de Soubiran a voulu absolument me faire. Sa bibliothèque, qui n'a guère de valeur que comme souvenir, voilà tout ce que j'ai accepté.

Madame de Brevise pensa immédiatement qu'il serait prudent, lors de l'inventaire, de faire examiner soigneusement chaque livre, pour s'assurer si la vieille marquise n'y avait pas caché quelques paquets de billets de banque.

— Croyez, monsieur, que je comprends cette délicatesse, et que nous saurons la reconnaître. — En faisant ce que j'ai fait, dit Gagerot d'un air sentencieux, j'ai obéi à ma conscience : madame de Soubiran m'a demandé des conseils, je les lui ai donnés comme doit le faire un honnête homme, sans attendre d'autre récompense que la conviction d'avoir fait mon devoir.

Sur cette solennelle déclaration, nos deux interlocuteurs

allaient se quitter, lorsqu'ils entendirent tout à coup des cris aigus partir de l'étage supérieur.

Mais, avant de dire quelle était la cause de ces cris, nous allons expliquer à nos lecteurs les relations diverses de ces personnages entre eux.

II

En 1808, il existait en France un M. Chagoin, munitionnaire général, à qui l'empereur ne demanda pas des comptes trop exacts à la condition qu'il marierait sa fille à M. le marquis de Soubiran, émigré ruiné, devenu comte et chambellan de Sa Majesté impériale.

Le fils aîné du munitionnaire fut chargé d'aller manger une large part des revenus de son père comme préfet de l'un de nos départements d'outre-Rhin, et les millions du père Chagoin se trouvèrent légitimés par l'emploi gouvernemental qu'ils reçurent.

Il arriva de ceci que M. de Soubiran mena une vie fort malheureuse.

Tracassé par sa famille, et surtout par sa sœur, madame de Brevise, qui s'était mariée en 1812 à un gentilhomme qui lui apportait un nom sans alliage, il prodiguait aux siens la fortune de sa femme sans pouvoir obtenir pour elle la moindre concession. On la tolérait à peine et on ne manquait pas une occasion de plaisanter sur les *riz-pain-sel* et leurs millions, tout en vivant de leurs miettes.

Madame de Soubiran était une bonne femme, et lorsque vint la restauration, et que, de chambellan, son mari devint gentilhomme de la chambre, elle eut la faiblesse de se brouiller avec son frère l'ex-préfet, pour des gens qui la méprisaient.

Le père Chagoin mourut alors, et son héritage donna lieu à un procès scandaleux entre le frère libéral et la sœur marquise. Toutes relations cessèrent entre eux, et à l'époque de

la mort du marquis, arrivée en 1830, ni M. Chagoin ni son fils
Paul ne vinrent même faire une visite de condoléance à madame de Soubiran.

La rupture fut à jamais scellée.

M. Chagoin mourut à son tour, et laissa sa fortune à son
fils unique, M. Paul Chagoin, qui était aussi l'unique héritier de madame de Soubiran, puisqu'elle restait sans enfants.

Tant que ledit M. Paul eut en possession forêts, maisons,
capitaux, il ne pensa guère à sa tante ; mais, après trois ou
quatre ans de folies stupides, lorsque le jeu, les chevaux, les
magnifiques soùpers, et surtout les sylphides de tout ordre
eurent profondément écorné la fortune de M. Paul, il se souvint de sa tante et lui écrivit.

Mais la porte était gardée, et madame de Brevise avait
placé près de madame de Soubiran un homme qui s'était
chargé de représenter le neveu comme le plus mauvais garnement de la terre. C'était la vérité, et madame de Soubiran
en était assez convaincue pour ne pas être très-ravie de lui
laisser sa fortune.

Mais de là à faire donner cette fortune à Camille de Brevise il y avait une montagne à franchir, et Pontois, l'intendant en question, n'était pas de taille à surmonter une si
énorme difficulté.

Cependant ce n'était pas parce que madame de Soubiran
détestait les Brevise, et surtout la jeune Camille, que la chose
était si difficile. C'était le fait matériel de faire un testament
qui épouvantait la marquise.

Pour elle, comme pour beaucoup de gens, écrire un testament, c'est appeler la mort. Cela lui faisait peur, et il n'y
avait qu'un esprit fort qui pût la déterminer à cet acte extraordinaire de courage.

Or, pendant l'été qui avait précédé le mois d'octobre durant lequel se passait la scène dont nous avons parlé, madame
de Brevise, devenue très-assidue auprès de madame de Soubiran, avait rencontré chez elle M. Gagerot, qui venait d'a-
cheter une propriété voisine.

Cette propriété, on prétendait que M. Gagerot n'en avait
payé que les droits de vente ; mais elle valait cinq cents
francs de contribution, et c'est tout ce que lui demandait

M. Gagerot, à qui il ne manquait que cela, du moins le disait-il, pour être nommé-député.

Madame de Brevise jugea le Gagerot d'un coup d'œil, et lui raconta le malheur de madame de Soubiran, qui n'avait d'au-tre héritier que ce misérable Paul Chagoin.

Elle lui fit comprendre comment il y avait toute chance pour que le neveu héritât de la tante, et cela à cause de la peur puérile qu'éprouvait la marquise de faire un testament. Cette peur, ce ne pouvait être une personne intéressée aux dispositions probables de madame de Soubiran qui pouvait la combattre, et un étranger aurait bien plus de pouvoir.

Gagerot, à son tour, jugea madame de Brevise à la troisième phrase, et sans transition lui offrit ses services. Il était d'une opposition assez avancée pour mériter les voix carlistes de l'arrondissement, et madame de Brevise crut pouvoir les lui promettre.

Toutefois, ce petit marché clandestin n'eût pas été très-exactement tenu sans une petite circonstance que madame de Brevise n'apprit qu'à son retour à Paris, lorsqu'elle s'informa de ce M. Gagerot qu'elle avait laissé près de sa belle-sœur.

Le futur député et le dandy ruiné se connaissaient depuis longues années, et il se trouvait qu'ils se déplaisaient souverainement, et que Gagerot détestait Paul Chagoin de tout ce qu'il avait de haine.

En effet, en vingt circonstances diverses, le dandy dissipateur avait écrasé par ses prodigalités la parcimonieuse ostentation du prétentieux Gagerot. Il l'avait cent fois fait reculer au jeu par l'insolente énormité de ses enjeux ; Gagerot s'était vanté d'avoir inspiré une violente passion à je ne sais plus quelle célébrité de la danse, Paul la lui avait enlevée en vingt-quatre heures.

D'ailleurs, Paul se moquait prodigieusement des opinions, du désintéressement et surtout de l'austérité politique de M. Gagerot.

Il prétendait que s'il n'était pas vendu, c'est parce qu'il s'estimait dix fois plus qu'il ne valait. Il disait cela à qui lui parlait de Gagerot, et il le disait à Gagerot lui-même ; si bien qu'il en résulta un duel où Paul Chagoin eut l'impertinence dè tirer au nez de Gagerot et l'adresse de l'effleurer assez légèrement pour l'écorcher à son extrémité.

Enfin, pour combler la mesure, Paul Chagoin avait été le créancier de Gagerot de quelques centaines de louis gagnés au jeu, pour lesquels Gagerot avait fait des billets qu'il n'avait pas payés, et que Paul avait dédaigneusement donnés à son valet de chambre, en lui disant d'en tirer ce qu'il pourrait.

Gagerot avait donc été poursuivi par le valet de chambre de Paul, et quoiqu'il eût payé, le fait avait été raconté et l'insulte connue.

On conçoit dès lors avec quelle sincérité cet homme dut travailler à la déshérence de son ennemi.

Le hasard le servit à merveille. Madame de Brevise était à peine à Paris depuis un mois, que madame de Soubiran tomba très-dangereusement malade; Gagerot lui en donna avis, et l'on a pu voir comment il lui apprit qu'il avait tenu sa promesse.

Maintenant nous allons poursuivre notre récit, et dire d'où partaient les cris qui éclatèrent tout à coup dans le château de madame de Soubiran.

III

Ces cris étaient poussés par mademoiselle Camille de Brevise, que sa mère trouva en proie à une violente attaque de nerfs.

La comtesse, que Gagerot avait suivie, le pria d'aller dans la chambre de madame de Soubiran et de lui envoyer Eulalie pour un moment.

M. Gagerot redescendit, et entra avec la précaution ordinaire dans la chambre de la malade; il fut d'abord très-surpris de n'y point trouver Eulalie. Cependant il supposa qu'elle avait pu entendre ces cris, et qu'elle était sortie pour s'informer de ce qui se passait.

Il voulut s'en assurer, et s'approcha de la vieille Marthe, étendue dans un large fauteuil ; mais ce fut inutilement qu'il l'appela à voix basse, qu'ensuite il la toucha, puis la secoua plus rudement, Marthe dormait d'un sommeil que rien ne semblait pouvoir rompre.

Ce sommeil, cette absence d'Eulalie commencèrent à troubler M. Gagerot ; il regarda plus attentivement autour de lui, et s'aperçut que la flamme de la bougie vacillait très-vivement ; il en chercha la cause, et vit que la porte-fenêtre qui ouvrait de plain-pied de la chambre de la marquise dans le parc n'était point fermée.

Cette nouvelle découverte changea la nature du trouble qu'éprouvait M. Gagerot ; il courut au lit de la malade, et reconnut avec horreur qu'un oreiller lui couvrait la face. Il l'arracha. Madame de Soubiran avait été étouffée et ne respirait plus.

M. Gagerot, épouvanté de cet affreux spectacle et du crime encore plus affreux qu'il accusait, appela de toutes ses forces, et ses cris parvinrent aussi jusqu'à madame de Brevise.

La comtesse se trouva dans une cruelle perplexité ; elle avait déjà assez de peine à contenir les violentes convulsions de sa fille, qui s'écriait, dans un complet égarement :

— Je l'ai vue ! je l'ai vue !... La voilà ! la voilà !...

Et le bruit que faisait M. Gagerot lui apprenait qu'il s'était passé quelque sinistre événement.

Cependant les cris de Camille et de M. Gagerot se perdaient dans l'immensité de ce château, et n'éveillaient point les domestiques, couchés dans des communs assez éloignés. La comtesse se décida donc à redescendre, et trouva Gagerot se pendant à toutes les sonnettes.

Mais au moment où elle pénétrait dans la chambre par une des portes intérieures des appartements, la fenêtre s'ouvrit avec fracas et Eulalie se précipita dans la chambre en criant à M. Gagerot :

— Oh ! taisez-vous, monsieur, taisez-vous !

Puis, en apercevant la comtesse, Eulalie poussa un cri et se laissa tomber sur un siége en éclatant en larmes.

Une explication put avoir lieu, et Gagerot apprit à madame de Brevise l'horrible catastrophe qu'il venait de découvrir.

Cependant l'idée d'accuser une si jeune fille d'un crime abominable ne put venir à la pensée ni de la comtesse ni de Gagerot, et ils lui demandèrent simultanément :

— Mais vous, Eulalie, qu'avez-vous vu? — Rien… rien… reprit-elle d'une voix sourde et en parcourant la chambre d'un regard égaré.

Il était facile de supposer que la peur avait produit cette espèce de délire qui semblait dominer la jeune fille, et madame de Brevise s'écria la première :

— Il faut éveiller du monde, il faut aller chercher Pontois. — Mon père! dit Eulalie en se redressant avec une nouvelle terreur.

En laissant échapper cette nouvelle exclamation, Eulalie était pâle et ses dents claquaient comme si elle eût été en proie au frisson de la fièvre la plus violente.

Cet effroi rappela à Gagerot et à la comtesse le cri qu'avait poussé Eulalie en rentrant : « Oh! taisez-vous… taisez-vous! » avait-elle dit.

La comtesse révéla toute la portée du soupçon qui venait de s'emparer d'elle par ce seul mot :

— Pontois! oh! ce n'est pas possible. — Non, s'écria Eulalie, ce n'est pas mon père, ce n'est pas mon père.

La comtesse et Gagerot se regardèrent comme si cette défense eût été une accusation directe, et Gagerot s'écria :

— J'entends du bruit, on vient; je cours moi-même chez Pontois.

Gagerot prit à tout hasard un énorme bâton et courut chez Pontois, qui demeurait à l'extrémité du parc, à quelques pas de la longue avenue pavée qui menait du château au village. Gagerot n'aborda la petite maison de Pontois qu'en l'examinant avec attention. Il écouta à la porte avant de frapper : le plus profond silence régnait dans l'intérieur.

Peut-être Pontois n'était-il pas chez lui, et cette absence eût été un indice assez grave pour qu'il fût nécessaire de le constater. Gagerot frappa et personne ne répondit; tous ses soupçons lui parurent se confirmer.

Il frappa plus violemment; mais presque aussitôt une fenêtre s'ouvrit et Pontois s'écria :

— Qui est là?… — C'est vous, Pontois? lui dit Gagerot. — C'est vous, monsieur Gagerot? reprit Pontois… est-ce qu'il

est arrivé quelque chose au château ?... Attendez un moment
je descends, je vais vous ouvrir.

Ceci fut dit si naturellement que Gagerot douta de ses
soupçons.

Cependant il se promit d'examiner l'intérieur de la maison
de Pontois et de ne rien perdre des moindres gestes ni des
plus petits mouvements de cet homme. Pontois vint ouvrir
la porte, il ne prit que le temps d'allumer une chandelle et
introduisit Gagerot dans sa chambre.

On voyait qu'il venait de quitter son lit ; ses habits étaient
soigneusement posés sur une chaise, rien n'attestait dans
cette chambre le désordre qui semble devoir suivre une mauvaise action, et l'arrivée inattendue de Gagerot autorisait la
vivacité des questions que lui adressait Pontois.

Mais comme Gagerot, fort occupé à tout examiner, lui répondait à peine, Pontois s'écria avec quelque impatience :

— Mais enfin, monsieur, qu'y a-t-il ? — Il y a, dit Gagerot,
que madame de Soubiran est morte. — Hélas ! dit Pontois,
qui continuait à se rhabiller très-tranquillement, il y a deux
jours que le médecin nous avait ôté tout espoir. C'était une
bonne maîtresse, monsieur ; c'est une grande perte pour le
pays, où elle faisait beaucoup de bien. Pauvre madame !

Ce n'était là ni l'indifférence d'un homme sans cœur, ni le
désespoir exagéré d'un homme qui joue une atroce comédie.

Gagerot sentit ses soupçons s'évanouir, il ajouta, sans
donner à ses paroles l'intention qu'il y avait mise jusque là :

— Mais ce qui est affreux, c'est qu'il est à croire qu'elle
est morte assassinée. — Assassinée ! répéta Pontois avec un
accent de surprise épouvantée, assassinée ! dans sa chambre,
quand Marthe et ma fille veillaient près d'elle ! c'est impossible... — C'est cependant ce qui est à peu près certain, dit
Gagerot. — Assassinée ! repartit Pontois ; mais comment, par
qui, dans quel intérêt ?

De ces trois circonstances, la dernière frappa Gagerot.

La comtesse de Brevise avait seule un intérêt puissant à la
mort de madame de Soubiran, et Pontois, qui lui appartenait,
avait-il poussé le dévoûment jusqu'à prévenir la possibilité
de la révocation du fameux testament ?

Toutes ces idées entraient si confusément et si rapidement
dans la tête de Gagerot, qu'il n'était déjà plus à même d'ob-

server la contenance de Pontois, lorsque celui-ci quitta sa
maison et qu'ils reprirent rapidement la route du château,
en répétant à chaque pas, d'un ton convaincu :

— Assassinée! c'est impossible.

Gagerot reprit un peu de présence d'esprit durant la route,
et jugea qu'il était inutile de rien dire à Pontois des circonstances relatives au sommeil de Marthe, à la fenêtre ouverte, à la rentrée d'Eulalie dans la chambre, et à sa singulière exclamation.

Ils arrivèrent ainsi jusqu'au château et trouvèrent madame
de Brevise qui les attendait dans l'antichambre.

— Est-ce vrai? dit Pontois en prévenant toute question,
madame la marquise est morte assassinée?

La comtesse fit comme Gagerot ; elle sembla vouloir lire au
fond de l'âme de Pontois, puis elle lui répondit d'un air en
apparence assez calme :

— C'est une supposition qui nous est venue dans le trouble
que nous a causé ce fatal événement; mais ce n'est pas probable. — N'est-ce pas, madame la comtesse?... dit Pontois;
mais où est ma fille? — Elle est avec Camille, dit madame de
Brevise ; vous la verrez plus tard : vous, faites lever tout le
monde. — Oui, madame, dit Pontois en quittant l'antichambre.

A peine fut-il sorti, que madame de Brevise fit un signe à
Gagerot, et l'emmena dans le salon.

— Comment avez-vous trouvé Pontois? lui dit-elle. — Je
vois que vous partagez mes soupçons. Mais jusqu'à présent
rien ne les peut confirmer; et il lui raconta la manière dont
il avait trouvé Pontois et le calme parfait de ses réponses. —
Oui, oui, repartit la comtesse, qu'une idée importante semblait préoccuper, Pontois est incapable d'un crime pareil...
Et c'est sa fille! — Eulalie! s'écria Gagerot. — Elle-même. —
Mais, reprit Gagerot, qui répéta la grande question sur laquelle se base la probabilité d'un crime, dans quel intérêt?
— L'intérêt de M. Paul Chagoin. — Elle ne le connaît pas. —
Oui, dit la comtesse; mais elle connaît Vaudrillan, le sous-
régisseur des biens de la marquise. — Mais qu'importe? —
Il importe que Vaudrillan a appartenu à M. Paul Chagoin,
et que, depuis trois mois que ce dernier est entré au ser-
vice de la marquise, il est au mieux avec mademoiselle Eu-

lalie. — Alors il faut s'assurer de cet homme. — Il n'est pas au château. — Alors ce serait lui... — Lui, qui, d'intelligence avec Eulalie, aurait pénétré dans la chambre dont cette fille lui aurait ouvert la porte. — Mais pourquoi ne pas interroger Eulalie, et la laisser près de votre fille? — Elle n'y est pas ; mais j'ai trouvé ce prétexte pour empêcher Pontois de la voir ; car il est homme à la tuer sur place au moindre soupçon d'une pareille atrocité, et nous ne pourrions rien apprendre. — Mais alors, vous l'avez au moins interrogée? — Oui. — Et qu'a-t-elle répondu? — Elle a dû être dominée, entraînée, car elle semble avoir perdu la raison, et ne répond qu'en s'écriant à chaque instant :

« Je n'ai rien vu, rien entendu. »

— Oh! ceci est affreux, dit Gagerot ; il faut prévenir le maire, le juge de paix. — C'est chose faite, et je les attends. — Mais, reprit Gagerot, qui torturait sa pensée à chercher une explication plausible à ce crime, ils ignoraient donc que madame de Soubiran eût fait un testament? — Sans doute, dit madame de Brevise.

Puis, s'arrêtant tout à coup, comme si une pensée soudaine venait la frapper...

— Ce testament ; mais où était-il? — Je l'ai moi-même mis sous ses yeux dans un des tiroirs de son secrétaire. — Oh! venez... venez... s'écria la comtesse.

Elle quitta le salon, traversa rapidement les quelques pièces qui le séparaient de la chambre de madame de Soubiran, et courut au secrétaire.

La clef était dans la serrure ; elle l'ouvrit, et Gagerot lui désigna le tiroir précis où il avait déposé le testament. Les papiers étaient dans un ordre parfait, mais le testament n'y était pas

Madame de Brevise se retourna, la pâleur sur le visage, du côté de Gagerot, qui avait l'air anéanti.

— Eh bien! monsieur? — Il y était encore ce matin, dit Gagerot.

La comtesse jeta autour d'elle un regard exaspéré, et vit la vieille Marthe qui dormait toujours sur son fauteuil.

Ce pesant sommeil, qui avait résisté à la scène tumultueuse qui avait d'abord eu lieu dans la chambre, et que n'avait pas troublé l'entrée précipitée de la comtesse et de

Gagerot, appela alors leur attention. Ils essayèrent de réveiller cette vieille femme et n'en tirèrent que quelques sourds murmures.

Une tasse vide, dans laquelle il y avait eu du café, était posée à côté de Marthe, sur un petit guéridon, et à côté de cette tasse la cafetière que tenait Eulalie lorsqu'elle avait paru dans le salon.

Madame de Brevise les montra du doigt à Gagerot, qui répondit à ce geste :

— Ils auraient donc endormi cette femme ? — Prenez cette cafetière, et enfermez-la avec ce qu'elle contient. Oh! ce crime a été combiné avec une effroyable prévision. — Attendez, s'écria Gagerot... Oui, Eulalie était dans cette chambre au moment où j'ai mis le testament dans ce tiroir. C'est elle... il est impossible d'en douter maintenant. — Elle doit encore l'avoir, à moins qu'elle ne l'ait anéanti, s'écria la comtesse. Il faut nous en assurer.

Elle ouvrit la porte d'un corridor qui menait à un petit boudoir, en disant :

— Je lui ai ordonné de m'attendre ici.

Ils entrèrent dans le boudoir, la fenêtre était ouverte, et il n'y avait personne.

— Elle s'est échappée! s'écria la comtesse.

Et à l'instant même l'ordre fut donné à tous les domestiques de courir après Eulalie.

Mais on fit de vains efforts durant cette nuit obscure pour retrouver sa trace, et ce ne fut qu'au point du jour, qu'en suivant l'empreinte de ses pieds on la vit se diriger du côté de la rivière qui bordait le parc. Là ces traces disparaissaient, et on acquit la certitude que, poussée par ses remords et la conviction que son crime avait été découvert, elle s'était précipitée dans la rivière.

Cependant on ne découvrit point son corps.

Mais la rivière était rapide et profonde, et si cette circonstance ranima plus tard des recherches, elles demeurèrent sans résultat.

Du reste, aucune preuve ne manqua à la conviction de tous, et tout dut faire croire que c'était Eulalie qui avait commis le crime. En effet, voici d'où étaient venus les cris poussés par mademoiselle Camille de Brevise.

IV

Un moment après que sa mère l'eut quittée, elle crut entendre au-dessous d'elle le bruit d'une fenêtre qui s'ouvrait mystérieusement.

Honteuse des terreurs qu'elle avait montrées devant M. Gagerot, Camille ne voulut pas céder à l'effroi qui s'empara d'elle. Mais elle se rappela que sa chambre était située au-dessus de celle de madame de Soubiran, et se dit que sans doute on donnait un peu d'air à la mourante.

Mais ce raisonnement ne calma point l'effroi de Camille, et par un pouvoir plus fort que sa volonté elle se leva ; et pour mieux reconnaître la nature du bruit qui l'épouvantait ainsi, elle courut à la croisée, située précisément au-dessus de cette porte, et entendit plus distinctement qu'on l'ouvrait.

Camille, satisfaite de sa propre fermeté qui lui avait fait reconnaître la nature de ce bruit qui l'alarmait si fort, voulut s'assurer tout à fait de la vérité pour se donner la conviction de la puérilité de ses terreurs ; car elle avait aussi entendu ouvrir les persiennes. Mais sa frayeur, qu'elle combattait avec une résolution véritable, reprit tout à coup son empire lorsqu'elle vit à quelques pas de la persienne une sorte de fantôme immobile.

Camille poussa un cri, et le fantôme, glissant avec rapidité au ras de la terre, disparut dans l'obscurité de l'une des contre-allées de la grande avenue.

Voilà comment elle raconta à sa mère la cause de ses cris, et elle ne changea rien à ce récit devant les magistrats, si ce n'est que le fantôme était une femme.

Cette déposition si importante fut du reste reconnue parfaitement vraie ; car le lendemain on retrouva sur la terre détrempée par la pluie l'empreinte des pas d'Eulalie. Ces empreintes allaient jusqu'au bout de l'avenue, s'arrêtaient à un endroit où un cheval avait longtemps piétiné, et revenaient ensuite au château.

Ceci était l'explication la plus formelle du retour d'Eulalie.

Quant aux traces du cheval, on pouvait à peine les suivre durant quelques pas, et elles disparaissaient presque aussitôt sur le pavé de la grande route. Cependant elles désignaient suffisamment un complice, et Vaudrillan fut arrêté.

Mais il se trouva que Vaudrillan était à dix lieues du château pendant la nuit où se consomma l'assassinat, et durant toute cette nuit il avait dansé à la noce d'un de ses amis. Cent témoins attestèrent l'avoir vu à toutes les minutes de cette longue nuit, et force fut de porter les soupçons d'un autre côté.

On eut bien quelque envie de les porter sur Paul Chagoin lui-même. Mais Paul Chagoin n'avait point quitté Paris.

Il fallut donc rester dans l'incertitude la plus complète sur le véritable auteur de l'assassinat ; car Eulalie n'avait pu être que l'instrument d'un criminel plus intéressé qu'elle-même à la disparition du testament et à la mort de la marquise.

Le café, soumis à une analyse chimique, expliqua le sommeil étrange de Marthe.

Parmi les médicaments ordonnés à la marquise, et qu'Eulalie était chargée d'administrer, elle avait choisi une fiole de gouttes de laudanum et l'avait versée dans le café. C'était elle-même qui avait pris le café à l'office.

Toutes les circonstances accessoires l'accusaient invinciblement, et son suicide ne laissa plus aucun doute sur sa culpabilité.

Cependant le résultat de cet événement profita à Paul Chagoin, soit qu'il en fût innocent, soit qu'il y eût trempé par lui ou par un de ses agents. Le testament n'existait plus, la succession s'ouvrit naturellement, et le dandy redevint plus riche qu'il ne l'avait jamais été.

Quant à Pontois, aucun soupçon ne s'éleva contre lui. Il avait reconduit le curé jusqu'à sa porte, et s'il fût revenu au château au lieu de rentrer chez lui, on eût trouvé la trace de ses pas, comme on avait trouvé la trace des pas d'Eulalie.

Cependant, à partir de ce jour, il tomba dans une affreuse tristesse, et bien que Paul Chagoin lui eût conservé sa place, ce qui devait être pour lui une grande consolation, vu qu'il était fort avide, il devint plus sombre de jour en jour, et

finit par être attaqué d'un marasme qui le conduisit rapidement au tombeau.

Mais aucune parole n'osa accuser cet homme que la mort
de sa fille et la honte de son crime conduisaient au tombeau ;
et six mois après la mort de madame de Soubiran, Pontois
mourut, après avoir rempli ses devoirs de chrétien, et avoir
reçu à sa dernière heure les consolations de M. Denis, le curé
du village.

Cette affaire fit peu de bruit. Elle s'était passée à plus de
cent lieues de Paris, les journaux la racontèrent fort suc-
cinctement, la mort d'Eulalie ayant enlevé à ce crime tout
le dramatique qui eût pu résulter du procès, et un mois
après il n'en était plus question.

Mademoiselle Camille de Brevise, bien que frustrée de ses
magnifiques espérances, fit un mariage splendide, et épousa
M. Anatole de Changiron.

Paul Chagoin recommença ses folies avec la fureur d'un
homme qui a subi l'humiliation de paraître devenir sage par
misère, et ce fut un an, jour pour jour, après cette scène que
se passa celle que nous allons raconter.

V

Nous sommes maintenant dans une de ces maisons du
quartier Saint-Georges, éclairées par de vastes ouvertures
vitrées, et renfermant à leur étage supérieur une demi-
douzaine de vastes ateliers de peintres.

C'est là que règnent dans toute la splendeur de leur vé-
tusté les vieilles armes, les vieilles tapisseries, les vieux
meubles, les vieilles pipes pittoresquement arrangées sur les
murs. Il n'y a guère que le divan, où s'étalent les amis et les
toiles non vendues de l'artiste, qui soit d'origine moderne.

Du reste, c'est dans ces asiles de l'art que se tiennent les
conversations les plus excentriques par l'étrangeté des propositions et la singularité spéciale du langage.

Le premier atelier où nous allons faire pénétrer nos lecteurs appartenait à M. Eugène Lavignan, talent médiocre, mais léché, luisant, souriant et doué d'une faculté qui mène droit à la fortune.

Depuis dix ans, Lavignan faisait toujours le même portrait, c'est-à-dire que toutes les femmes qu'il peignait avaient de grands yeux, de petites bouches, un teint admirable, des bras blancs et ronds, des mains délicates, et cependant tout cela était assez ressemblant pour qu'on ne pût méconnaître les modèles.

Aussi Lavignan était-il fort à la mode parmi les femmes, même parmi celles qui avaient un sentiment vrai de la peinture. Elles n'eussent pas échangé un croquis d'Ingre ou d'Ary Scheffer contre le meilleur tableau de Lavignan; mais à l'heure du portrait, Lavignan eût été préféré à Van-Dyck lui-même.

Les femmes les plus laides embellies sur la toile ont toujours un jour, une heure, un moment, une minute de bonheur, où elles ressemblent un peu à leur portrait, et cela suffit pour leur persuader qu'elles lui ressemblent complétement. — C'est comme ça que sont faites les femmes, disait Gagerot d'un air superbe; c'est à prendre ou à laisser.

M. Gagerot, qui procédait à son élection par les moyens les plus extraordinaires, avait toutefois choisi Lavignan pour faire son portrait. Il venait de quitter la table près de laquelle il était assis la tête dans sa main, les yeux au plafond et le coude appuyé sur trois ou quatre volumes de romans qui devaient représenter les œuvres de Jérémie Bentham sur la tactique des assemblées législatives, et il s'était posté derrière Lavignan qui lui cirait les cheveux en boucles soyeuses avec un énorme blaireau.

— Hein! fit le peintre, en voilà de la chevelure! — Oui, reprit Gagerot; mais il me semble que le front manque de largeur. — Possible, dit Lavignan. Nous le développerons. — Et puis, reprit Gagerot en baissant la voix, le sourciller manque de saillie... Remarquez; j'ai les bosses de la méditation et de la comparaison des idées extrêmement saillantes... — Possible, dit Lavignan. — Voyons, cria une voix qui passa à travers un nuage de fumée, sois bon enfant, Lavignan, fais-lui tout de suite une tête de penseur et d'homme de génie. Vois-tu, mon cher, Gagerot va le faire lithographier ça, et il expédiera son *facies* à tous les électeurs de son arrondissement. Un homme lithographié, mon cher, c'est quelque chose, ça compte en politique.

Gagerot haussa les épaules, et reprit sa place en disant :

— C'est toujours la même plaisanterie, mon bon Chagoin. Je vous conseille d'en changer. — Ah! s'écria Chagoin sans répondre; viens donc ici, Lavignan, il a un jour sur le méplat de son nez qui le fait reluire superbement; tiens! comme ça, à travers la fumée de mon cigare, c'est comme une étoile dans la brume. — Laisse donc son nez tranquille, dit un second fumeur en secouant sa cendre. — Laisser tranquille le nez de Gagerot! mon cher, repartit Chagoin; mais son nez m'appartient, c'est mon œuvre, c'est ma créature, c'est moi qui l'ai inventé. Je l'ai produit dans le monde; je lui ai fait une réputation. Gagerot, j'adore votre nez.

Gagerot fronça le sourcil; mais Lavignan, qui s'était approché de la table, lui dit tout bas :

— Ne lui dites rien, il est gris comme l'obélisque.

A ce moment, on frappa à la porte d'une façon discrète.

Un cri général dit au nouveau-venu :

— Entrez.

Et l'on vit immédiatement paraître un beau jeune homme d'une véritable élégance, et qui s'arrêta sur la porte comme s'il se trompait.

— Tiens, dit Paul Chagoin, c'est Changiron; bonjour, Changiron; voulez-vous un cigare, Changiron?... Ah! c'est vrai, vous êtes marié, vous ne fumez plus; mes respects à madame de Changiron.

Puis il se pencha vers son acolyte de fumée, et lui dit plus bas :

— Fini, Changiron, enfoncé, marié, plus rien, plus d'homme, marié à mort, fini! fini!

Pendant ce temps, Anatole de Changiron saluait Gagerot, qui le connaissait par madame de Brevise, et disait à Lavignan :

— Pardon, monsieur, je croyais entrer chez M. Manuel Torcy. — C'est la porte à côté, dit Lavignan avec l'aménité d'un commerçant qui espère enlever une pratique à un voisin. — J'ai frappé à cette porte, mais on ne m'a pas répondu ; et comme le concierge m'avait dit que M. de Torcy était à son atelier, j'ai craint de m'être trompé. Je vais frapper plus fort. — Et on ne vous ouvrira pas davantage, dit une superbe femme en sortant de derrière un grand paravent qui faisait fond à la figure de Gagerot. — Il n'est donc plus dans son atelier ? Si, si, si ; il y est toujours, dit cette belle dame en se mirant dans une glace Louis XV ; mais il est avec sa femme, et quand il est avec elle il n'ouvre à personne. — Dis donc, Lavignan, s'écria Paul Chagoin du fond de trois coussins, où il s'était enterré pour dormir, est-ce qu'il a fait comme toi, est-ce qu'il a épousé un modèle ?

Lavignan se mordit les lèvres.

Madame Cornélie Lavignan, ainsi posée, laissa échapper une exclamation que nous ne pouvons guère traduire poliment que par le mot : *Butor !*

Et le fumeur assis à côté de Chagoin s'empressa de répondre :

— S'il a épousé ladite femme, en tous cas c'est bien secrètement ; car personne n'en a été averti. Tout ce que je sais, c'est qu'il l'a ramenée à son retour de Suisse. Quant au reste, complétement inconnu... complétement inconnu. — Bah ! dit Paul Chagoin ; je parie que je la connais, ou que tu la connais, ou que Changiron la connaît. Ce doit être quelque chose comme ça dont il est devenu amoureux après tout le monde, et qu'il cache par vergogne pour sa stupide passion. — Vous êtes fin comme d'habitude, repartit Cornélie d'une voix aigre et piaillarde ; Manuel ne cache rien du tout. C'est sa femme qui ne veut voir personne, qui ne veut jamais sortir, et qui vit solitaire comme un moine dans un bénitier.

La comparaison de madame Cornélie Lavignan excita un rire si immodéré chez tous les auditeurs, et particulièrement chez Paul Chagoin, qu'on oublia un moment Manuel et son inconnue.

— Superbe, pyramidal ! s'écriait Paul, tandis que Lavignan devenait rouge jusqu'au blanc des yeux, et que Changiron, fort embarrassé de sa personne, attendait le moment de pouvoir saluer et se retirer. — Cornélie... murmura Lavignan avec un regard foudroyant, Cornélie... — Eh ! laisse-moi

donc tranquille ; avec ça qu'il est si lettré, M. Paul Chagoin,
pour se moquer des autres, lui qui un jour m'a écrit :

Ma chère âme,

pour :   *Ma chère amie.*

Ce fut une nouvelle explosion de la part de Chagoin ; mais
les autres auditeurs, comprenant que ceci dépassait de beaucoup le coq-à-l'âne, se continrent de leur mieux. Cornélie
n'eut pas du tout l'air embarrassé de ce qu'elle venait de
dire, et, s'avançant vers Changiron, elle lui dit :

— Tenez, monsieur, attendez un peu. Je vais entrer chez
Manuel ; il m'ouvrira, à moi. Je lui dirai que vous êtes ici, et
il viendra vous parler. — Je vous remercie, madame, lui dit
Changiron avec le ton de déférence qu'il eût employé vis-à-
vis d'une duchesse ; je regrette la peine que vous allez prendre, mais vous me rendrez un véritable service, car je suis
chargé d'un message important pour M. de Torcy.

Cornélie écouta Changiron comme si elle eût entendu
parler une langue inconnue, et ne put répondre que par une
profonde révérence.

Elle sortit ; mais, avant de quitter tout à fait l'atelier, elle
se retourna, regarda de nouveau Changiron, et dit au fumeur qui était près de la porte :

— Je parie que c'est un homme comme il faut, ça.

VI

Paul Chagoin avait ses inconvénients, mais il avait aussi
ses avantages.

S'il jetait au milieu de la conversation des mots blessants
et qui embarrassaient tout le monde, il se mettait si bien au-
dessus de cet embarras qu'il en faisait sortir les autres. Ainsi,
lorsque Cornélie fut partie, il dit à Lavignan, comme si rien
de choquant ne s'était passé entre eux :

— Mais ta femme connaît donc l'inconnue? — Oui, répondit Lavignan ; elles sont même assez liées. Madame Torcy ne veut accompagner son mari nulle part, et Cornélie déteste le monde. — Connu, murmura Paul entre ses dents, c'est que tu ne veux pas l'y mener pour cause de cuirs trop fréquents. — Il en arrive que souvent, continua Lavignan, elles passent leurs soirées ensemble. — Mais alors tu dois la connaître aussi, cette inconnue? — Oui, nous logeons ensemble dans la même maison. — Et, dit Paul Chagoin, ce n'est rien de chez nous... hein ? — Oh! non... non ..! je t'en réponds, repartit le peintre avec un accent plein d'une conviction respectueuse pour la femme dont il parlait. — Alors, dit Chagoin, c'est qu'elle est extrêmement laide.

Lavignan laissa échapper un petit rire, en continuant à polir sur la toile le nez de Gagerot.

— Elle n'est pas laide, dit celui-ci, qui comprit le sens du rire de Lavignan.

Le peintre quitta sa toile, et, se posant comme un homme qui va faire une déclaration importante, il repartit d'un ton résolu et avec un geste enthousiaste :

— Imaginez-vous que vous ne connaissez rien, vous n'avez rien vu, vous ne savez rien de rien. Voyez-vous, c'est une beauté, des yeux, un front, une bouche, un tour de visage, une taille, une main... c'est quelque chose d'impossible, c'est beau à faire crier !

L'admiration du peintre, bien que singulièrement exprimée, n'en était pas moins très-vivement sentie.

Changiron en fut lui-même assez surpris.

— Comment, c'est à ce point-là? dit-il. — Ah! fit Lavignan en poussant un gros soupir et en se reprenant à polir le visage de Gagerot, dont il arqua les sourcils retroussés, probablement en souvenir de ceux de la belle inconnue. — Eh bien! alors, dit Paul, c'est que son mari en est jaloux comme un Bédouin, et qu'il l'enferme à la moresque. — On t'a déjà dit, repartit Lavignan, que c'est elle qui ne veut pas sortir.

— Alors, dit Paul Chagoin, qui ne voulait jamais démordre d'une idée qu'il avait mise en avant, j'en reviens à ma première supposition. C'est une Madeleine repentante, une Marion Delorme amoureuse. — Pourquoi supposer cela? dit

Changiron dont la curiosité était passablement excitée; pourquoi ne serait-ce pas quelque pauvre jeune fille que Manuel a enlevée pour sa beauté? — Ou peut-être, dit Gagerot, qui s'imagina que sa qualité de libéral exigeait une réponse à une pareille supposition, c'est quelque noble demoiselle qui a suivi Torcy pour son talent. — Eh bien! dit Chagoin, quoi que ce soit, je le saurai. Je découvrirai la belle; et, pas plus tard que tout de suite, je me mets en sentinelle à la porte de l'atelier, et je n'en bouge pas.

Au moment où Chagoin se levait pour exécuter sa résolution, la porte de l'atelier s'ouvrit, et Manuel Torcy entra. Il fit un petit signe de camarade à Lavignan, et alla droit à Changiron.

Mais en passant il examina Gagerot et Paul Chagoin; il était si fort préoccupé de leur présence, que tout en parlant à Changiron il ne cessait de jeter sur eux des regards où se mêlaient une curiosité envieuse et une haine instinctive.

— Vous voulez me parler, monsieur de Changiron? — Oui vraiment, la grande affaire est résolue, et nous en avons enfin ramassé tous les matériaux. — Ah! dit Manuel qui semblait occupé de tout autre chose que d'affaires, eh bien! monsieur le marquis, je suis à vos ordres. — Il faut d'abord que nous causions un peu des conditions. C'est fort considérable.

Manuel parut écouter un bruit de pas légers courant dans l'escalier, et il répondit :

— Eh bien! si vous voulez, nous allons passer dans mon atelier.

Comme ils quittaient celui de Lavignan, Cornélie rentra.

— Eh bien! dit Chagoin, il ne cache pas sa Dulcinée aussi hermétiquement que vous le dites, voilà Changiron qui va voir cette Vénus idéale. — Baste! dit Cornélie, l'oiseau est envolé, et elle est descendue chez elle. Mais qu'est-ce qui vous a dit que c'était une Vénus? — Pardieu! c'est votre mari. — Ah! fit Cornélie qui jeta un regard furieux à Lavignan; ça ne m'étonne pas, il en est ébahi de cette sylphide, comme il l'appelle; il croit que c'est une princesse déguisée descendue sur terre... — Eh! dit Gagerot qui croyait toujours faire acte de politique libérale en jetant à tort et à travers toutes sortes de sottises contre ce qui le dépassait, on a vu des princesses faire mieux que ça. — C'est possible, reprit Cornélie, mais je vous réponds, moi, qu'elle n'est pas princesse, car elle vous connaît. — Moi ! dit Gagerot, qui se sentit gonflé à ce mot. — Lui ! dit Paul Chagoin en se levant sur son séant. — Et vous aussi, elle doit vous connaître, car lorsque j'ai été dire à Manuel que M. Changiron voulait lui parler, il m'a demandé qui est-ce qui était dans l'atelier de mon mari, et quand je vous ai nommés tous deux, Antonie a poussé un cri d'étonnement, et est devenue toute pâle. — Ah ! ah ! fit Paul Chagoin en se rapprochant de Cornélie, ceci se complique. — Comment l'avez-vous nommée ? dit Gagerot. — Antonie. — Antonie, répéta Chagoin, je n'ai pas d'idée d'une Antonie... pas la moindre Antonie dans mes souvenirs ; et vous, Gagerot ? — Ah ! ma foi, dit Gagerot d'un air suffisant, je ne tiens pas registre de ces sortes de souvenirs ; et puis, d'ailleurs, ces dames changent fort bien de nom. — Possible ! dit Cornélie d'un ton sec, comme si cette assertion eût été un reproche pour elle ; mais, ajouta-t-elle, du moment que l'Antonie ou toute autre a l'honneur de vous connaître, il est sûr que ce n'est pas une princesse. Entends-tu, mon cher, ajouta-t-elle en s'adressant à son mari, ce n'est pas une princesse, quoique ça soit une puriste, comme tu dis. — C'est bon, c'est bon, dit Lavignan, qu'elle soit ce qu'elle voudra, ça ne me regarde pas, ni toi non plus ; ainsi, je te prie de n'en plus parler, et quant à ces messieurs... — Ces messieurs, dit Paul Chagoin, ne te demanderont pas ton avis pour faire ce qui leur conviendra. — Tiens, voilà midi qui sonne, dit Cornélie, et ta madame C... va venir poser deux heures pour son portrait, et tu lui avais promis que ses mains seraient faites. — C'est vrai, dit Lavignan. A demain, monsieur Gagerot, nous reprendrons ça. Voyons, Cornélie, mets-toi là que j'ébauche les mains. — Ah ! dit Gagerot, ces belles mains-là vont donc remplacer les pattes osseuses de la riche banquière ? — Il y en a de plus huppées qu'elle qui s'en parent dans leurs portraits, répondit Cornélie ; sans compter que j'ai posé pour les épaules de la comtesse de G... qui est bossue ; pour les bras de madame de V... pour... — C'est bon, reprit Lavignan ; tu n'as pas besoin de crier ça par-dessus les toits. — Avec ça que je les chéris, les dames qui te cajolent au jour la journée, quand tu les as bien rajustées, et qui ne me diraient pas un mot aimable, à moi qui me tue le corps et l'âme à poser pour elles !

Sur ce, Gagerot et Paul Chagoin se retirèrent avec le fumeur silencieux qui s'était endormi sur le divan.

VII

L'altercation conjugale de M. et madame Lavignan continua avec un caractère très-remarquable; le mari peignant de son mieux tout en faisant une querelle à sa femme, et Cornélie se tenant dans l'immobilité d'un modèle pendant qu'elle apostrophait son mari le plus aigrement du monde.

Mais comme le sujet de l'entretien n'appartient pas à notre récit, nous nous dispenserons de le rapporter à nos lecteurs, et nous passerons dans l'atelier de Manuel Torcy pour savoir de quelle grande affaire le marquis de Changiron était venu entretenir le peintre.

— Je vous prie de m'excuser, avait dit Torcy en introduisant le marquis dans son atelier; mais j'étais si occupé que je n'avais pas entendu frapper.

Changiron était un homme de trop bonne compagnie pour dire à Manuel qu'il savait la raison qui l'avait empêché d'entendre; il accepta l'excuse comme bonne, et lui répondit :

— Je comprends cela... quand on est dans l'inspiration du travail... cependant je suis charmé de pouvoir causer de mon projet avec vous, et d'en finir, si c'est possible; car, si vous me refusez, je vous avoue que je ne saurais à qui m'adresser. — Il ne manque pas de peintres qui ont plus de talent que moi. — C'est ce que je ne reconnais pas, dit Changiron; mais à part le talent, c'est l'extrême discrétion, l'intelligence et la rapidité qu'il faut pour un pareil travail. Vous êtes homme à me comprendre, vous. Songez que c'est pis qu'une mauvaise action que je vais faire; ce serait un ridicule à ne jamais m'en relever que je me serais acquis, si l'on soupçonnait jamais la vérité. — Vous avez donc tous vos originaux? — J'en ai du moins un bon nombre; quelques mauvaises toiles déterrées dans les greniers de mon hôtel, une douzaine de vieux cadres restés à mon château de Clermont, et un assez bon nombre de miniatures très-belles forment une collection assez complète de tous les Changirons connus, et c'est à peine si nous aurons deux ou trois figures à inventer pour que la généalogie se suive sans interruption. — Combien tout cela peut-il faire de figures? — Une cinquantaine à peu près. Mais avec votre facilité, ce n'est pas le nombre qui est embarrassant, c'est le caractère de chaque époque qui sera difficile à saisir. Songez que ma belle-mère veut au moins un Van Dick dans la collection, et comme une de mes aïeules se trouve nommée dans une liste de dames qui assistaient à une fête qu'Henri II donna à Fontainebleau, elle exige qu'il soit peint par El Rosso. Nous voulons aussi force Mignard, et puis des Greuze : enfin, mon cher Manuel, c'est la successsion de toutes les écoles à refaire. — Avec les modèles que vous avez et quelque habitude du pinceau, il n'est pas impossible de faire un pastiche assez probable et qui puisse tromper des gens qui ne s'y connaissent pas. —Mais vous comprenez, monsieur le marquis, qu'une indiscrétion de votre part serait encore plus fâcheuse pour moi que pour vous. — Tant mieux! si vous l'entendez ainsi, dit Changiron; car, entre nous soit dit, vos confrères ne sont pas renommés pour considérer gravement leur art, et il y en a plus d'un qui ferait de ceci la plus amusante histoire d'atelier. — Je le crois, dit Torcy en souriant; mais, ajouta-t-il d'un ton triste, le temps est passé où je me plaisais aussi à ces folles gaietés. — C'est vrai, dit Changiron, vous êtes bien changé depuis votre retour de Suisse, et...

Le marquis s'arrêta, car la pensée de la femme de Manuel lui était revenue, et il craignit de blesser Torcy en lui en parlant.

Le peintre parut le comprendre et répéta en interrogeant le marquis du regard :

— Et?... — Rien, rien, fit le marquis, c'est une remarque que tout le monde a faite, mais que personne n'explique contre vous. Revenons à notre affaire.

Je vous disais qu'il me manquait quelques portraits, et parmi ceux-là le plus important est celui de la fameuse

Marguerite de Changiron, qui fut l'amie, la confidente d'Anne d'Autriche.

— Oui, dit Manuel, il paraît qu'elle était d'une merveilleuse beauté. — Ma foi, dit Changiron en riant, il paraît du moins que beaucoup de gentilshommes la trouvèrent d'une beauté à se ruiner et et à se tuer pour elle ; mais probablement les peintres ne furent pas de cet avis, car je n'ai pas pu trouver un portrait d'elle. — C'est étonnant ! dit Manuel ; mais avez-vous une idée de son genre de beauté ? était-elle brune, blonde ? — Ni brune, ni blonde : des cheveux d'un châtain clair et brillant, une tête de vierge, avec de grands yeux bruns bordés de cils de velours, et surmontés de sourcils noirs... Je ne peux pas trop vous dire ce qu'elle était ; mais il paraît que c'était une beauté complète, et que tout en elle était parfait.

A ce moment le peintre écarta vivement une toile verte qui recouvrait un tableau posé sur un chevalet, et dit à Changiron, en lui montrant une admirable ébauche :

— Est-ce qu'une tête pareille ne répondrait pas à l'idée que vous vous faites de cette idéale beauté ? — Oh ! s'écria Changiron avec un accent d'admiration bien sentie ; voilà qui est beau !... très-beau !... très-beau !... Je vous fais mon sincère... très-sincère compliment ; mais je ne crois pas qu'il existe une femme au monde qui puisse ressembler à cela. — Ah ! fit Manuel en observant Changiron, ce visage ne vous rappelle rien ? — Rien, pas même les rêves les plus impossibles de ma jeunesse..... Vrai, c'est une création digne de Raphaël ! — C'est un portrait, dit Manuel : c'est le portrait de ma femme. — Pardieu ! s'écria Changiron, je ne m'étonne pas si Lavignan nous a dit qu'elle était si belle. — Vous en avez donc parlé ? reprit le peintre en cachant la toile avec un geste consulsif, et en dévorant Changiron d'un regard ardent. — Oh ! mon Dieu ! fit Changiron, qui remarqua l'altération des traits de Manuel, nous en avons parlé seulement sous le rapport de sa beauté. — Seulement sous ce rapport ? dit Manuel. — Pas autrement, je vous le jure.

Manuel brisa l'appui-main qu'il tenait, avec un mouvement de rage.

— Qu'avez-vous donc ? dit Changiron. — Rien... rien... dit Manuel en se promenant un moment dans son atelier. —

Quand pourrez-vous commencer? reprit ·Changiron, qui souffrait de la douleur que semblait éprouver l'artiste. — Quand vous voudrez, reprit brusquement celui-ci; mais, reprit-il, Gagerot ni Chagoin n'ont rien dit de ma femme? — Ah ça! voyons, dit Changiron d'un air amical ; est-ce que la jalousie vous tourne la tête? Votre femme est belle, on ne peut pas plus belle; mais un Gagerot, un Paul Chagoin vous alarment!..... C'est de la folie! — C'est que vous ne savez pas... dit Manuel. — Quoi donc? — Rien.... rien, repartit le peintre. J'ai juré de me taire ; mais vous, monsieur le marquis, vous pouvez parler : Gagerot et Paul Chagoin n'ont rien dit de ma femme? —Que voulez-vous qu'ils en en aient dit? ils ne la connaissent pas. — Vrai! — Ils ne l'ont jamais vue. — Jamais ? On s'est étonné seulement du soin que vous mettiez à la cacher à tous les yeux. — Vous avez raison, dit Manuel en serrant les dents; ils ne l'ont jamais vue depuis qu'elle est ma femme... C'est juste... c'est juste!.... Mais ne parlons plus de cela, monsieur le marquis. On me trouve bien ridicule, n'est-ce pas? Eh bien ! soit, je veux l'être..... On invente des histoires à ce sujet : on dit que ma femme est quelque princesse qui se cache, ajouta-t-il en s'efforçant de rire, ou peut-être... qui sait! continua-t-il en pâlissant devant sa propre pensée, quelque échappée de Botany-Bay... ou... — Torcy, lui dit sérieusement Changiron, vous devenez fou. Que diable! vous la connaissiez, vous saviez ce qu'elle était; et lorsque vous l'avez prise, vous avez accepté en homme courageux son passé, s'il est mauvais. — Vous croyez donc qu'il l'est? dit Manuel en pâlissant. — Je ne puis répondre à une pareille folie. Voyons, calmez-vous!

Manuel se secoua comme un homme obsédé par un affreux cauchemar, et répondit :

— Vous avez raison. Tout cela vous intéresse fort peu ; n'en parlons plus du tout... Envoyez-moi vos toiles, vos miniatures, tout ce que vous avez, et nous commencerons. — Vous aurez tout cela demain... Adieu, et soyez raisonnable. — Je le suis, dit Manuel dont la voix frémissait. C'est une idée, une sottise qui m'avait passé par la tête. Adieu, Adieu!

Changiron sortit; mais à peine eut-il fermé la porte, que Manuel, dans un transport de rage inexprimable, s'élança vers la toile où il avait peint le portrait de sa femme, le lacéra à grands coups de couteau, brisa le cadre, le foula sous ses pieds; puis, anéanti par son propre transport, tomba sur un siége en fondant en larmes.

Peu à peu cet orage insensé de son âme se calma. Il se relev alors comme un homme redevenu calme, mais décidé à une action décisive.

Il cacha dans un coin les lambeaux de la toile déchirée, et murmura en quittant son atelier :

— Non, je ne puis vivre ainsi plus longtemps; j'en deviendrais fou. Il faut en finir aujourd'hui, aujourd'hui même!

Il quitta alors son atelier, et, le cœur armé d'une résolution qu'il croyait invincible, il descendit dans son appartement et ouvrit brusquement la porte de la chambre de sa femme.

Au moment où Manuel entra, elle était à genoux devant un christ, la tête cachée dans ses mains; et, lorsqu'elle se retourna, il vit que son visage était inondé de larmes.

Elle priait.

VIII

A l'aspect d'Antonie, qui jeta sur lui un regard désespéré, Manuel sentit sa résolution s'ébranler et fléchir.

L'empire que la présence de cette jeune fille exerçait sur l'artiste était immense. Dès qu'il en était séparé, il se révoltait contre l'adoration fanatique qu'elle lui inspirait; mais sitôt qu'il la voyait, il redevenait l'esclave soumis qu'un coup-d'œil de son maître fait ramper dans la poussière.

Nous n'essaierons pas d'expliquer cette toute-puissance d'Antonie sur Manuel, ni par la beauté parfaite de la femme qui exaltait l'imagination du peintre, ni par la résignation angélique de son caractère qui se prêtait sans résistance aux volontés de l'homme, ni par le doux agrément de son esprit qui charmait la pensée sérieuse de Manuel.

Ce ne sont point là des qualités par lesquelles les hommes se laissent séduire et dominer si complétement.

Les femmes qui inspirent des passions si absolues sont celles qui peuvent nous échapper à chaque instant.

Que ce soit par sa position ou ses devoirs, par son indifférence ou ses nouvelles ardeurs, que ce soit par ses remords ou même par ses caprices que la femme qu'on aime alarme notre amour, il est certain que celle-là seule qu'on craint de perdre nous possède tout entiers. C'est une conquête qui n'est jamais achevée et qu'on poursuit sans cesse.

Voilà pourquoi tant de femmes bonnes, calmes, unies, voient avec amertume fuir loin d'elles un amour qu'on prodigue à d'autres qui, à leur gré, le méritent moins qu'elles. Ces pauvres cœurs ignorent que la lutte est la vie de toutes les passions, et que, pareilles au soldat de Marathon, elles meurent dès qu'elles ont touché le dernier but et poussé le dernier cri de victoire.

Aussi fallait-il qu'Antonie eût quelque chose de plus que sa beauté, son esprit, sa douceur, pour exciter dans le cœur de Torcy ces transports tumultueux de colère et ces apaisements soudains, qui sont les plus vrais symptômes d'un amour aveugle.

Ce charme singulier était pour cette femme dans le mystère impénétrable qui enveloppait son passé aux yeux même de Manuel.

Là était la lutte incessante de cet amour; là était la source de ces doutes cuisants qui déchiraient le cœur du peintre. Bien souvent il l'avait interrogée sur son passé; mais prières, larmes, désespoir, menaces d'abandon, fureurs, rien n'avait pu vaincre le silence d'Antonie; tout venait se briser, impuissant et stérile, contre la douce inflexibilité de ses refus.

Quand il pleurait en la suppliant, c'est en pleurant qu'elle lui répondait doucement : — « Je ne puis rien te dire. »

Quand il s'emportait et l'interrogeait avec calme, c'était la tête basse et le visage résigné qu'elle répondait encore : — « Je ne puis rien te dire. »

Ce mot, sans cesse répété, était entre Manuel et Antonie comme une porte d'airain, qu'il employait toute sa force à briser, et qu'il n'ébranlait même pas dans ses plus terribles efforts.

Cette femme qui était à lui, et sur laquelle il se croyait tous les droits, avait dans sa vie un arcane impénétrable qui lui était interdit, et, sanctuaire divin, ou repaire immonde, il y voulait entrer, et ne comptait rien posséder tant qu'il n'avait pas été jusque là.

On a sans doute déjà compris quelle était cette femme; mais on ne sait pas comment Eulalie avait rencontré Torcy, et comment elle avait pu lui cacher jusque là ce qu'elle était.

L'explication qui eut lieu entre eux appendra à nos lecteurs ce qui est nécessaire à l'intelligence de cette partie de notre récit.

IX

Au moment où Manuel entra dans la chambre d'Antonie, et la trouva à genoux et pleurant, il s'arrêta et la contempla un moment dans son désespoir. Il espéra que cette âme se serait laissé amollir à ses propres souffrances, et qu'une consolation obtiendrait plus qu'une menace.

Il alla s'asseoir près d'elle, tandis qu'elle restait toujours à genoux, et l'attirant lentement vers lui, prenant les mains d'Antonie dans les siennes, attachant son regard sur ses yeux, il lui dit doucement :

— Tu pleures, pauvre enfant; qu'as-tu? quel chagrin que je ne sais pas te rend ainsi désespérée?

Les larmes d'Antonie éclatèrent avec plus de vivacité, elle cacha sa tête dans les mains de Manuel, mais elle ne lui répondit point.

— Antonie, reprit-il avec une tendresse encore plus affectueuse, pourquoi ce silence obstiné, pourquoi renfermer en toi cette pensée qui te dévore, et qui peut-être t'abuse?

Antonie sourit tristement.

— Oh! parle, parle, je t'en supplie : si c'est un malheur qui fait ton désespoir, il n'est peut-être pas irréparable

comme tu le crois... Si ta douleur est un remords, l'expiation est assez grande, et il n'y a pas de faute qui ne s'efface.
Oh! dis-moi, dis-moi ce terrible secret! — Jamais! répondit
Antonie. — Jamais? répéta Manuel, à qui sa colère revint à
ce refus qu'il avait mille fois essuyé, et qui lui paraissait tous
les jours plus insultant. — J'ai tort de pleurer ainsi, dit Antonie en se relevant et en essuyant ses larmes.... mais tu es
entré si inopinément que tu m'as surprise avant que j'aie pu
cacher ma douleur en moi-même. Tu étais dans ton atelier...
je me suis crue seule. — Et tu t'es mise à pleurer aujour-
d'hui, aujourd'hui que j'avais espéré compter parmi mes
jours heureux! — Aujourd'hui, s'écria Antonie en jetant au
ciel un regard où se peignaient toutes les tortures de son
cœur. — Oui, aujourd'hui, reprit Manuel en revenant tendrement à Antonie; car tu m'avais enfin permis de faire ton
portrait. Il y a si longtemps que je te le demandais, que,
lorsque tu me l'as accordé, j'ai été bien heureux de ma victoire ; triste bonheur, puisqu'il te rend si malheureuse!.,...
Ah! ajouta-t-il en regardant Antonie qui, la tête baissée,
semblait plonger son regard dans une pensée bien lointaine...
ah! tu aurais mieux fait de me refuser comme toujours. —
Aujourd'hui plus que jamais, repartit Antonie, que ses pleurs
quittaient et reprenaient comme le flux et le reflux apparent de ses pensées. — Aujourd'hui plus que jamais? as-tu
dit, reprit Manuel avec l'anxiété d'un homme qui croit voir
dans le désert où il est perdu la trace d'un pas humain ; aujourd'hui plus que jamais, répéta-t-il ; mais ce jour est donc
marqué pour toi, c'est un jour fatal dans ta vie? — Manuel!
s'écria Antonie avec épouvante. — Aujourd'hui, 5 octobre...
— Manuel! répéta Antonie. — C'est un anniversaire, peut-
être! — Manuel, Manuel!... lui cria-t-elle, comme si, en
l'appelant, elle eût pu arrêter la marche de sa pensée ainsi
qu'on arrête la course imprudente d'un homme. — Ah! lui
dit Torcy, cela doit être, tu as eu trop peur.

Antonie se tordit les mains en s'écriant :

— Oh! malheureuse, malheureuse! — Eh bien! maintenant que j'ai un point de départ, je saurai tout; je cher-
cherai, j'interrogerai, j'apprendrai... — Et si tu fais cela,
dit Antonie en se levant avec force, si tu fais cela, ce sera
infâme. — Antonie! s'écria Manuel, dont ce mot blessa l'or-

gueilleux honneur. — Oui, ce sera infâme, répéta Antonie.

Souviens-toi, Manuel, du jour où je t'ai trouvé blessé, meurtri, mourant, dans un ravin de la montagne. Tu allais mourir là ; car il fallait le désespoir qui cherche la mort pour pousser une créature vivante dans cet abîme où une imprudence t'avait précipité. Je te vis sanglant, immobile, expirant ; et la mort que j'appelais, moi, comme un bienfait, me fit peur pour toi que je ne connaissais pas. Une idée me prit de te sauver ; il me sembla que ta vie serait devant Dieu une compensation à ma mort ; j'étanchai tes blessures, je te ranimai, et moi, faible femme, je te traînai hors de cet abîme. Je te conduisis à une cabane, où tu retombas épuisé de douleur et brûlé de fièvre.

— Oh ! c'est vrai, Antonie, c'est vrai ; tu n'as pas besoin de me le rappeler.

— Oh ! écoute-moi ! écoute-moi ! Te souviens-tu quand tu fus dans cette maison ? Te souviens-tu que j'allais partir lorsqu'un des hommes qui t'entouraient murmura tout bas :
— « Cet homme n'a pas une heure à vivre ? »
Je ne sais si, dans l'anéantissement où tu étais plongé, ce mot fatal arriva jusqu'à toi ; mais je l'entendis, moi, et je m'arrêtai. Dieu m'avait inspiré de te sauver, et je crus lui obéir encore en restant près de toi pour te sauver tout à fait. Tu dois te souvenir maintenant que le lendemain tu me trouvas à ton chevet, tu dois te souvenir que durant onze jours que la mort te menaça sans relâche je fus là pour l'écarter à toute heure !

—Oh ! dit Manuel attendri, merci maintenant ! merci comme alors ! merci comme le jour où je pus comprendre que je te devais la vie ! — Tu étais sauvé alors, reprit Antonie. — Et toi, dit Manuel, tu voulais toujours mourir ! — Oui, Manuel, je le voulais encore, mais je n'en avais plus le courage. C'est que tu m'avais raconté ta jeunesse, ta vie, tes belles espérances, ton avenir de gloire et de bonheur, et que je pleurais sur moi qui n'aurais rien de ce riche partage des autres. — Et puis, tu sentais bien que je t'aimais, lui dit Manuel. — Je vous ai aimé la première, lui répondit Antonie avec une larme moins amère que les autres.

Je ne sais comment l'amour a pénétré dans mon âme à travers le désespoir qui l'enveloppait tout entière ; mais lors-

que, faible encore, vous sortiez appuyé sur mon bras, lorsque vous m'expliquiez cette belle nature qui nous entourait,
quand vous me racontiez la marche de ce ciel qui étincelait
si près de nous, quand vous me parliez de vos travaux, de
votre gloire, des grands noms que vous comptiez égaler,
quand je voyais en vous cette assurance qui marque du
doigt le but qu'on veut atteindre, quand je sentais revivre
en vous cette force, cette intelligence qui devaient vous y
conduire, j'étais fière, Manuel; quand je vous voyais si heureux de vivre, j'étais heureuse; et il y avait des heures où
j'oubliais dans ta vie que je m'étais promise à la mort.

— Oh! lui dit Manuel avec un doux reproche, tu t'en sou-
venais tous les jours, car tous les jours tu voulais me quitter. — Et c'est alors que je pleurais, car il le fallait, et je
l'aurais dû, peut-être. — Tu ne m'aimais donc pas? — Manuel, reprit Antonie avec son accent le plus doux et son regard le plus triste, c'était un soir que vous étiez assis à mes
pieds, sous un mélèze penché sur l'abîme.

Vous m'aviez souvent suppliée de vous dire qui j'étais,
d'où je venais, ce qui m'avait jetée dans cette montagne;
vous aviez été bien cruel pour moi qui vous priais vainement de me laisser mon secret; vous m'aviez dit, Manuel :
« Je te donnerai ma fortune, je te donnerai mon nom; » ton
nom qui est honorable et pur, ton nom qui est célèbre et
respecté, et ce nom pour lequel je t'aime, que je préférerais à un nom de prince, je l'avais refusé pour me taire.
Alors tu te penchas vers moi, tes yeux rayonnaient d'a-
mour, et ta voix était inspirée.

« Eh bien! me dis-tu, je ne te demanderai plus rien. Tu
seras pour moi l'ange qui a sa patrie au ciel, et qui n'a pas
de nom sur cette terre; je t'aimerai ainsi, sans jamais t'interroger. Je ne te prierai plus pour que tu m'aimes, tu seras
pour moi comme la fontaine bienfaisante et limpide où l'on
puise la vie sans s'occuper du lieu où se cache sa source. Tu
me seras sainte, et je te remercierai de vivre pour moi,
comme si tu me redonnais encore une fois la vie; le veux-
tu ainsi, enfant, le veux-tu?... »

Ce fut une aurore céleste dans les profondes ténèbres de
mon désespoir et de ma solitude; elle éblouit mon cœur.
Je te tendis la main, et tu m'appelas Antonie, du nom de ta

mère, pour abriter au moins devant Dieu, sous un pieux souvenir, l'union que je ne peux pas sanctifier devant les hommes.

— Mais pourquoi ne le pouvez-vous pas? dit amèrement Manuel, que le dernier mot d'Antonie avait ramené à sa résolution de percer ce mystère qui l'irritait. — Vous voyez, lui dit-elle, voilà l'écueil où devait se briser cette solennelle promesse. — Promesse insensée! s'écria Manuel, et que je me sens incapable de tenir, car je veux savoir la vérité; il le faut... je le veux... Dis-la-moi, quelle qu'elle soit, si honteuse qu'elle puisse être; dis-la-moi, ou, je te le jure, je ferai ce que je t'ai dit, j'interrogerai... j'apprendrai... — Et ce sera infâme si vous le faites, comme je vous l'ai dit aussi; et c'est pour vous le prouver que je vous ai rappelé tout notre passé à tous deux. — Eh bien? infâme ou non, je le ferai, car je ne puis pas vivre plus longtemps ainsi. — Oh! s'écria Antonie, comme cela je vous comprends, que le fardeau que vous vous êtes imposé vous fatigue, je le comprends; que je sois un chagrin vivant pour vous, je le crois; que vous soyez malheureux de ma présence, je le vois tous les jours; aussi, Manuel, aujourd'hui que vous me le dites, je puis vous dire aussi ce que depuis longtemps j'ai résolu dans ma pensée.

Vous m'avez trouvée seule en ce monde comme un enfant perdu, laissez-moi vous quitter comme vous m'avez trouvée; je m'en irai, Manuel, je m'en irai, et vous n'entendrez plus parler de moi; et, je vous le jure, je ne vous accuserai ni de dureté, ni d'ingratitude. Puis-je vous demander ce qui est au-dessus des forces d'un homme?

Nous avons voulu réaliser un rêve impossible; chaque jour, chaque heure me le fait comprendre... Eh bien! j'en veux finir aussi; le courage que vous n'avez pas, je l'aurai pour vous. Demain, ce soir, si vous voulez, je quitterai cette maison; je le veux, je vous le demande.

— Qui, moi! s'écria Manuel, suffoqué par les sanglots que cette idée lui arrachait; moi, t'abandonner, pauvre enfant! moi, te laisser seule, errante, misérable! O Antonie!... Antonie!... tu ne m'aimes donc plus, pour me parler ainsi?...

Et, dans le transport de sa douleur, il l'entourait de ses bras, comme s'il eût craint qu'elle ne s'échappât.

Mais, pour la première fois, la volonté d'Antonie ne céda pas à ce retour soudain de l'amour de Manuel; et elle lui répondit, en le repoussant doucement :

— Ecoute, Manuel, quand tu m'as trouvée là, à genoux, je priais Dieu de me donner la force de te quitter; quand tu m'as vue pleurer, je pleurais de la pensée de me séparer de toi. — Tu le veux donc? — Oui, Manuel, et si tu le veux aussi, si tu ne m'abandonnes pas à ma faiblesse, si tu me chasses, ce sera bon et loyal de ta part, et je t'en remercierai; mais si tu voulais savoir qui je suis, ce serait mal, ce serait affreux, et je ne te le pardonnerais pas. — Eh bien! dit Manuel en s'agenouillant devant elle, jamais, non jamais, je ne voudrai rien apprendre?... Je te le jure devant Dieu!

Et comme Antonie se taisait, il reprit avec un accent où parlait tout son amour :

— Oh! il faut me pardonner, Antonie. Si tu savais comme je t'aime, si tu savais comme je serais fier de toi si tu voulais...

Mais, pour toi, je voudrais devenir assez fort pour t'imposer au monde; je voudrais être assez grand et te placer assez haut dans mon amour pour qu'on te respectât, rien que pour la puissance de cet amour. Mais je ne puis rien pour toi, tu ne veux pas même qu'on sache que je t'aime; et alors, vois-tu, ma vie est sans but, je me désespère, je m'égare, je deviens fou...

— Surtout, dit doucement Antonie, quand tes cruels soupçons te prennent au cœur. — Quels soupçons? dit Manuel troublé. — Crois-tu donc que je les ignore? Cette Cornélie que le hasard a introduite dans notre maison, crois-tu qu'elle m'ait épargné aucune des suppositions injurieuses qui se répètent tous les jours hors de notre maison, dans l'atélier de son mari? — Oh! dit Manuel avec force, je la ferai taire! je les ferai taire! — Allons, ami, lui dit Antonie en prenant dans ses mains la tête de Manuel, comme pour en calmer l'effervescence, ne promets pas plus que tu ne peux. Tu ne feras qu'irriter la malveillance en voulant la combattre. L'éclat de ton nom suffit, crois-moi, à attirer sur nous plus de curiosité et d'envie qu'il n'en faut pour troubler notre bonheur. — Eh bien! ce que tu voudras je le voudrai, mon Antonie... Et tu m'as pardonné, n'est-ce pas? —

Te pardonner, Manuel! puis-je t'en vouloir de ce qui est un malheur qui ne vient que de moi? Ah! non, Manuel, non, je je n'ai rien à te pardonner...

Mais j'ai encore quelque chose à te dire, quelque chose que je ne t'ai jamais dit, car il s'agit de ce passé que je ne puis t'apprendre.

Manuel écoutait avec anxiété, tandis que le visage d'Antonie se colorait d'une touchante dignité et d'une grave pudeur.

— Le jour où tu m'as rencontrée, lui dit-elle, je te le jure, j'étais pure devant Dieu de toute faute et de tout crime. — C'est vrai, n'est-ce pas? s'écria Manuel avec un éclat qu'il ne put contenir. — Tu en doutais, Manuel? — Non, reprit-il, non, je n'en doutais pas; et maintenant je suis calme, je suis heureux, je n'en veux pas davantage. — Pas davantage; entends-tu! n'en demande jamais davantage.

Je t'avais gardé ce témoignage de moi-même pour le jour où je te sentirais faiblir dans ton amour. C'est le dernier mot de mon âme que je viens de te dire; au delà tout doit rester mort dans mon sein.

Aujourd'hui je t'ai livré la seule arme que j'avais pour me défendre; ce serment, si tu en doutes jamais, je ne le recommencerai pas; tu en douterais plus aisément encore.

Maintenant, je t'ai donné tout ce que je pouvais te donner; s'il te faut des preuves, je n'en ai pas; s'il te faut mon secret, j'aime mieux mourir.

— Oh! lui dit Manuel, tu vivras, tu vivras et je t'aimerai comme je te l'ai dit, comme l'ange exilé du ciel qui est venu veiller sur ma vie et lui donner le seul amour, le seul bonheur qui ne doive rien aux vulgaires intérêts de ce monde.

Cette longue explication avait calmé les transports de Manuel et le désespoir d'Antonie; tous deux avaient retrouvé la folle illusion qui leur faisait croire à la durée d'un pareil bonheur, lorsqu'on remit à Manuel un billet de la part de M. de Changiron :

« Ma femme, qui veut absolument ce qu'elle veut, lui écrivait-il, veut vous avoir à dîner; nous aurons quelques personnes, ce qui ne vous empêchera pas de causer, avec madame de Changiron, de notre grande entreprise.

» Je compte sur vous, etc. »

Manuel lut le billet tout haut, et il s'apprêtait à répondre par un refus poli, lorsque Antonie lui dit :

— Pourquoi n'y pas aller, mon ami? c'est précisément cette retraite absolue que tu t'imposes pour moi qui appelle l'attention et fait naître les propos. — Mais te laisser seule... aujourd'hui... — Je sais bien que c'est un sacrifice, et je te le demande précisément aujourd'hui, tu me le dois. — Pauvre enfant! c'est une longue soirée où tu seras toute seule... — Où je te suivrai dans ma pensée, où je te verrai accueilli, fêté, admiré. D'ailleurs, oublies-tu ce que tu me disais tout à l'heure : « Se renfermer toujours en soi c'est donner à la pensée un aliment funeste? » Eh bien! tu reverras des amis, des gens qui te plairont; tu me raconteras ce que tu auras dit, ce que tu auras fait. Ce n'est pas une soirée que tu me prends, c'est quinze jours de bonnes causeries que tu me rapporteras. — Tu le veux? — Oui, je le veux. Et puis dans cette lettre on te parle d'une grande affaire, eh bien! tu négliges tes affaires pour moi, et tu finirais par m'en vouloir. Voyons, sois bon, va chez M. de Changiron. — Et toi? — Eh bien! moi, je lirai..... je penserai..... je t'attendrai..... C'est ma plus douce occupation.

Indépendamment de la bonne grâce de cette prière, il y avait dans Antonie un si doux accent, un si charmant sourire, que Manuel accepta.

Et le soir venu, il partit le cœur ouvert, l'esprit calme et joyeux, et se rendit chez M. de Changiron.

X

Pour la première fois, depuis bien longtemps, Manuel Torcy allait dans un monde qu'il aimait et qu'il croyait avoir tout à fait oublié.

Ce jour-là, précisément, il y rentrait avec ce contentement intérieur qui rend bienveillant pour tout ce qui vous entoure, et qui donne à l'esprit cette liberté facile et joyeuse qui se mêle aisément à tous les bonheurs qui passent près de vous.

D'un autre côté, comme la plupart des hommes de notre époque qui doivent leur fortune et leur position à leur travail personnel, Torcy aimait les somptuosités élégantes, l'éclat des beaux salons, le *brio* de ces conversations mêlées de toutes choses qui courent autour d'une table splendide. Il aimait le mouvement gracieux de ces nombreuses réunions qui se rangent d'abord en une ligne de femmes resplendissantes de parure, de diamants et de fleurs, et qui plus tard se divisent par groupes épars où s'agitent les discussions les plus graves ou les plus frivoles.

Il se plaisait dans ce monde où tout est semé avec profusion, même l'esprit; car là, on n'en fait ni commerce ni profession, et on le jette à qui veut le ramasser.

D'ailleurs, bien que dans ce monde Torcy fût peut-être le seul dont le nom fût célèbre de la veille, il y entrait sur le pied d'égalité, il le croyait du moins; et à voir l'empressement, les attentions, les mille riens gracieux dont il était l'objet, on eût pu croire qu'il y était à la première place.

C'est là qu'est le danger de ce monde pour les gens comme Torcy. Tout entiers au charme qui les séduit, ils ne se rendent pas un compte exact du sentiment qui leur vaut cet accueil si particulièrement bienveillant. Ils ne se demandent pas pourquoi l'homme le plus distingué de ce monde n'obtiendrait pas des autres hommes cette condescendance dont on les entoure; des femmes, cette intention caressante dont elles les flattent.

A supposer même qu'ils s'étonneraient de cette préférence apparente, ils auraient des théories toutes prêtes pour l'expliquer en faveur de leur vanité.

— Notre époque, diraient-ils, est celle de la prédomination des talents personnels et des noms acquis.

Cinq ou six exemples de hautes fortunes politiques conquises par de grands talents se présentent à l'appui de cette assertion, et ils s'établissent de bonne foi dans la position qu'ils rêvent et se croient classés parmi les rois de la société.

Combien ils éprouveraient de honte et de dépit s'ils pouvaient reconnaître que c'est, à une grande distance sans doute, mais au même titre qu'une chose curieuse, qu'ils sont tant accueillis, tant fêtés; et, s'ils osaient regarder au fond de toutes ces caresses qu'on laisse tomber sur eux, ils y verraient, je ne dirai pas du mépris ou du dédain, mais une protection qui ne craint pas d'aller jusqu'à la flatterie, tant elle est sûre qu'il y a entre l'aristocratie passagère de l'artiste et l'aristocratie éternelle du nom une distance qu'il ne pourra jamais franchir.

Ce n'est que le jour où l'on a mis en jeu dans ce monde la dignité de son caractère ou celle de son cœur, qu'on apprend la véritable place qu'on y tient, et beaucoup d'hommes y ont passé toute leur vie sans se douter un moment du rôle qu'ils y jouaient.

Quant à Torcy, il en était encore aux illusions, aux enchantements, et la soirée qu'il passa chez M. de Changiron ne pouvait que l'égarer davantage dans cette voie où il marchait en aveugle, non point parce que tout y était ténèbres, mais parce que tout y était éblouissement. Il y eut surtout, de la part de la belle marquise Camille de Changiron, une coquetterie qui faisait sourire tous ceux qui en étaient témoins.

Torcy ne savait donc pas que l'homme à qui l'on peut tant dire et tant prodiguer, sans que cela excite la jalousie ou la médisance, est bien peu de chose aux yeux de ces indifférents. En effet, il n'était pas un homme dans ce monde dont madame de Changiron eût osé s'occuper comme elle s'occupa de Torcy.

A qui aurait-elle osé faire toutes les questions qu'elle lui adressa sur sa vie, ses occupations, ses goûts, ses pensées, sur ce qu'il devait aimer ou haïr ?

Elle visitait l'âme de cet homme comme un musée où il devait y avoir des passions inconnues et curieuses; et l'artiste, prenant cette curiosité pour un hommage, servait naïvement de cicerone à cette belle dame qui, si elle ne se moquait pas de lui, s'en amusait du moins comme d'une charmante nouveauté.

Cependant tout cela n'était qu'un prélude à une investigation plus intime encore.

Le marquis de Changiron avait raconté à sa femme ce qui s'était passé dans l'atelier de Lavignan et dans celui de

Torcy, et les suppositions étaient nées en foule dans le salon aristocratique comme dans le vulgaire atelier; seulement elles avaient pris chez madame de Changiron un caractère tout différent.

L'habitude de considérer les artistes à travers leurs œuvres leur prête, aux yeux qui ne les voient pas de près, une attitude théâtrale ou exceptionnelle, et empreint toutes leurs actions d'un caractère qu'on n'oserait pas ou qu'on ne daignerait pas supposer envers d'autres hommes.

Ainsi, l'inconnue de Manuel, si grossièrement appréciée dans l'atelier de Lavignan, était devenue une sorte de créature fantastique dans le salon de madame de Changiron.

C'était la Gulnare du *Corsaire* devenue le Caleb d'un nouveau Lara; mais dans quelle nuit étoilée avait-elle fui la couche de son redoutable sultan? et, comme Gulnare, avait-elle une tache de sang sur sa blanche tunique?

Pour traduire littéralement les suppositions de madame de Changiron, quelle belle comtesse italienne avait abandonné pour Torcy ses villas de marbre, son beau ciel d'Italie et son mari sicilien?

On admettait encore que ce pût être des brumes du Danube ou de Trieste qu'était sortie cette belle enthousiaste; et alors on la voyait s'échapper de quelque gothique château par une tempête froide, tandis que son magnat fourré tombait ivre de vin de Hongrie à côté de son grand sabre à poignée damasquinée.

Mais, par un sentiment de dédain ou d'orgueil, ces belles rêveries ne paraissaient pas à Camille pouvoir être réalisées par une Française de race noble; et, soit que madame de Changiron, qui était de leur sang, trouvât nos grandes dames au-dessus ou au-dessous de l'enthousiasme et de la passion nécessaires à un tel dévouement, elle avait écarté cette idée comme impossible.

Quant à croire que cette femme pût être une bourgeoise, madame de Changiron était si loin de supposer qu'une femme d'un pareil rang, eût-elle un mari, fût obligée de cacher ses fautes. qu'elle repoussait également cette version, précisément à cause du mystère impénétrable dont cette femme s'entourait.

Changiron qui, avant son mariage, avait vécu dans la

réalité de la vie des artistes, ne partageait pas ces idées d'une poésie assez sotte ; mais le conte que sa femme s'était fait à elle-même lui plaisait, l'amusait, l'occupait, et Changiron avait beaucoup de raisons pour ne pas arracher à Camille une occupation ou une distraction dont il n'était pas obligé de faire les frias.

Cependant, comme nous l'avons dit, toute cette coquetterie savante : questions timides, attention admirative, surprises flatteuses, tout cela n'avait été prodigué à Torcy que pour arriver à un but bien autrement intéressant ; il s'agissait de toucher la corde la plus cachée de l'âme de notre artiste, de savoir de quel son étrange elle vibrait.

XI

Voici comment s'y prit la belle marquise ; elle eut l'air d'abandonner tout à coup la route qu'elle avait suivie, et dit à Torcy :

— Après tout ce que vous venez de m'apprendre de vous-même, je vous avoue que je suis très-fière de ce que vous ayez bien voulu vous charger de recréer la collection que mon mari désire posséder.

Le sujet qu'elle abordait eût dû faire descendre Torcy des sommets où il croyait planer ; mais madame de Changiron ne lui donna pas le temps de s'apercevoir qu'elle parlait au peintre dont on finirait par estimer le talent en écus, et elle continua rapidement :

— Pour tout autre que pour vous, c'eût été un misérable labeur ; mais, avec votre pensée active et profonde, c'est tout l'esprit des siècles passés à faire revivre sur la toile, c'est presque une histoire complète de la peinture que vous écrirez avec votre pinceau, et je suis sûre que vous, qui savez sur cet art admirable tant de choses dont nous ne nous doutons pas, vous éprouverez un charme infini à pénétrer dans le secret de ces époques mortes et à leur redonner la vie.

Torcy était trop peintre pour ne pas savoir que ce qu'il allait entreprendre serait un travail insupportablement ennuyeux à faire, et le haut prix qu'y avait mis Changiron l'avait seul décidé à l'entreprendre; mais Torcy était trop flatté de la position que lui faisait cette belle dame et de l'aspect poétique sous lequel elle voulait bien considérer ses travaux, pour ne pas les accepter complétement.

Le peintre répondit donc avec un air de profonde conviction :

— Je vous remercie, madame, d'apprécier comme vous le faites ce noble sentiment de l'art si souvent méconnu par ceux qui ne peuvent le comprendre. — Ai-je ce mérite à vos yeux? lui dit Camille, comme ravie d'être à la hauteur de la pensée de Torcy. — Si vous saviez combien il est rare, madame, répliqua celui-ci, vous pardonneriez à la vanité que j'ai peut-être mise à le reconnaître en vous. — J'accepte la louange dans tout ce qu'elle a de flatteur, et cependant je me sens toute prête à vous prouver que je ne la mérite pas. — Comment cela? — Vous ne rirez pas de moi, n'est-ce pas? Mais moi aussi, j'ai fait des rêves pour cette œuvre qui sera la vôtre, et ces rêves, vous seul pouvez les réaliser. — Veuillez vous expliquer. — Je vous abandonne, reprit la marquise en souriant, tous les ancêtres de mon mari qui sont du sexe masculin, et pourvu qu'on devine dans leur visage ce cachet constant qui marque tous les individus d'une noble famille, je vous permets de les faire aussi rébarbatifs, aussi peu agréables que vous voudrez; mais, quant aux femmes, je les veux belles, toutes sans exception, et, par-dessus toutes, je veux la beauté la plus parfaite pour la fameuse Marguerite de Changiron. — Ah! dit Torcy, à qui ce nom rappela la folie à laquelle il s'était livré le matin.

A l'altération de sa voix, qui se trahit dans cette simple exclamation, madame de Changiron comprit qu'elle avait pénétré enfin à l'endroit du cœur, et elle reprit de suite :

— Vous ne savez peut-être pas ce que c'est que cette fameuse Marguerite? — M. de Changiron m'en a parlé ce matin, dit Torcy, qui s'imagina que cette déclaration allait lui faire découvrir si c'était un hasard ou une intention décidée d'avance qui ramenait ce sujet qui touchait de si près au mystère de son cœur; mais la réponse de Camille le rassura tout aussitôt. — Ah! que mon mari est aimable et bon! il vous en a parlé, n'est-ce pas? il vous a dit que je voulais une beauté parfaite... mais pas une beauté vulgaire ou plutôt connue, rien qui ressemble aux plus belles personnes qu'on rencontre dans le monde. L'existence de cette Marguerite a été à la fois si éclatante et si bizarre; elle a été si adorée et si calomniée; on lui a attribué des exigences si folles et des dévouements si absolus, qu'il me semble que ce devait être une nature à part, un mélange hardi et harmonieux des perfections les plus opposées. Je me figure enfin quelque chose qui n'existe peut-être plus, mais qui a dû exister.

Torcy était sur ses gardes, il se contenta de répondre : — Vous avez raison; c'est un modèle à inventer.

— Tenez, lui dit madame de Changiron en baissant la voix et en s'inclinant vers lui comme pour lui faire une confidence, vous m'avez dit que j'étais digne de comprendre les inspirations d'un artiste.

Eh bien! dites-moi si je me trompe; mais il me semble que, si j'étais peintre, ce modèle existerait toujours pour moi. Et ce modèle, c'est la femme qu'on aime; celle-là est toujours pour le peintre une beauté au-dessus de toutes les autres : car il la voit à travers son amour, et il la peint comme il la voit.

Ainsi, je suis bien persuadé que la Fornarina et la Joconde n'étaient pas aussi belles que les ont faites Raphaël et Léonard de Vinci, et je me laisserais volontiers aller à croire que nos peintres ne produisent plus aujourd'hui de ces ravissantes créatures, parce qu'ils n'ont pas le courage de leur amour et n'osent pas en livrer l'objet à l'admiration publique.

— Cela se peut, madame, dit Torcy, et c'est probablement parce qu'ils préfèrent la sainteté de leur amour à leur gloire.

— Est-ce que la gloire, reprit Camille avec une sorte d'enthousiasme irréfléchi, n'est pas la première passion d'un artiste, celle qui doit dominer toutes les autres? — Ah! madame, reprit Torcy qui ne se doutait pas que ses moindres paroles avaient un sens qu'on s'apprêtait à commenter de toutes façons, si la gloire est là, la gloire est trop chère à ce prix.

Livrer au public, au monde, aux envieux, aux méchants, aux indifférents même, leur livrer l'idole de son âme, la flamme secrète de sa vie ; offrir en spectacle à la critique, au dédain ou à une froide admiration ce qu'on aime de toute la force de son âme, ce qu'on admire avec excès, ce qu'on adore avec religion, oh! non, madame; non, ce serait une insulte à celle par qui l'on vit, ce serait un sacrilége envers soi-même, ce serait ouvrir le sanctuaire de son âme aux misérables curiosités de la foule.

En parlant de cette façon, Torcy ne croyait faire que de la théorie générale; mais ces dernières paroles frappaient si juste sur la prétention curieuse de madame de Changiron, qu'elle put penser que la leçon s'adressait à elle, et qu'elle répondit d'un ton assez piqué :

— Je vous prie de croire, monsieur, que je n'ai pas voulu pénétrer dans vos secrets. — Des secrets! reprit Torcy, dont la voix s'altéra de nouveau; vous croyez donc que j'en ai?

Camille hésita un moment.

La première réponse qui vint à l'esprit de la belle marquise fut de renvoyer Torcy à sa place en lui répondant qu'il pouvait avoir tous les secrets du monde, sans qu'elle eût la moindre envie de s'en occuper? mais la curiosité d'une part, et de l'autre la vanité qui voulait réussir à tout prix, décidèrent Camille à se montrer moins susceptible, et elle répondit après un moment de silence :

— Que je croie ou non que vous avez des secrets, je suppose, monsieur, que cela doit vous être indifférent.

— Ce qu'on peut penser de bien ou de mal d'un homme ne doit jamais lui être indifférent, répondit Torcy qui voulait interroger à son tour, surtout quand il s'agit d'une personne comme vous. — En vérité, dit Camille, vous me rendez confuse. Je n'ai pas la vanité de vouloir juger qui que ce soit, et peut-être vous moins qu'un autre; car, ainsi que vous me le disiez, il y a dans la vie des mystères qui seraient souvent la plus éclatante justification de ce que le monde est porté à interpréter défavorablement... — A interpréter défavorablement?... dit Torcy troublé. — Le monde juge sur les apparences. — Mais pourquoi juge-t-il? pourquoi s'occupe-t-il de ce qu'on ne veut pas lui livrer? — Oh! vous allez beaucoup trop loin dans vos exigences, dit madame de Torcy; vous n'aurez jamais le privilége, si haut que vous soyez placé, d'empêcher les autres de regarder dans votre existence, comme vous-même vous regardez dans la leur. Seulement on y mettra peut-être plus de circonspection, parce que ce qu'on saura de vous répondra de ce qu'on ne sait pas ; c'est tout ce que vous pouvez demander.

XII

La conversation était arrivée à cette extrême limite où elle allait passer des généralités à une application personnelle, lorsque la porte du salon s'ouvrit, et l'on annonça M. Gagerot.

Il vint saluer la maîtresse de la maison, qui ne l'aimait d'aucune façon, et qui l'accueillit avec l'exacte politesse d'une femme bien élevée ; mais Gagerot ne s'en aperçut point, et s'informa si obséquieusement de sa santé, de celle de sa mère, de tout ce qu'on peut demander enfin en pareille circonstance, que la conversation se trouva rompue, et que, de dépit, madame de Changiron se leva et céda la place à l'importun qui l'arrêtait au moment où elle se croyait si près de sa victoire.

Il paraît que Gagerot avait réussi à ce qu'il voulait ; car à peine fut-il seul près de Manuel, qu'il lui dit à voix basse :

— Mon Dieu, monsieur, je bénis le hasard qui m'a amené dans cette maison. Pourquoi cela ? lui dit sèchement Torcy, qui se rappelait qu'Antonie avait pâli au nom de cet homme.

— Rentrez chez vous, lui dit Gagerot ; prévenez par votre présence une folie que le caractère de celui qui la veut tenter pourrait changer en un fâcheux esclandre. — Je ne vous comprends pas, repartit Torcy avec hauteur.

— Eh bien ! monsieur, lui dit Gagerot d'un air confus, ce matin, il a été question de madame Torcy dans l'atelier de Lavignan.

Torcy devint pâle.

— Malheureusement il se trouvait là un de ces hommes dont l'immoralité ne respecte rien, et dont la grossièreté, soutenue par un courage de spadassin, ose tout braver. Cet homme a dit, a parié qu'il parviendrait à voir madame Torcy, et au moment où je vous parle, M. Paul Chagoin est peut-être chez vous.

Torcy se leva d'un bond, et serrant la main à Gagerot avec une violence qui attestait une puissante émotion :

— Merci, monsieur, lui dit-il, et s'il a osé... lui, ce misérable... Oh ! fasse le ciel que ce ne soit pas vrai !

La toute petite âme de M. Gagerot ne comprit qu'à ce moment qu'il avait attaché par quelques mots une mèche allumée à un baril de poudre, et il commença à craindre que les éclats n'arrivassent jusqu'à lui.

Il avait cru donner une bonne petite inquiétude à un homme bien maître de lui, et qui aurait passé une heure sur des charbons ardents ; mais Torcy venait de sortir, et de l'air d'un homme qui tuerait Paul Chagoin sur place s'il le rencontrait chez lui.

Ce fut donc encore tout troublé de ce qu'il venait de faire qu'il répondit à Changiron, lorsque celui-ci vint lui demander ce qu'il avait pu dire de si étrange à Torcy, que ce dernier était parti si brusquement.

L'air dont Changiron reçut sa confession ne fit qu'alarmer davantage Gagerot, et il se prit à trembler réellement du résultat probable de son indiscrétion, lorsque Changiron lui dit :

— J'espère que ce fou de Chagoin n'aura pas fait ce qu'il a dit, ou plutôt que la porte de Torcy ne lui aura pas été ouverte ; car entre Manuel et lui, ce serait une affreuse rencontre. Torcy le jetterait par la fenêtre, et Chagoin ne s'y laisserait pas jeter... Vous avez eu tort.

— Eh bien ! que fallait-il faire ? Devais-je abandonner cette femme aux insolentes entreprises d'un Chagoin ?

— Mais, dit Changiron, de quel droit ce misérable ose-t-il pénétrer violemment dans sa maison ? Oh ! s'il faisait cela chez moi, je lui ferais sauter la cervelle. Comment cette idée lui est-elle venue ? — Rappelez-vous ce qu'a dit ce matin madame Lavignan, que cette femme s'était troublée à mon nom et à celui de Paul Chagoin. Il prétend la connaître, il veut la voir ; il s'en est vanté au Café de Paris. On l'a mis au défi, et vous savez ce qu'est ce Paul Chagoin. — Oui, capable de tout, même d'un crime, pour soutenir l'ignoble ostentation qu'il fait de ses vices. J'ai une peur affreuse qu'il n'arrive quelque malheur à Torcy.

Madame de Changiron, étonnée de ne plus revoir Manuel où elle l'avait laissé, s'était approchée de son mari pour savoir la cause de ce départ précipité, et elle entendit les derniers mots qu'il prononça.

Elle s'enquit des motifs de la crainte de Changiron, et celui-ci, qui en était véritablement alarmé, lui raconta ce que venait de lui dire Gagerot et quelle catastrophe pourrait en résulter.

— Mais, s'ecria Camille, il faut que vous couriez chez votre ami ; la présence d'un tiers, en pareille circonstance, pourra peut-être prévenir d'affreux malheurs. Allez, Anatole, je vous en prie !

Etait-ce intérêt véritable ou curiosité surexcitée qui poussèrent Camille à donner ce conseil à son mari? Nous ne pouvons le dire; mais il semblait assez raisonnable en soi, et Changiron s'empressa de le suivre.

Gagerot, qui ne se souciait pas d'arriver au milieu de la scène comme le dénonciateur de Paul Chagoin, se garda bien de s'offrir à accompagner Changiron.

D'ailleurs, la marquise, qui l'avait trouvé si malappris un moment avant, le retint avec toute la bonne grâce possible dès l'instant qu'elle supposa que Gagerot pouvait lui apprendre quelque chose touchant la mystérieuse inconnue.

Mais il ne fit que lui répéter ce qui s'était passé le matin ; et, comme, pour madame de Changiron de même que pour Cornélie, la connaissance de M. Gagerot et de M. Paul Chagoin détrônait la mystérieuse fugitive de l'Italie ou de la Hongrie du piédestal où Camille l'avait placée, elle finit l'entretien par cette question ; — Vous voyagez beaucoup, n'est-ce pas, monsieur Gagerot?

— Tous les ans, madame, je vais passer quelques mois aux eaux, soit en Italie, soit en Allemagne. — C'est cela, se dit madame de Changiron à part soi, ces deux hommes auront rencontré cette femme aux eaux, où tout le monde se mêle, et ils pourraient la reconnaître.

Aussitôt elle quitta Gagerot, qui attendait qu'une autre question lui expliquât la première. Mais madame de Changiron garda son explication pour elle, en s'étonnant toutefois qu'une femme bien née eût pu se rappeler des noms comme ceux de Gagerot et de Chagoin.

Maintenant, il nous faut dire ce qui s'était passé chez Torcy.

XIII

Lorsque Torcy eut quitté sa maison, le premier ordre qu'Antonie donna à sa femme de chambre fut de lui défendre de laisser entrer personne.

Toutefois, ce n'était point la crainte d'une tentative de la part de Gagerot ou de Paul Chagoin, dont les noms l'avaient si fort troublée, qui fit prendre cette précaution à Antonie ; ce fut seulement la peur d'avoir à subir, pendant une longue soirée, la compagnie de sa voisine.

Il fallait l'abandon complet où Lavignan laissait volontairement Cornélie et la solitude où Torcy était forcé quelquefois d'abandonner Antonie, pour que les relations de voisinage, formées par le hasard d'une rencontre dans l'atelier de Manuel, fussent arrivées à une espèce de liaison intime entre ces deux femmes.

Il fallait même le caractère de madame Lavignan pour avoir amené cette liaison, malgré le froid accueil qui lui avait été fait.

Non-seulement Manuel plaignait Antonie d'avoir à subir la conversation brutale et sotte de cette créature, mais son orgueil surtout souffrait de sa présence. En effet, Cornélie n'était-elle pas la femme légitime d'un peintre qui avait un assez grand nom, et Antonie ne devait-elle pas s'imaginer, dans son ignorance, qu'une pareille alliance n'avait rien que de très-ordinaire ?

Il se pouvait qu'à ses yeux l'ambition des plus grands artistes ne pût s'élever au-dessus de la classe grossière d'où sortait Cornélie, et Torcy, par une de ces subtilités de l'orgueil si communes chez l'homme qui s'est élevé par ses propres forces, Torcy, dis-je, se sentait humilié de l'humiliation conjugale de l'un de ses confrères.

Il avait bien expliqué à Antonie comment, dans un jour de misère, Lavignan était descendu jusqu'à épouser cette fille pour les riches économies que sa beauté lui avait permis d'amasser; mais tout cela n'était qu'une assertion dont Manuel ne pouvait fournir la preuve, puisque Antonie ne voulait voir personne et ne pouvait être convaincue par des exemples contraires.

Mais la répugnance motivée de Torcy et la répugnance instinctive d'Antonie contre madame Lavignan n'avaient pu fatiguer la ténacité de cette femme. Rebutée dix fois, elle revenait une onzième, et finissait par se faire admettre.

D'abord, Cornélie était d'une nature trop commune pour souffrir véritablement de ce dédain, et ensuite elle était trop pauvre d'idées pour vivre une heure seule avec elle-même. C'était donc surtout l'ennui qui la poussait chez Antonie.

Ce n'est pas qu'elle l'aimât ou qu'elle la comprît, c'est que Lavignan lui interdisait, d'une part, le monde où il ne voulait pas la conduire; de l'autre, les fréquentations où Cornélie aurait pu se plaire. Deux ou trois fois, Lavignan, en rentrant le soir, avait trouvé sa femme familièrement établie chez la portière de sa maison, où elle allait *cancaner*, selon l'expression reçue dans ces sortes d'endroits.

Nous prions nos lecteurs de nous pardonner la vulgarité de ces détails, mais c'est là une de ces positions qui sont plus communes qu'on ne pense, et qui ont fait le supplice de plus d'un parvenu dans les arts, dans les sciences, et même dans la politique.

Or, toutes les fois que ces rencontres avaient eu lieu, Lavignan avait fait à sa femme des menaces qui l'avaient assez épouvantée pour qu'elle n'osât plus enfreindre ses défenses.

Cornélie avait donc considéré comme une providence l'arrivée d'Antonie dans sa maison, et celle-ci, malgré son antipathie naturelle pour une pareille femme, l'avait supportée d'abord comme une nécessité, et avait fini par s'y accoutumer comme à un bruit discordant, mais qui venait rompre de temps en temps la solitude silencieuse où elle vivait.

Cependant, ce soir-là, Antonie avait été trop vivement re-jetée dans son étrange position, elle en avait trop cruelle-ment envisagé l'incertitude, elle en avait trop profondément ressenti la douleur, pour ne pas désirer rester seule avec ses émotions, ses regrets, et peut-être ses espérances.

Ainsi, le soir venu, quand Cornélie vint se présenter à sa porte, on lui répondit que madame Torcy était sortie.

Cornélie savait le contraire ; mais elle expliqua ce désir de solitude par quelque scène violente qui s'était passée entre Antonie et Manuel ; et comme celui-ci, contre son ordinaire, n'avait pas dîné chez lui, Cornélie ne douta point qu'il n'y eût une brouillerie sérieuse dans la maison. Sa curiosité ne fit que s'accroître de cette supposition, et elle insista de toutes les manières possibles pour pénétrer jusqu'à Antonie.

Mais la résistance de la femme de chambre fut héroïque, et force fut à madame de Lavignan de s'en retourner chez elle.

Cornélie n'y était pas depuis une demi-heure, que l'ennui la gagna, au point de recommencer ce que son mari lui avait si sévèrement défendu. Elle descendit dans la fatale loge, et pour donner un prétexte à sa visite, elle chargea le portier d'une commission qu'elle eût pu très-bien faire faire par une de ses domestiques.

Une fois le portier sorti, elle eut l'air d'attendre son retour, et elle se trouva établie en plein commérage avec la por-tière, sans avoir, à son gré, dérogé à sa dignité.

Cornélie était en train d'apprendre que c'était un valet en belle livrée qui avait apporté ce billet après lequel Torcy était sorti, lorsqu'un violent coup fut frappé à la porte, et une voix que Cornélie reconnut pour celle de Paul Chagoin, demanda M. Torcy.

— Il n'y est pas, dit la portière. — Mais madame Torcy est chez elle ?

La portière répondit affirmativement, l'ordre donné dans l'antichambre n'étant pas sans doute descendu jusqu'à la loge.

Paul Chagoin monta, et Cornélie se leva vivement, et, la tête penchée vers l'escalier, écouta avec une singulière anxiété le bruit de ses pas.

— Qu'y a-t-il ? fit la portière. — Taisez-vous donc ! lui dit

Cornélie qui venait d'entendre le tintement de la sonnette de l'appartement.

Alors ces deux femmes se mirent à écouter ; mais le bruit seul des voix arrivait jusqu'en bas, sans qu'elles pussent saisir le sens des paroles : les pourparlers furent assez longs ; mais tout à coup la porte se ferma, on n'entendit plus rien, et Paul Chagoin ne redescendit pas.

Il avait donc été reçu, reçu en l'absence de Torcy, reçu après le refus fait à Cornélie ; on le connaissait donc, on l'attendait donc ? Cornélie tressaillit d'une indigne joie.

— Ah ! c'est comme ça ! murmura-t-elle. — Quoi donc ? dit la portière. — Rien du tout, dit Cornélie qui ne taisait point par discrétion ce que cette circonstance lui inspirait de mauvais soupçons, mais qui voulait se garder les prémices de toutes les médisances et de toutes les calomnies qu'on en pouvait tirer.

Aussi remonta-t-elle chez elle aussitôt, et là elle eut la patience ignoble de s'établir dans son antichambre, près de la porte entr'ouverte, et d'attendre la sortie de Paul Chagoin pour savoir le nombre exact de minutes qu'il passerait en tête-à-tête avec Antonie.

L'attente fut longue, car ce ne fut qu'au bout d'une heure que Paul Chagoin quitta l'appartement et sortit de la maison.

Une heure ! pour une femme comme Cornélie, une heure renfermait tout le temps nécessaire à une reconnaissance et à une réconciliation, si ce n'est à une séduction.

Cornélie sentit qu'elle avait en main de quoi se venger de la beauté, de l'intelligence, de l'esprit, de la distinction d'Antonie ; et elle emporta sa découverte comme un trésor où elle pourrait puiser à plaisir du scandale pour les autres.

Voilà en quelles mains était tombée la malheureuse Antonie ; voilà le sens qu'on donnait à une circonstance qui avait été pour elle une nouvelle douleur.

XIV

En effet, lorsque Paul Chagoin avait été assuré, par la réponse de la portière, que Torcy n'était pas chez lui, il avait
compris qu'il pouvait mettre à exécution le plan qu'il avait
préparé pour pénétrer jusqu'à la mystérieuse inconnue.

L'assurance où était Chagoin qu'il devait connaître cette
femme, et que son aspect suffirait pour lui imposer, lui avait
suscité cette ruse assez misérable. Aussi, dès qu'il eut sonné et qu'on lui eut dit que madame Torcy n'était pas chez
elle, il s'empressa de répondre :

— Je sais que madame Torcy ne reçoit point ; mais veuillez
lui dire que c'est une personne qui vient de la part de son
mari. — Quel est le nom de monsieur, pour que je le dise à
madame ? — Elle ne me connaît pas ; mais il est important
que je lui parle à l'instant même.

Chagoin avait une sorte d'élégance de mise qui pouvait le
faire passer pour un homme distingué aux yeux d'une femme de chambre, et celle à laquelle il s'adressait n'éprouva
aucune crainte à laisser pénétrer cet homme dans l'appartement ; et tandis que Paul Chagoin attendait dans une salle
à manger, elle alla dire à sa maîtresse quelle était cette visite, qu'Antonie avait d'abord supposée une nouvelle tentative de Cornélie.

— Madame, lui dit cette fille, c'est un monsieur qui vient
de la part de M. Torcy, et qui a à vous parler tout de suite.

Antonie n'eut pas même la pensée que cela pût ne pas être
vrai, et jetant vivement le livre qu'elle tenait, elle s'écria
tout alarmée :

— De la part de Manuel ?.... Lui serait-il arrivé quelque
accident ? Où est-il ce monsieur ? — Il est dans la salle à
manger, madame.

Antonie y courut, et dit rapidement à Chagoin :

— Mon Dieu, monsieur, avez-vous quelque malheur à m'apprendre?...

Mais Paul ne répondit pas.

Il regardait Antonie ; il ne la connaissait pas, il ne l'avait jamais vue, et l'effet qu'il attendait de sa présence était complétement manqué ; car Antonie le regardait aussi comme quelqu'un qu'on voit pour la première fois.

Antonie stupéfaite de ce silence qui, dans la pensée qu'elle avait, était sans doute un présage de malheur ; Antonie répéta sa question, et Paul Chagoin, ne trouvant aucune défaite, répondit à Antonie, que sa femme de chambre avait suivie :

— C'est à vous seule, madame, que je voudrais dire ce qui m'amène. — Veuillez passer par ici, lui dit Antonie en entrant rapidement dans sa chambre.

Le peu de temps qu'il fallut pour faire entrer Chagoin et fermer une porte, suffit cependant à cet homme pour se remettre un peu, et il se dit à lui même :

« Ma foi, puisque j'y suis, j'en veux profiter d'une manière ou d'une autre. »

Il n'avait pas achevé cette réflexion, qu'Antonie se tourna vers lui, et lui dit avec une véritable anxiété :

— Eh bien! monsieur, parlez maintenant ; qu'est-il arrivé à Manuel? — Mais rien de bien grave, dit Chagoin, qui malgré son impudence était dominé par le trouble véritable d'Antonie... Cependant...

Il s'arrêta, ne sachant plus que dire ; mais l'anxiété d'Antonie le tira encore d'embarras et elle s'écria :

— Est-ce qu'il n'est pas chez M. de Changiron?

Par un de ces bizarres hasards qui rattachent toute une série d'événements à un mot, le nom de M. de Changiron, prononcé en ce moment, fournit à Paul Chagoin une réponse à laquelle il n'eût sans doute point pensé sans cela. Le nom de Changiron rappela à Chagoin que M. Gagerot l'avait quitté en lui disant qu'il allait faire une visite chez le marquis, et Chagoin repartit à tout hasard :

— J'espère que M. Gagerot l'y trouvera encore.

A son tour, ce nom de Gagerot produisit un effet si soudain sur Antonie, qu'elle recula et répéta d'une voix tremblante :

— M. Gagerot! dites-vous?

Ce trouble n'échappa point à Chagoin, et lui rappela qu'au
dire de Cornélie son propre nom avait produit un effet pareil sur Antonie, et sans autre motif que ce souvenir, il répliqua en se posant tragiquement :

— Oui, madame, M. Gagerot et moi... Je suis M. Paul
Chagoin. — Vous ! s'écria Antonie avec une véritable épouvante, vous !...

Chagoin fut presque aussi surpris de l'effet qu'il produisit
que de celui qu'il avait manqué, et lui dit, sans trop s'expliquer à lui-même le sens qu'il prêtait à ses paroles :

— Vous me connaissez donc? — Si je vous connais! lui dit
Eulalie... vous... vous... vous !

Et à chaque *vous*, un regard de mépris et d'horreur plus
prononcé frappait Chagoin comme pour l'écraser :

Paul eut peur, et quelque chose de profondément caché
en lui-même s'agita dans son âme, car il se troubla à son
tour, et reprit d'une voix mal assurée :

— Vous me connaissez? — Si je le connais, l'infâme : s'é-
cria Antonie. — Mais je ne vous connais pas, moi, madame...
— Vous ne me connaissez pas, dites-vous? reprit Antonie
avec désespoir.

Puis elle s'arrêta tout à coup, comme frappée d'une pensée
soudaine.

— Oui, c'est vrai, vous ne me connaissez pas; d'ailleurs,
ce n'était pas vous... — Que voulez-vous dire? reprit Chagoin, dont les alarmes semblaient s'accroître à chaque
mot...

Mais Antonie à son tour garda le silence, et, ramenant à
elle sa raison un moment égarée, et sans doute ses souvenirs,
elle répéta lentement :

— C'est vrai, vous ne me connaissez pas.... Mais alors
qu'êtes-vous venu faire ici? reprit-elle avec une autre espèce
d'épouvante. — Ma foi, madame, repartit Paul Chagoin, à
qui l'effroi d'Antonie avait rendu une partie de son impudence, je suis venu parce que j'étais curieux de vous voir;
et maintenant que je vous ai vue, il faut que je vous connaisse. — Vous ne me connaîtrez jamais, monsieur! lui repartit Antonie avec dignité, et je vous prie de sortir de chez
moi. — Ah! pour cela, non, madame, pas avant que je sache
qui vous êtes.

— Monsieur Paul Chagoin, lui dit Antonie en prononçant ce nom comme s'il eût été une menace à celui à qui elle l'adressait, sortez de chez moi!... Sortez de chez moi, monsieur Paul Chagoin! répéta-t-elle avec un cruel mépris. — Eh! madame, je sais mon nom... C'est le vôtre que j'ai juré que j'apprendrais et que j'apprendrai, je vous le promets. — Mon nom? lui dit Antonie. — Oui, votre nom. — Vous êtes un misérable! Et c'est parce que je suis seule dans cette maison, que vous osez m'y venir insulter. — Ah! s'écria Chagoin, que votre Manuel vienne donc, et je l'interrogerai, lui, de façon à ce qu'il me réponde! — Manuel!... Vous oseriez! et que vous a-t-il fait, monsieur? Qu'a de commun Manuel avec un homme comme vous? — Avec un homme comme moi! reprit Chagoin en qui bouillonnait une rage qui venait assurément d'un autre sentiment que de la colère que pouvaient lui inspirer les paroles méprisantes d'Antonie; un homme comme moi! mais si vous le connaissiez, cet homme, vous devriez savoir qu'il est capable... — Capable de tout, c'est vrai, dit Antonie, capable de tout, même d'un crime! — Ah! madame, s'écria Chagoin au comble de la fureur, vous n'êtes qu'une femme; mais ceci est une injure dont quelqu'un me rendra raison. — Eh bien! lui dit Antonie exaspérée, ce sera moi. — Vous! — Moi, Eulalie Pontois. — Eulalie Pontois! s'écria Paul Chagoin comme un homme frappé d'une vision surnaturelle. Eulalie Pontois! répéta-t-il en la considérant avec des yeux effarés. — Ah! vous êtes bien content, n'est-ce pas? vous savez mon nom, monsieur, et vous pouvez aller le dire à Manuel qui ne le sait pas? — Oh! non... non, madame, s'écria Chagoin... jamais... jamais. — Lâche et infâme... vous ne le direz pas, je le sais, car je me défendrais peut-être... et alors je dirais la vérité... toute la vérité... je la sais. — Oh! ce Pontois, il m'a trahi! s'écria Chahoin en portant avec rage ses mains à son front. — Monsieur! monsieur! ne prononcez pas le nom de mon père, je vous le défende... s'écria Antonie avec hauteur. — Vous, me le défendre! — Oui, moi qui ne suis plus rien en ce monde, je vous le défends!

Paul Chagoin se recula lentement d'Antonie, comme une bête fauve qui veut prendre du champ pour sauter plus aisément sur sa proie, puis il lui dit d'une voix railleuse : —

Mais vous êtes sous le coup d'une accusation de meurtre, et
votre père n'est plus là pour s'accuser et vous défendre?....
Il est mort, votre père!... — Mort? — Oui, depuis six mois.
— Ah!... s'écria Antonie, emportée par la violence de sa douleur, c'est toi qui, après l'avoir poussé au crime, l'as assas-
siné, misérable!... Oh! s'il est mort, malheur à toi! je parlerai.. je parlerai... — Sans preuves? vous êtes folle!.... —
Sans preuves!... sans preuves!... dit-elle; eh! qu'importe?
Mon père! mon père est mort. . Pauvre père!... Il était bon,
et il a fallu votre infernale insistance pour le pousser à ce
forfait. Il est mort!.... mais dites-moi donc comment il est
mort, monsieur! A-t-il pleuré sa fille?... l'a-t-il pleurée,
lui?... a-t-il dit qu'elle était innocente?... — Il a profité de
ce qu'on croyait à la mort de sa fille pour sauver sa tête, et
il a succombé sous le remords d'avoir poussé sa fille au suicide. — Et vous vivez, vous! lui dit Eulalie, et vous venez
m'insulter, et vous êtes ici, et je ne vous ai pas encore livré
à la justice! — Qui ne condamnera que vous, Eulalie; car
toutes les preuves vous accablent : ne le savez-vous pas? —
Que voulez-vous dire? — Le voici, dit Paul Chagoin. Et il lui
raconta tous les résultats de cette enquête qui avait si clairement démontré la culpabilité d'Antonie.

Antonie l'écoutait avec une affreuse stupéfaction ; elle demeurait anéantie sous cet affreux récit.

Ce n'est pas qu'elle ne sût tout cela, elle l'avait appris à
son retour de Suisse ; mais ce récit, fait par le vrai coupable
avec une atroce complaisance, la glaçait d'un effroi indicible,
car elle se sentait au pouvoir de cet homme : cet homme
pouvait la perdre, la déshonorer, l'envoyer à l'échafaud, la
rendre un objet de mépris et de honte pour Manuel.

En une minute, tout cela devint possible et menaçant pour
elle.

Tout son courage, toute sa résolution l'abandonna à cette
horrible pensée ; elle fondit en larmes aux pieds de Paul
Chagoin, et lui dit avec désespoir : — Oh! vous vous tairez,
n'est-ce pas? vous vous tairez!

— Peut-être, lui dit Paul Chagoin avec une basse ironie.
Demain, après-demain, je viendrai vous dire ce que j'ai
décidé...

Tant d'impudence révolta Antonie; elle eut honte pour

l'innocence en la voyant en sa personne aux pieds du crime insolent; ce qu'elle n'eût pas osé pour le salut de sa vie, elle le fit pour la dignité de ce sentiment.

Elle se releva...

— Vous allez sortir à l'instant même, monsieur, et je vous apprendrai, quand il me plaira, ce que j'ai décidé de vous, et, s'il le faut, de moi.

Dans cette déplorable scène, la terreur allait de l'un à l'autre, et ce fut Paul Chagoin qui eut peur à ce retour de menaces de la part d'Antonie.

— Eh bien! lui dit-il, madame, voulez-vous qu'il soit de cette rencontre comme si elle n'avait jamais été? Je ne saurai pas que vous existez, et vous ne m'aurez jamais vu.... jamais... entendez-vous?. — Et qui me répondra de votre silence? — Mon intérêt, madame; et vous devez penser que, malgré l'assurance que j'ai qu'aucune accusation ne pourrait avoir de danger pour moi, je dois cependant désirer éviter un éclat dont l'envie s'armerait peut-être pour me calomnier.

C'était horrible à entendre.

Cette explication de Chagoin fit chanceler la résolution qu'Antonie avait presque prise d'accepter cette espèce de transaction. Mais le seul son de la voix de Paul Chagoin faisait de ce silence menteur une hideuse complicité, et Antonie se révoltait à l'idée d'avoir un secret commun avec cet homme.

Cependant un sentiment plus fort l'emporta, et elle lui dit :

— Eh bien! soit, monsieur; mais sortez.... sortez.... n'ajoutez pas un mot; car je ne sais si je ne préférerais pas la mort la plus honteuse à l'horreur de vous écouter. — Soyez prudente, lui dit Chagoin, et n'oubliez pas que je veillerai sur vous!

Il sortit aussi bouleversé qu'Antonie de ce qui venait de lui arriver.

Quant à elle, à peine fut-il parti qu'elle sonna sa femme de chambre, et lui dit :

— Je vous prie de ne pas parler à monsieur de la visite que j'ai reçue ce soir.

La femme de chambre s'inclina sans répondre. Mais assu-

rément, pensa-t-elle, il s'était passé quelque chose d'extraordinaire, car madame était toute bouleversée.

Pauvre Antonie, à quelles mains était-elle livrée ! Une Cornélie, un Paul Chagoin et une femme de chambre !

XV

Après le premier transport de sa douleur, Antonie, demeurée seule, put réfléchir un moment sur la scène qui venait de se passer entre elle et Chagoin, et sur la condition
qu'elle avait été forcée d'accepter de cet homme.

Elle s'était mise à sa merci, il pouvait la perdre le jour où
il le voudrait, à l'heure où cette horrible fantaisie lui vien-
drait, ou bien lorsqu'il penserait que la découverte et la condamnation définitive de cette femme étaient nécessaires à
son repos. Et quand bien même il ne le ferait pas, qu'était
l'existence d'Antonie incessamment suspendue à un fil que
tenait une pareille main ?

Cette situation devenait impossible à supporter, et Antonie
n'eut qu'une pensée, ce fut d'en sortir. Elle s'attacha à ce
projet, et avec un courage désespéré, elle brisa en elle-même
le dernier lien qui la retenait.

Elle se persuada par toutes les raisons que put lui fournir
son malheur, qu'il valait mieux pour elle abandonner l'asile
que lui avait ouvert l'amour de Manuel, que de s'en voir
chasser bientôt avec la malédiction et le mépris de celui pour
qui elle avait gardé la vie.

Ce fut une lutte douloureuse et dans laquelle Antonie épuisa
toutes ses forces ; aussi, lorsqu'il fallut arriver à l'exécution,
elle se trouva incapable d'agir ; car ce fut à ce moment surtout que sa situation se montra dans toute sa fatalité. Elle
avait pensé à fuir de la maison de Manuel ; mais où irait-
elle ? Lui restait-il un refuge pour se cacher ?

A deux pas de la porte de cette maison, la misère la plus

absolue devenait sa compagne. Serait-ce par la mendicité
qu'elle lui échapperait ? Mais la mendicité conduit devant les
tribunaux, et les investigations des tribunaux découvrent les
noms les plus cachés, les antécédents les plus obscurs. On
remonterait son existence pas à pas, jour à jour, et l'on arriverait à l'époque fatale ou le mystère de la vie nouvelle
d'Antonie expliquerait si bien la trace perdue de l'existence
d'Eulalie Pontois.

Et puis, que de honte à subir devant tous, devant Manuel,
et combien n'en pourrait-il pas rejaillir sur lui !

Fuir bien loin et échapper à la mendicité par le travail ?
mais pour cela il faudrait pouvoir payer le prix d'un lointain
voyage, et Antonie ne possédait rien.

Il y avait bien là près d'elle plus d'or qu'il ne lui en fallait
pour traverser les mers, et cet or, si elle l'eût demandé, Manuel le lui aurait donné; mais il fallait le prendre. C'était un
vol : un vol pour qui déjà était accusée de meurtre !

Antonie frissonna à cette pensée, comme si la flétrissure
et le bourreau lui étaient apparus !

A travers tous ces desseins contre lesquels elle se heurta
et se brisa le cœur en cherchant une issue à son affreuse position. Antonie voyait bien cependant une porte ouverte et qui
ne se fermerait pas devant elle : c'était celle du suicide, c'était
la tombe. Ce refuge échappait à toutes les investigations ;
une heure, une minute suffisaient pour l'atteindre ; mais
cette minute de courage, Antonie ne pouvait la retrouver.

Dans le délire que lui avait causé le spectacle du crime
auquel elle avait assisté, elle avait trouvé le suicide en courant à la fuite. Le torrent s'était rencontré devant ses pas et
elle s'y était précipitée, sans mesurer l'action qu'elle commettait.

Mais à ce moment, c'était un parti à prendre, c'était une
mort bien calculée à se donner; il fa'lait l'envisager en face,
y marcher résolûment et ne pas reculer au suprême moment.

Voilà où le courage d'Antonie succombait; elle n'osait mourir, et cependant la vie lui paraissait impossible. Lorsque l'esprit est poussé jusqu'en ces derniers abois, il s'égare, et souvent la folie vient frapper ceux qui subissent ces affreuses
incertitudes.

Antonie sentit sa raison prête à fléchir sous le choc de cette tourmente cruelle ; et, comme elle y avait déjà échappé dans cette journée par la prière, ce fut dans la prière encore qu'elle chercha une étoile pour la guider et de la force pour marcher dans la voie que cette clarté lui indiquerait.

Donc, si Torcy était venu à ce moment, il eût trouvé encore Antonie à genoux et pleurant, et cette persistance dans le désespoir eût sans doute amené entre eux une nouvelle explication ; de cette explication fût sorti sans douté ou un aveu d'Antonie, ou peut-être une résolution qui eût amené une rupture.

Mais par un de ces fallacieux raisonnements que le cœur compte comme des inspirations célestes, Antonie se persuada que, n'ayant pas fait sa destinée, elle n'était plus maîtresse de la diriger, et que le seul parti à prendre était de l'accepter comme le sort la lui faisait.

Antonie, comme tous les cœurs navrés par le malheur, raisonnait en vertu des circonstances qui l'accablaient et non en vertu de son droit et de son devoir ; elle courbait volontairement la tête en face du crime et s'en donnait toutes les apparences.

Elle appelait cela sublime résignation, et ne s'apercevait pas qu'après le silence obstiné qu'elle avait gardé et qui avait été si cruellement expliqué contre elle, il lui fallait employer le mensonge, qui donnerait raison à des suppositions encore plus odieuses.

Si une autre qu'Antonie eût été accusée du crime de son père, elle n'eût pas hésité à parler pour sauver un innocent. Ce devoir, elle ne le comprenait pas envers elle-même, parce qu'elle était victime et croyait pouvoir disposer de son innocence.

Noble erreur qui lui faisait commettre un suicide moral, lorsqu'elle s'épouvantait d'un suicide physique.

Antonie était donc déjà plus calme, lorsque Torcy arriva chez lui.

Si Antonie avait été avertie de toutes les précautions à prendre pour faire réussir un mensonge, peut-être n'eut-elle pas osé les ordonner ; mais l'avis donné à sa femme de chambre lui avait paru suffisant. Celle-ci n'en avait pas jugé de même, et, en fille experte, elle avait été donner le mot d'ordre à la portière, de façon que lorsque Manuel demanda en passant près de sa loge :

— Est-il venu quelqu'un pour moi?

Il lui fut répondu très-affirmativement qu'il n'était venu personne.

Torcy renouvela sa question en rentrant chez lui, et reçut la même réponse.

Il arrivait le cœur encore tout gonflé de colère et de vengeance, mais agité aussi d'une autre pensée.

En effet, durant le trajet qu'il avait fait de chez le marquis jusqu'à sa maison, Manuel, tout en considérant la visite de Paul Chagoin comme une insulte qu'il devait punir, avait cependant cru y entrevoir une chance de sortir de son incertitude. Ou Paul Chagoin ne connaissait pas Antonie, et Torcy se figurait que cette assurance suffirait à détruire les soupçons qui revenaient sans cesse torturer son cœur, ou bien Paul Chagoin la connaissait véritablement, et alors il saurait de lui par force ou par ruse quelle était cette femme.

Torcy prévoyait bien qu'il n'obtiendrait pas ce résultat sans lutte, et que peut-être il marchait à une catastrophe ; mais Torcy la préférait, si fatale qu'elle pût être pour lui, à l'insupportable tourment de son ignorance.

Manuel éprouva donc une sorte de dépit, en arrivant chez lui, de n'y pas trouver Paul Chagoin et d'apprendre qu'il ne s'y était pas même présenté. Il ne soupçonna pas un instant qu'on lui cachait la vérité : mais il était si violemment agité, qu'il passa dans son cabinet avant d'entrer chez Antonie, afin de pouvoir l'aborder avec calme. Manuel se demanda alors si c'était une mystification de Gagerol, ou plutôt si Paul Chagoin avait fait seulement une bravade qu'il n'avait pas osé exécuter ; en tous cas, il se trouvait lui, Manuel, à la merci des propos, des quolibets, des entreprises d'un méchant garnement et de l'intervention du premier venu ; et il en serait toujours ainsi tant qu'Antonie s'obstinerait dans son silence.

Antonie seule faisait tout cela ; ces petites humiliations, Antonie les lui attirait ; les tourments qu'il en ressentait, Antonie ne voulait pas les faire cesser... Manuel venu pour protéger Antonie, se mit à lui faire son procès.

Pendant qu'il s'abandonnait à ses réflexions, Antonie

écoutait timidement le silence qui régnait autour d'elle.

Elle avait entendu avec crainte la rentrée de Torcy, sa demande inaccoutumée, la réponse qui lui avait été faite ; puis, au lieu de venir à elle, Manuel s'était retiré chez lui. Il y avait quelque chose de nouveau, d'extraordinaire, encore un malheur sans doute.

Antonie en fut si persuadée qu'elle n'osa aller à sa rencontre, et demeura immobile à attendre.

De son côté, lorsque Manuel se fut un peu remis de son agitation, il s'en voulut de ne pas être entré sur-le-champ chez Antonie ; et en même temps il s'étonna qu'au son de sa voix elle ne fût pas venue comme de coutume au-devant de lui.

En un moment, l'imagination mobile du peintre se figura les plus graves accidents. En une seconde, Antonie redevint la plus malheureuse des femmes, à qui il faisait des torts de ses malheurs ; et peut-être pendant qu'il l'accusait n'était-elle plus là, avait-elle fui comme elle le voulait le matin ! Manuel n'eut pas le temps d'aller jusqu'à une supposition de suicide ; car il se précipita dans la chambre d'Antonie en l'appelant. Elle alla vers lui, mais tristement, comme quelqu'un qui a peur...

Sous l'impression d'une crainte imaginaire, il alla la presser dans ses bras en la revoyant ; mais l'air d'abattement qu'il lui trouva et qui lui parut de la froideur, glaça ce soudain transport. Torcy se repentit de ses terreurs ; son cœur retourna à sa colère : Antonie l'attendait sans doute avec beaucoup de calme, et ne s'était pas même aperçue qu'il n'était pas entré chez elle tout de suite.

Il maîtrisa son transport et lui dit d'un ton assez raide :

— Bonsoir, Antonie. — Bonsoir, Manuel. — Tu ne t'es pas trop ennuyée ? — Non, mon ami. — Et qu'as-tu fait ? — J'ai souffert.

Cette réponse répondait à la pensée d'Antonie, pensée bien simple : elle se sentait toute brisée, et voulait mettre sur le compte d'une indisposition cette faiblesse et cet abattement.

Mais dans la disposition d'esprit où était Manuel, ce mot : j'ai souffert, lui arriva comme une de ces phrases à effet que les habiles comédiennes en passion, qu'a créées la littérature actuelle, jettent à la tête des niais, et il répondit d'un ton railleur :

— C'est une étrange occupation.

Antonie tressaillit à cette réponse; et regardant Manuel d'un air étonné, elle reprit :

— Que vous ai-je donc dit, Manuel?

— Mais que vous aviez souffert. — C'est vrai, reprit-elle en laissant retomber sa tête sur sa poitrine; j'ai été malade... bien malade. — Malade!... Ah! mon Dieu, s'écria-t-il vivement et avec une tendresse respectueuse, qu'as-tu, ma pauvre enfant? — Oh! ce n'est rien, répondit-elle avec son doux sourire d'ange; demain je n'y penserai plus.

On le voit au récit de ces quelques paroles, ce n'était pas seulement dans les phases importantes de la vie de Manuel que son âme était agitée; chaque parole le faisait passer d'un bon à un mauvais sentiment, d'un soupçon à un repentir; c'était une existence qui donne rapidement au cœur et à l'esprit une lassitude découragée, c'était un de ces malheurs que ceux qui les souffrent peuvent seuls comprendre.

Cependant Manuel s'informait plus tendrement de ce qu'avait pu souffrir Antonie, lorsqu'il entendit sonner bruyamment. Quoique la soirée fût assez avancée, l'heure n'était pas passée où un homme comme Paul Chagoin pût se croire permis de se présenter chez une femme.

Torcy se leva de près d'Antonie comme un soldat qui entend un signal de bataille.

— Qui peut venir? dit Antonie, épouvantée à l'idée que Chagoin pouvait avoir osé se présenter une seconde fois. — Tais-toi, lui dit Manuel en se tournant vers la porte pour écouter. — Qu'est-ce donc? lui dit Antonie. — C'est étrange, dit Manuel en ouvrant la porte, car il lui avait semblé reconnaître la voix de Changiron.

A peine eût-il ouvert qu'il se trouva nez à nez avec la femme de chambre qui annonça M. de Changiron.

— Vous? lui dit Torcy qui l'aperçut à deux pas... — Pardon, mon ami, lui dit M. de Changiron en venant à lui rapidement; la sottise de M. Gagerot et l'inquiétude de ma femme m'ont fait faire, je le crois, une maladresse. Je me retire.

Mais au moment où il prononçait ce mot, Changiron aperçut une femme dans la chambre où il était entré, et la salua profondément. C'était le modèle de ce portrait qu'il avait vu le matin, c'était l'inconnue mystérieuse que menaçait Paul Chagoin.

Changiron n'osa la regarder attentivement, mais il demeura si étonné de cette parfaite beauté, qu'il ne se retira point comme il l'avait dit, et que Torcy fut obligé de le présenter à Antonie.

— Veuillez m'excuser, madame, lui dit Changiron ; j'avais quelque chose de très-pressé à dire à M. de Torcy ; j'avais oublié de lui en parler chez moi, et j'ai couru après lui sans trop réfléchir à l'inconvenance de ma visite. — Je vous remercie au contraire, monsieur, de mettre cet empressement à instruire Manuel de ce qui peut l'intéresser. Je vous laisse causer ensemble.

XVI

Antonie se retira, et à peine eut-elle fermé la porte de cette chambre, qu'elle s'arrêta pour écouter. Elle avait entendu le mot de Changiron :

« La sottise de Gagerot m'a fait faire une maladresse... »

Et ce mot avait réveillé toutes ses épouvantes.

Elle avait compris qu'on n'osait s'expliquer devant elle, et cependant elle voulut savoir ce qu'avait dit M. Gagerot.

Dès qu'elle fut partie, en effet, Changiron s'empressa de dire à Manuel :

— Je vous demande encore une fois pardon de ma visite ; mais voici ce qui est arrivé :

Tout surpris de votre brusque départ, après votre *aparte* avec Gagerot, j'ai demandé à celui-ci ce qu'il avait pu vous dire. Alors il m'a raconté qu'il avait cru devoir vous avertir de la brutale fanfaronnade de Paul Chagoin. Je vous avoue que je lui ai dit qu'il avait eu grand tort ; car j'ai certifié que, si vous le trouviez chez vous, vous le jetteriez par les fenêtres...

Ma femme, qui a entendu cela, s'est alarmée... Elle a cru voir tout de suite des épées tirées, des poignards, que sais-je?.. Enfin? elle a voulu que je vinsse pour prévenir un malheur.

— Je vous remercie de votre intérêt, dit Torcy assez sèchement; mais M. Chagoin était ivre sans doute quand il a tenu le propos qui avait alarmé M. Gagerot. Du reste, vous pouvez lui dire que si M. Paul Chagoin m'obligeait à lui donner une leçon, je me sens capable de le faire moi-même sans le secours de personne. — Vous prenez mal l'intérêt qui m'a amené, dit Changiron d'un ton sérieux, et je craindrais en vous l'expliquant, de vous faire croire que je veux pénétrer dans vos secrets. N'en parlons donc plus.

Je prierai, de mon côté, M. Gagerot de s'abstenir de parler de ce sujet, du moins chez moi.

— Je vous éviterai cette peine, reprit Torcy avec plus d'amertume, et je me propose d'aller le prier moi-même de ne plus s'occuper de mes affaires. — Vous me dites cela d'un ton si fâché, reprit Changiron, que vous me feriez presque croire que je dois prendre une part de la leçon que vous voulez donner à M. Gagerot. Je vous affirme que je regrette sincèrement ce que j'ai fait, et je croyais vous l'avoir dit de façon à ne pas vous voir prendre, comme vous le faites, une intention peut-être maladroite, mais assurément toute d'intérêt pour vous.

Changiron se retirait lorsque Torcy l'arrêta.

— A votre tour, excusez-moi, lui dit-il, je devrais vous remercier de votre démarche; mais, moi, je ne vais chercher personne dans sa vie, et je suis blessé, irrité de ce qu'on veut pénétrer dans la mienne et voir dans mon cœur. J'ai pu confondre votre bonne amitié avec l'insolente perquisition de ce Gagerot ou de ce Paul Chagoin; j'ai eu tort. — Je ne vous demande pas d'excuse, Torcy; vous êtes malheureux : ce qui s'est passé entre nous à votre atelier me l'avait déjà fait comprendre.

Eh bien! vous trouverez peut-être qu'il y a de la fatuité dans ce que je vais vous dire; mais j'ai la prétention de juger assez justement des hommes et des femmes à leur premier aspect. J'ai rencontré Chagoin dans un bal, où il était, comme beaucoup d'autres, debout au coin d'une porte, et j'ai deviné le vice crapuleux sous son élégance ; la première fois que j'ai vu Gagerot, j'ai jugé que c'était un sot. Je me suis rarement trompé. Eh bien ! Torcy, si je croyais aux anges, je vous dirais que la femme que je viens de voir en est un.

Torcy ne répondit pas ; il devint triste en voyant que, du premier mot, Changiron était si bien arrivé au secret de sa douleur.

— Ah ! si elle voulait ! ajouta-t-il un moment après, avec un accent de regret.

— En vérité, Torcy, je souffre pour vous ; je ne vous comprends pas. Je ne vous répéterai pas ce que je vous ai dit ce matin, car je ne puis plus maintenant admettre les suppositions que je faisais peut-être comme d'autres ; mais je ne conçois pas qu'un homme reste vingt-quatre heures dans l'état où vous êtes.

Soyez jaloux, cachez votre trésor à tous les yeux, je comprends cela ; je comprends toutes les folies du cœur ; mais je pense qu'on doit en avoir le courage. Osez être ce que vous êtes, et vous ferez cesser toutes ces curiosités qui vous obsèdent. Le monde n'est guère envieux d'apprendre ce qu'il ne s'explique pas.

Dites à qui voudra l'entendre que vous êtes comme les Orientaux, et qu'un regard jeté sur celle que vous aimez vous semble une insulte à votre amour. On en rira peut-être un jour ou deux, et puis après on n'y pensera plus.

— Laissons cela, dit Torcy avec une impatience douloureuse. Je devrais peut-être me confier à quelqu'un ; car, je le sens, je me perds dans mes projets, dans mes chagrins ; mais je ne peux... j'ai juré de me taire. J'ai accepté la fatalité de cette existence, je la subirai... c'est un parti pris.

— Soit, Torcy ! lui dit Changiron ; mais alors à défaut du courage qui ferait taire tous les curieux, ayez la prudence de ne pas relever par un éclat des propos sans valeur. N'allez ni à Gagerot ni à Paul Chagoin ; laissez-les s'ennuyer de leurs sots bavardages : ils y renonceront dès que vous paraîtrez ne pas vous en apercevoir.

— Vous avez raison, dit Torcy ; et maintenant je vous remercie d'être venu, car j'aurais peut-être été trop loin.

Torcy et Changiron se séparèrent.

Antonie, qui avait tout entendu, se laissa aller à espérer qu'elle venait de traverser une tempête qui s'était tout à fait dissipée, et qui ne se renouvellerait probablement plus. Quand Manuel la retrouva, ils furent calmes tous deux, et rien ne fut dit sur le motif de la visite qu'ils venaient de recevoir.

Lorsque M. de Changiron fut de retour chez lui, il y trouva encore Gagerot.

Camille questionna son mari ; mais il fut très-réservé, raconta seulement qu'il avait trouvé Torcy et Antonie très-tranquilles, et qu'on n'avait point entendu parler de Chagoin.

Changiron pensait avoir fait de sa mission un récit assez simple pour que l'on ne revînt pas sur cet événement ; mais il avait laissé échapper un mot auquel s'attacha toute l'attention de madame de Changiron :

« J'ai trouvé Torcy et Antonie fort tranquilles, » avait-il dit.

— Vous avez donc vu cette merveilleuse beauté ? dit Camille.

— Oui, vraiment, dit Changiron, et je suis entré chez elle comme on entre chez toute autre femme.

— Ah ! dit madame de Changiron, vous avez de grands privilèges dans cette maison, à ce qu'il paraît.

Le ton aigre dont Camille prononça ces paroles fit supposer à Changiron que la conversation de M. Gagerot avait semé chez lui de petites suppositions qui portaient déjà leur fruit ; mais il ne se souciait point de prendre cela au sérieux devant sa femme.

— Vraiment, oui, dit-il ; et c'est un privilège que je vous dois à tous deux, qui m'avez si bénévolement envoyé pour prévenir un danger qui n'existait pas.

— Et cette femme est-elle véritablement bien belle ? dit madame de Changiron.

— Admirablement belle.

— Et a-t-elle de l'esprit ? reprit madame de Changiron en se mordant les lèvres.

— Elle s'est retirée à mon arrivée, et n'a pas prononcé quatre paroles.

— Et qu'avez-vous donc fait tout ce temps-là ?

— Mais j'ai causé avec Torcy.

— De quoi ?

— De toutes sortes de choses. Mais, en vérité, reprit Anatole, j'ai l'air d'un accusé sur la sellette.

Madame de Changiron ne put contraindre un mouvement d'impatience, et lança un coup d'œil d'intelligence à Gagerot.

Le regard que Changiron lui jeta en même temps fut tellement significatif, que Gagerot comprit qu'il s'était probablement compromis. Aussi se hâta-t-il de dire :

— Ecoutez, monsieur de Changiron, je suis au désespoir d'être mêlé dans tout ceci; mais je dois tout vous dire, pour que vous ne puissiez pas croire que, de ma part, il y a bavardage ou propos.

— Monsieur Gagerot, je vous en prie! dit Camille, comme pour lui recommander de se taire.

— Non, madame, reprit Gagerot, je parlerai.

— Eh bien! parlez, lui dit Changiron.

— Mais qu'est-ce donc? dit vivement Changiron.

— Voici comment la chose s'est passée : il y avait à peine dix minutes que vous étiez sorti de l'hôtel, qu'un de vos gens est entré et m'a remis une lettre. L'homme qui la lui avait donnée avait dit qu'il était de la plus extrême importance qu'elle me fût remise à l'instant même.

J'ouvris cette lettre, et la première phrase me frappa d'une telle surprise, que je ne pus m'empêcher de la témoigner tout haut.

Voici cette lettre et voici la phrase en question :

« On sait enfin quelle est la femme qui demeure avec M. Torcy, et l'on voudrait le confier à M. Gagerot. »

— C'est étrange, en effet, dit Changiron.

— Oui, dit Gagerot; mais ce qu'il y a de plus étrange, c'est qu'ayant fait lire cette phrase à madame, elle a continué la lettre jusqu'au bout. Et cette lettre finissait ainsi :

« C'est comme ami de madame de Changiron que M. Gagerot a droit à cette confidence; car cette découverte est surtout importante pour elle. »

— Pour vous? dit Changiron en s'adressant à Camille.

— Pour moi, à ce qu'il paraît, répondit-elle avec une fierté de femme trahie.

— Je n'ai pas inventé la lettre, la voilà, dit Gagerot, et vous voyez qu'on me donne rendez-vous ce soir, à une heure du matin, sur le pont d'Iéna, pour me faire cette confidence.

— Et je ne vois pas quel intérêt je puis avoir, dit Camille, à la découverte du nom de cette femme, s'il ne s'agissait pas de quelque intrigue à laquelle M. Torcy prête indignement la main, ou dont peut-être il est la première dupe.

— Je vous ai dit que c'est la première fois que je voyais cette personne, dit sévèrement Changiron, et je vous avoue à mon tour que ceci prend un caractère si singulier, que je veux en démêler le mystère.

Vous allez aller à ce rendez-vous, je suppose, monsieur Gagerot?

— Je n'en ai nulle euvie. A une heure du matin sur le pont d'Iéna, cela ressemble beaucoup à un guet-apens.

— Eh bien ! dit Changiron, nous irons ensemble.

— Cela vous émeut beaucoup, à ce que je vois? dit Camille.

— Pour vous, madame, dit Changiron : par un inconcevable hasard, votre nom se trouve mêlé à tout cela, j'ai le droit de savoir qui a osé s'en servir, et je veux que tout ceci finisse.

— Prenons des armes, dit Gagerot, et partons.

— Soit, dit Changiron ; attendez-moi un moment, je suis à vous.

Durant le peu d'instants qui s'écoulèrent entre sa sortie et son retour, Camille recommanda à M. Gagerot de ne pas se laisser tromper par Anatole qu'elle soupçonnait depuis longtemps de quelque intrigue, et qui, probablement, n'allait au rendez-vous que pour empêcher la fameuse révélation.

Elle lui jura qu'elle serait fort discrète sur toutes les confidences qu'il pourrait lui faire ; et, un moment après, Changiron et Gagerot s'acheminaient vers le pont d'Iéna.

XVII

Lorsque Gagerot et Changiron furent seuls, celui-ci voulut savoir s'il n'y avait pas dans toute cette affaire quelque chose qu'on lui cachait ; il aborda la question sans détour.

— Maintenant que nous pouvons nous expliquer sans témoins, faites-moi le plaisir de me dire, monsieur Gagerot, ce que signifie cette comédie qu'a jouée madame Changiron à propos de cette lettre ?

— Je n'ai rien à vous dire sur ce sujet, répondit Gagerot.

Vous étiez ce matin chez Lavignan quand on a parlé de cette femme ; lorsque vous êtes sorti avec Torcy, Cornélie a prétendu que l'inconnue avait paru se troubler à mon nom et à celui de Chagoin. C'est de là qu'est venue à Paul la pensée de connaître Antonie ; il me l'a confiée, j'ai cru devoir en avertir Torcy quand je l'ai rencontré chez vous.

Cette lettre que je vous ai montrée est venue m'y chercher, je ne sais pas un mot de plus de toute cette histoire ; et quant à la jalousie de madame de Changiron, vous devez savoir mieux que moi si elle est bien ou mal fondée.

Changiron ne répondit pas tout de suite et parut réfléchir à ce que venait de lui répondre Gagerot, puis il reprit tout à coup :

— Comment ! elle n'a rien dit de ses soupçons sur mon compte ?

— Je vous prie de croire, répondit Gagerot, que c'est une confidence que je n'ai point sollicitée.

— Elle vous en a donc fait une ? dit Changiron avec une extrême surprise.

— J'ai peut-être mal choisi le mot, reprit Gagerot, elle a témoigné des craintes, des doutes ; vous avez une réputation peu rassurante pour une femme.

— Oui, et voilà en quoi elles sont d'une insupportable injustice.

Allez proposer à une fille à marier le plus beau garçon du monde, prôné par toutes les grands'mères comme un jeune homme chaste et vertueux, et la demoiselle, fût-elle prude et dévote au suprême degré, se trouvera sacrifiée et aura bonne envie de rougir de son futur.

Mais qu'on parle devant elles d'un homme qui a eu quelques aventures, on n'a pas besoin de les prêcher longtemps pour leur persuader qu'elles en feront un excellent mari ; leur vanité se gonfle à l'idée d'enchaîner le terrible don Juan, elles l'acceptent avec toutes sortes de craintes apparentes et de joies intérieures, elles en sont fières, elles en écrasent leurs rivales; mais au bout de quelques mois de mariage, ce qui a fait le mérite du mari devient sa honte, son crime; on l'en accable; il a été séducteur, un homme sans mœurs; il n'a pas un regard qui ne soit une tentative d'infidélité, pas un mot qui n'ait une portée cachée, pas une démarche qu'on ne l'explique contre lui.

Sans compter que s'il s'avise de dire à une femme quelconque :

« Vous souvenez-vous de ce concert ou de ce bal, ou de ce dîner où nous étions ensemble? »

A l'instant même cela veut dire dans sa bouche :

« Vous souvenez-vous du temps où je vous aimais, où vous m'aimiez? »

— Ceci peut être vrai quelquefois, reprit Gagerot, mais cela le devient indubitablement lorsqu'une femme croit avoir des raisons présentes de soupçonner la fidélité de son mari.

— Ah! reprit Anatole, des raisons présentes!

— Écoutez, reprit Gagerot, je hais les propos, les fausses interprétations; je suis un homme de cœur et de loyauté. Eh bien! lorsque nous avons été seuls, madame de Changiron et moi, j'ai compris, à la manière dont elle m'a interrogé, qu'elle croyait avoir à se plaindre de vous; vous prétextiez, dit-elle, mille affaires que vous n'aviez pas, il y a six mois, pour être le plus souvent absent de chez vous.

— Vraiment, dit Changiron, elle fait la jalouse?

— Elle a beaucoup observé autour d'elle, et elle se croit assurée que ce n'est pas dans votre monde que vous avez trouvé une occupation si assidue; elle a donc supposé que ce devait être dans celui où vous étiez quelquefois descendu (c'est son expression) avant votre mariage, et ce soupçon, qui ne savait à qui s'adresser, s'est tout naturellement arrêté sur la belle inconnue, lorsque cette lettre est venue la signaler comme vous l'avez vu.

— Eh bien! dit Changiron après un moment de réflexion, j'aime autant qu'il en soit ainsi.

Gagerot essaya de comprendre le sens de cette réflexion, et grâce à la nature indulgente de son esprit, il supposa très-naturellement qu'Anatole acceptait les soupçons que sa femme avait contre Antonie, comme une diversion heureuse qui empêcherait ces soupçons d'arriver au véritable but.

Il fut confirmé dans cette pensée par la manière dont Anatole reprit la conversation :

— N'importe, cette lettre n'en est pas moins extraordinaire, et si nous ne devions pas en trouver tout à l'heure l'explication, je croirais que tout ceci est une mystification.

— Et de qui ?

— C'est parce que je veux l'apprendre, reprit Changiron, que je ne dis pas la main que j'en suppose coupable.

La conversation roula sur ce chapitre et revint tout simplement au motif du rendez-vous et à la manière dont il faudrait s'y prendre pour aborder celui qui l'avait donné.

— S'il voit que nous sommes deux, dit Changiron, il craindra peut-être de nous aborder, et s'éloignera, comme le ferait un passant. Avancez le premier, je vous suivrai à quelque distance, et dès que je vous verrai près de lui, je m'approcherai de façon à ce qu'il ne puisse nous échapper.

Cette façon d'agir n'allait point du tout à Gagerot ; mais il fallait bien y souscrire sous peine de montrer trop manifestement le sentiment qui la lui faisait trouver mauvaise.

Il répondit donc, mais avec une émotion à laquelle Changiron ne put se méprendre.

— C'est bien ; mais n'oubliez pas que vous avez autant et plus d'intérêt que moi à savoir ce nom, et qu'il ne faut pas, en vous tenant trop éloigné, vous exposer à voir fuir cet homme, s'il soupçonne que nous sommes deux.

Le moyen d'empêcher que cet individu ne s'aperçût qu'ils venaient deux au rendez-vous était assurément qu'un seul se montrât ; mais la peur a une logique toute particulière, et Changiron devina celle qui inspirait Gagerot.

— Vous avez raison, lui dit-il ; et comme je me crois le plus intéressé à cette découverte, ce sera moi qui, si vous voulez bien me céder votre place, marcherai le premier ; et vous n'approcheriez que si je vous appelle.

La curiosité de Gagerot lutta contre sa terreur ; si Changiron apprenait ce nom, il était homme à le garder, et voilà Gagerot détrôné de ce mystère.

Cependant il sacrifia sa curiosité au soin de sa personne. Il consentit à l'arrangement proposé par Anatole.

Arrivé au pont d'Iéna, il s'abrita derrière un des énormes

massifs de pierre qui en masquent les angles et laissa Changiron s’avancer seul.

Celui-ci put voir dans l’obscurité un homme qui s’éloignait, et il marcha vivement à lui.

Cet homme ralentit le pas, et Changiron ne douta pas que ce ne fût celui qui avait donné le rendez-vous.

Cependant il pouvait se tromper et aborder un passant à qui il inspirerait peut-être l’idée qu’il était attaqué et qui commencerait par se défendre. Pour prévenir cette méprise, Changiron, dès qu’il fut à quelques pas de l’inconnu, commença par tousser ; l’homme tressaillit et marcha plus lentement.

Changiron alla vers lui et dit assez haut :

— Je suis Gagerot.

Cet homme s’arrêta tout à fait et se trouva face à face avec Changiron.

Cet homme se retourna et lui dit vivement :

— Qui êtes-vous?... que me voulez-vous?... Prenez garde, monsieur... je suis armé.

Changiron vit qu’en effet cet homme tenait un pistolet à la main.

— Pardon, monsieur, lui dit-il, je me suis trompé ; on m’a donné un rendez-vous ici ; et, comme je ne connais pas celui qui me l’a donné, je me suis adressé à la première personne que j’ai rencontrée.

Sans doute, au manége qu’avait fait cet homme, Changiron avait deviné que c’était celui qu’il cherchait ; mais cet homme connaissait Gagerot, et s’était aperçu qu’un autre se présentait à sa place : il avait le droit de se défendre, et Changiron ne pouvait avoir celui de le forcer à répondre.

— C’est singulier, dit cet homme sans s’éloigner. Mais j’aurais dû prévoir cela, M. Gagerot n’est pas un homme à venir seul à un pareil rendez-vous.

— Vous êtes donc celui que je cherche? s’écria Anatole en s’élançant vers lui.

L’inconnu recula et arma son pistolet :

— Prenez garde que je ne vous connais pas, reprit-il d’une voix mal assurée, et que, fussiez-vous un officier de police, je puis vous tuer ; car rien ne m’avertit de votre caractère

— Je ne suis pas un officier de police, je suis M. de Chan-

giron, et vous devez comprendre, d'après ce que vous avez
écrit à M. Gagerot, que j'ai désiré savoir le nom que vous
avez promis de lui livrer.

— Ah ! c'est vous qui êtes monsieur de Changiron, le mari
de mademoiselle de Brevise ?

— Lui-même.

Cet homme frappa la terre du pied avec impatience en
murmurant :

— Quel lâche imbécile que Gagerot !

— Il est à deux pas, et je puis l'appeler, dit Changiron.

— Le voilà qui vient sans doute, dit cet homme en s'éloignant encore.

En effet, Gagerot, qui voyait de loin Changiron arrêté avec
l'inconnu, et qui supposait raisonnablement qu'il n'y avait
plus aucun danger à s'approcher, venait pour avoir sa part
du secret.

Mais il n'était plus temps ; car cet homme dit vivement à
Changiron :

— Puisqu'il n'a pas osé venir, il ne saura rien, et je vous
dirai tout ; mais il ne faut pas qu'il me reconnaisse. Suivez-
moi.

Aussitôt il s'éloigna rapidement.

Changiron, qui ne voulait pas perdre cet homme de vue,
le suivit, et Gagerot les vit s'éloigner et se trouva bientôt
seul sur le pont d'Iéna, où il demeura près d'une heure une
main sur le manche d'un pistolet et l'autre sur un poignard,
attendant le retour de Changiron qui ne revint point.

Il était près de trois heures du matin, lorsque Gagerot rentra chez lui, furieux et bien convaincu que Changiron l'avait
joué. Il se promit de se venger, et l'occasion s'en présenta
presque aussitôt.

———————

XVIII

Le jour n'était pas levé que Gagerot fut réveillé en sursaut par le bruit persévérant de la sonnette de son appartement.

Force lui fut d'aller ouvrir lui-même, ses domestiques ne voulant pas s'éveiller, et le sonneur ne se lassant pas de sonner; et il trouva que c'était un des domestiques de Changiron qui venait à cette heure inconvenable.

Malgré sa mauvaise humeur, Gagerot comprit qu'il devait y avoir quelque événement, et il ne referma point sa porte au nez de l'importun, comme il en avait d'abord eu l'intention. Il apprit donc de ce domestique que M. de Changiron n'avait point reparu à son hôtel, et que madame de Changiron, épouvantée de cette absence, envoyait chez M. Gagerot pour avoir des nouvelles de son mari.

Gagerot voulut d'abord répondre de vive voix, puis par écrit; mais après quelques minutes de réflexion, il se décida à aller lui-même raconter la vérité à madame de Changiron, car Gagerot ne disait jamais que la vérité.

XIX

En effet, lorsqu'une heure après Gagerot fut chez madame de Changiron, chez qui il trouva madame de Brevise que sa fille avait envoyé chercher, il raconta comment M. de Changiron, sous prétexte de ne pas alarmer le donneur de rendez-vous bourgeois, avait *voulu* être le premier à l'aborder, et comme quoi tous deux avaient disparu en s'éloignant ensemble.

L'assurance qu'il n'y avait pas eu de catastrophe sur le

pont d'Iéna, et que ce ne devait être que volontairement que
Changiron avait suivi l'inconnu et n'avait pas admis Gagero
à cet entretien, calma immédiatement les tendres alarmes de
Camille et les changea en accusations, que madame de Brevise trouva parfaitement justes en sa qualité de belle-mère.

Anatole était un homme indigne, qui rendait sa fille horriblement malheureuse ; elle lui demandait pardon de l'avoir
sacrifiée à un pareil homme, mais elle avait espéré que
l'exemple des malheurs qu'entraine l'inconduite des maris lui
aurait profité, et qu'il ne ferait pas souffrir à sa femme les
douleurs qu'il avait vu souffrir à sa mère.

— Comment! s'écria Gagerot, M. de Changiron le père était
un homme qui avait eu des torts envers sa femme?

— C'était le digne père d'un tel fils, et je puis vous affirmer que ce fut une épouvantable histoire. Mais ce n'est pas
de lui qu'il s'agit, c'est d'Anatole.

— Maman, reprit Camille en se levant avec dignité, je ne
resterai pas une heure de plus dans cette maison.

Madame de Brevise trouvait bon de dire tout le mal possible de son gendre ; mais en face d'une résolution si hardie,
elle changea soudainement de façon de voir. Il fallait être
patiente, attendre une explication qui pouvait être favorable
à M. de Changiron, ne pas perdre sa vie pour un soupçon que
rien ne justifiait quant à présent, etc., etc.

La scène fut longue et violente. Madame de Brevise y joua
ce rôle si commun chez certaines mères, d'accueillir de
prime abord tout ce qui peut troubler le ménage de leur
gendre, et ensuite de reculer devant une rupture qui remettrait à leur garde la fille dont elles sont si heureuses d'être
débarrassées.

Camille ne se départit pas de sa dignité de femme outragée ;
elle se posait dans des sentiments impérieux de respect pour
elle-même qui l'obligeaient à prendre son parti, parce qu'on
voulait la forcer à rester chez son mari, comme elle se fût
posée dans des sentiments d'amour résigné et de dévouement
à son malheur, si sa mère eût voulu l'emmener.

Quant à Gagerot, il nageait en pleine eau de querelles, de
suppositions. Il éprouvait une joie indicible et exempte de
toute crainte, car il avait dit la vérité, et ce n'était pas sa
faute si elle avait amené de si fâcheux résultats.

Cependant la lutte entre madame de Brevise et sa fille devait se finir. Camille trouva sans doute qu'elle avait assez bien défendu sa position pour qu'on sût à quoi s'en tenir sur la manière digne et haute dont elle considérait ses droits de femme. Elle montra donc un peu de condescendance et accepta une espèce de compromis.

M. Gagerot devait être envoyé à la recherche de M. de Changiron, et surtout à la découverte des motifs de son absence. Du reste, soit par la nécessité de la situation, soit par la tendance de leur esprit, ces trois personnes furent ramenées à chercher le secret de cette absence auprès d'Antonie.

Toutefois, le moyen de découvrir quelque chose de ce côté ne semblait pas facile à trouver, surtout pour Gagerot.

Camille, comme toutes les femmes en général, proposait des moyens héroïques qui lui paraissaient les plus simples du monde.

— Allez tout droit chez M. Torcy, disait-elle à Gagerot, confiez-lui ce qui s'est passé cette nuit, et probablement il vous apprendra le secret de tout ceci.

Mais Gagerot savait, en sa qualité d'homme, quelles pouvaient être les conséquences de cette façon d'agir. Torcy pouvait se fâcher et Changiron se fâcherait à coup sûr, et il ne se souciait nullement de risquer une querelle sérieuse avec l'un de ces deux hommes, pour fixer les doutes de madame de Changiron.

Cependant il se gardait bien de dire que ce fût là le motif des prétendues impossibilités qu'il trouvait à tout ce que lui proposait Camille.

La résistance de Gagerot fut si longue et si ferme, que Camille s'imagina qu'il en savait plus qu'il ne voulait en dire, et qu'il ne refusait de prendre des informations que pour n'être pas obligé de parler.

Il ne fallut que deux ou trois minutes à cette pensée pour devenir une vérité pour Camille, et elle termina l'entretien en déclarant qu'elle saurait bien apprendre par elle-même ce qu'elle voulait savoir, sans le secours ou l'intervention de personne.

— Que prétendez-vous donc faire? lui dit sa mère.

— J'irai moi-même où monsieur craint d'aller, et je demanderai à M. Torcy une explication que j'ai le droit d'attendre et d'exiger de lui.

— Ne faites pas cela, dit madame de Brevise.

— Ah! reprit Camille, je suis parfaitement décidée, et rien ne m'arrêtera.

— Avez-vous pensé à l'inconvenance d'une pareille démarche?

— Elle sera en tout cas moins inconvenante que la conduite de M. de Changiron.

— C'est vous commettre avec une femme qui est peut-être au-dessous de tout ce que vous pouvez imaginer.

— Ce n'est pas moi qui serai descendue jusque là, c'est M. de Changiron qui m'y aura fait descendre.

— Mais enfin, vous ne pouvez aller ainsi chez un homme que vous connaissez à peine.

— Chez M. Torcy! dit Camille avec un étonnement dédaigneux, comme si on lui eût dit qu'il était inconvenant qu'elle allât chez son carrossier.

Madame de Brevise savait que sa fille, comme tous les esprits étroits, plaçait ce qu'elle appelait la résolution du caractère dans un entêtement aveugle. Elle n'insista donc point pour dissuader madame de Changiron de ce qu'elle avait résolu, et elle finit par lui dire :

— Eh bien! soit, Camille; mais vous trouverez bon que je vous accompagne.

— Je vous remercie, dit Camille, cela me prouve que vous n'êtes pas du parti de mon mari, comme j'aurais pu le penser en vous voyant si bien prendre sa défense.

Gagerot la quitta sur cette résolution.

Il avait envie d'aller prévenir Torcy, ou bien de courir après Changiron et de l'avertir de ce qui se passait; mais il y avait danger des deux parts. Enfin, après beaucoup d'hésitation, il se décida à aller chez Lavignan, comme sur un terrain où il pourrait apprendre quelque chose sans avoir l'air de s'être mêlé de rien.

Il prit donc le chemin du quartier Saint-Georges, tandis que Camille s'apprêtait de son côté à se rendre chez Torcy.

XX

Lorsque Gagerot arriva chez Lavignan, il y avait grande querelle entre l'époux et l'épouse.

L'arrivée de Gagerot, au lieu de la faire cesser, la raviva ; car tous deux prétendirent le prendre pour juge de leurs torts respectifs, et chacun recommença *ab ovo* le récit de ses faits et gestes.

—Oui, s'écria Lavignan, c'est une indignité, c'est une conduite de mégère ! Que t'avait fait cette pauvre femme ?

— Comment ! reprit Cornélie, ce qu'elle m'avait fait ! une mijaurée, les yeux baissés, la bouche en cœur, les cheveux en bandeaux, une vierge de Raphaël, comme vous l'appelez, qui fait dire qu'elle n'est pas chez elle, et qui reçoit pendant des heures entières un M. Paul Chagoin ! C'est joli ! c'est moral ! et tu veux que je souffre ça ?

— Mais qu'est-ce que ça te fait ? s'écria Lavignan.

— Ça me fait que je trouve ça superbe, et que je le raconte à qui je veux. Tiens ! j'ai bien le droit de parler, ce me semble ! D'ailleurs, je ne mens pas. La femme de chambre et la portière sont là pour dire la vérité.

— La femme de chambre et la portière, murmura Lavignan, qui se sentit pris d'une bouffée de dignité ; mais, madame, invoquer de pareils témoignages, c'est descendre au rang de ces créatures.

Cornélie prit un air de dignité encore plus élevé que celui de son époux. (Sous la restauration, à l'époque où l'on réimprimait Voltaire et Rousseau avec fureur, si, au milieu des bruyantes plaisanteries des ateliers de l'Académie, l'un de nous lançait quelque gros axiome de morale d'un ton doctoral, nous appelions cela *prendre un air Jean-Jacques*). Nous pouvons dire que Cornélie prit un air Jean-Jacques, et répondit :

— J'aime mieux une portière et une femme de chambre

qui se conduisent bien, qu'une duchesse qui a des tête-à-tête avec le premier venu.

— Mais enfin, qu'y a-t-il ? dit Gagerot, qui se souciait fort peu d'entendre les récriminations générales des deux époux, et qui, d'après ce qui avait été dit de Paul Chagoin, voulait en venir aux faits précis.

Ce qu'il y a ? dit Lavignan, c'est qu'il paraît qu'hier soir, pendant l'absence de Torcy, Paul Chagoin est venu chez lui, qu'il a fait une visite à Antonie.

— Pendant qu'elle faisait dire qu'elle n'y était pas, reprit Cornélie.

— Vraiment ! fit Gagerot.

— Vraiment, fit Cornélie, c'est comme ça. Mais il y a quelque chose de mieux : c'est que lorsque Manuel est rentré et qu'il a demandé s'il était venu quelqu'un, on lui a répondu qu'il n'était venu personne.

La veille de ce jour, Gagerot eût trouvé cette révélation une bonne fortune ; mais, à cette heure, il rattacha cette circonstance à l'étrange rendez-vous qu'on lui avait donné, et il lui passa par la tête que ce pouvait être Torcy qui avait voulu l'attirer dans un guet-apens pour le punir de s'être mêlé de tout cela.

Aussi s'écria-t-il avec une anxiété dont lui seul savait le secret :

— Mais qu'a fait Torcy ?

— Ah ! s'écria Cornélie, il a fait comme tous les imbéciles qui s'amourachent de ces célestes bégueules ; il a cru tout ce qu'on lui disait, et il le croirait encore, s'il n'était pas venu ici m'ennuyer avec ses impertinentes leçons.

— Et à quel propos ? reprit Gagerot.

— Le voici, dit Lavignan.

Ce matin, Torcy est entré dans mon atelier pour me prier de lui prêter une collection de gravures représentant les costumes des Français depuis des siècles. J'allais les lui donner lorsque Cornélie lui demande d'un ton aigre-doux s'il s'est bien amusé chez M. de Changiron ; Torcy lui avait à peine répondu, qu'elle lui commence une morale sur le danger de laisser les femmes seules chez elles. Je n'y comprenais rien, ni Torcy non plus ; car il s'imaginait comme moi que ça me regardait. J'en étais si convaincu, que je dis à Cornélie :

— Il paraît que tu t'es bien ennuyée hier soir?

— Ce n'est pas étonnant, reprend-elle : je n'ai pas de vieilles connaissances qui viennent me rendre visite en ton absence. Du reste, à tout prendre, j'aime autant m'en passer que d'avoir des visites comme celles de M. Paul Chagoin.

En ce moment Torcy, qui feuilletait sa collection, se tourna vers Cornélie, le visage tout bouleversé.

— Paul Chagoin! lui dit-il. Il est donc venu?

— Tiens! lui dit Cornélie, vous ne le saviez donc pas? Il a passé la soirée chez vous.

— Ce n'est pas vrai! s'écria Torcy, pâle comme un mort.

— Oui, mon cher monsieur Gagerot, reprit Cornélie, M. Torcy m'a dit en face : Ce n'est pas vrai! et M. Lavignan ne lui a pas donné un soufflet. Voilà un mari qui prétend que sa femme ne sait pas se faire respecter !

— Mais enfin, s'écria Gagerot, qu'est-il arrivé ?

— Il est arrivé que Torcy a quitté l'atelier comme un furieux, et est redescendu chez lui.

— Et depuis ce temps?... dit Gagerot.

— Depuis ce temps, j'ai empêché Cornélie de sortir d'ici, reprit Lavignan; car elle ne demandait pas mieux que d'aller voir ce qui se passait.

— Et, reprit Gagerot, y a-t-il longtemps que Torcy est redescendu chez lui?

— Deux heures à peu près, répondit Lavignan; mais il n'y est plus, il vient de rentrer dans son atelier.

Quoique Cornélie fût une femme d'une nature vulgaire et brutale, elle était bien loin de cette basse méchanceté qui animait le cœur de Gagerot.

Il détestait Changiron parce que c'était un beau gentilhomme qui valait mieux que lui de toutes façons : il détestait Paul Chagoin, non pas à cause de ses vices, mais parce qu'il était riche, et il détestait Torcy parce qu'il avait un talent supérieur; ce fut donc avec une satisfaction bien sentie qu'il apprit que Chagoin et Torcy étaient sans doute aux prises.

D'après ce qu'il avait vu, Changiron était certainement

mêlé à cela ; c'était un conflit où il devait y avoir du malheur pour tous. Gagerot eut un moment d'extrême béatitude.

Il jouissait par avance de ce qui allait probablement arriver, lorsqu'ils entendirent un coup discret frappé à la porte de l'atelier de Torcy, Cornélie ne put résister à sa curiosité et entr'ouvrit la porte de l'atelier de son mari.

— Ce sont deux dames, dit-elle à voix basse.

, —Ah ! oui, fit Gagerot, qui alla coller son œil sur l'étroite ouverture ; ce sont elles.

En effet, c'étaient madame de Brevise et sa fille qui venaient chez Torcy.

Mais il est nécessaire de raconter ce qui s'était passé chez lui, pour comprendre la position dans laquelle elles le trouvèrent.

XXI

Le matin de ce jour, Manuel semblait avoir oublié toutes ses craintes, et c'était le cœur léger et bien décidé à se livrer avec ardeur au travail qu'il avait entrepris, qu'il était monté chez Lavignan pour voir s'il pourrait s'y procurer quelques matériaux utiles à la fameuse collection de portraits.

De son côté, Antonie, brisée par les scènes de la veille, avait essayé de prolonger son sommeil le plus tard possible, comme si elle sentait que reprendre la pensée et la vie c'était reprendre l'anxiété et la douleur ; elle n'était donc pas encore levée lorsque Manuel quitta l'atelier de Lavignan dans un état de fureur indicible.

En rentrant, le premier mot de Manuel fut de demander où était Antonie.

— Madame dort encore, lui dit la femme de chambre.

— Elle dort ? murmura Torcy.

En toute autre circonstance, Torcy n'eût pas pensé à interroger cette fille ; mais il hésita à entrer immédiatement chez

Antonie qui dormait, et le transport dont il était agité éclata malgré lui par cet instant de retard.

Il fit deux ou trois fois le tour de la pièce où il se trouvait, revint à la femme de chambre et lui dit :

— Vous êtres bien sûre, n'est-ce pas, qu'il n'est venu personne hier ?

La femme de chambre fut interdite de la question, et surtout de l'air agité dont Torcy la lui adressait.

— Dame ! monsieur, fit-elle en balbutiant, c'est madame qui m'avait défendu de dire qu'il fût venu quelqu'un.

Torcy fut pris d'un de ces transports de honte qui rendent un homme impitoyable. On l'avait trompé, trompé par l'ordre d'Antonie !

Il était descendu à ce rôle misérable d'un homme qui fait le sujet des moqueries de sa propre maison, de sa domesticité ; lui, Manuel, pour qui les propos du monde étaient un supplice, se voir en proie à de si misérables caquets !

Antonie, cette femme qu'il appelait un ange descendu du ciel, que, dans ses heures d'extase, il adorait à genoux comme un être mystérieux, cette idole de sa vie, avait des complicités de fille perdue avec sa servante, et lui achetait sans doute son silence pour recevoir M. Paul Chagoin.

Paul Chagoin ! ce nom donnait le suprême cachet de l'ignoble à cette basse tromperie.

Torcy était venu vers Antonie dans un de ces moments d'égarement où on tue la femme qui nous trompe ; mais cette simple circonstance changea la nature de sa colère, et il entra chez Antonie, résolu à la chasser ignominieusement de chez lui.

Le bruit qu'il fit ne l'éveilla pas ; il s'approcha du lit où elle reposait.

Son sommeil était agité et pénible, de sourds sanglots s'échappaient de la poitrine d'Antonie, des larmes coulaient de ses yeux fermés : il s'arrêta à la contempler.

Elle murmurait des mots qu'il ne pouvait saisir ; enfin elle sembla arriver au paroxysme du rêve affreux qui la tourmentait, car elle se leva convulsivement sur son séant en s'écriant :

— Non, Manuel, non...

En ce moment elle le vit debout près de son lit ; elle se

recula et se frotta les yeux comme pour s'assurer que ce n'était pas la suite de son rêve, et finit par lui dire :

— C'est toi, Manuel ?

— Oui, moi qui te regardais dormir.

— Ah ! dit-elle, quel rêve affreux !

— Et quel rêve ?

— Je rêvais que tu me chassais, parce que...

Antonie s'arrêta...

— Parce que ?... répéta lentement Manuel en l'interrogeant.

— Je ne sais pas... Je ne me souviens pas, dit-elle, comme si elle craignait de révéler le motif de la colère de Torcy.

— Parce que, reprit-il comme inspiré par le hasard qui faisait si bien concorder sa pensée avec ce rêve, parce que tu me trompes... parce que tu m'as menti... parce que tu es une infâme... parce que...

— Oh ! s'écria Antonie, tu m'as entendu ; j'ai parlé !

— Non, non, reprit Manuel, je n'ai pas eu besoin d'espionner ton sommeil, d'autres m'ont dit la vérité.

— Oh ! c'est lui sans doute, reprit douloureusement Antonie ; c'est lui, le misérable ?

— Qui, lui ? dit Manuel ; M. Chagoin ?

— Paul Chagoin !

— Non, ce n'est pas lui qui m'a dit que vous l'aviez reçu hier, c'est toute la maison qui le sait.

— Et vous ne l'avez pas vu ? dit Antonie.

— Oh ! je le verrai !

— Oh non ! Manuel, vous ne le verrez pas, s'écria Antonie en se levant et en tombant aux pieds de Torcy.

— Qui m'en empêchera ?

— Je vous en supplie, évitez cet homme, Manuel, au nom de votre amour !

— De mon amour ! s'écria Torcy : ah ! c'en est trop. Mais vous ne m'avez donc pas compris. Je sais qu'il est venu hier... qu'il est resté deux heures enfermé avec vous, que vous avez défendu qu'on me le dise ; que c'est assez pour que je sache qui vous êtes, ce que je dois de créance à vos protestations, à... Mais vous ne voyez donc pas, reprit-il avec une nouvelle rage, que je sais que vous êtes tout à fait une fille perdue, et que ce Paul Chagoin est...

— Manuel, s'écria Antonie en se relevant avec fierté et en le menaçant d'un regard plein d'orgueil : ah ! c'est ainsi ?

— Oui, c'est ainsi... et ne recommencez pas vos comédies de douleurs solennelles, d'innocence méconnue, ce peut être bon pour un niais ; mais je n'en veux plus.

Il se passa à cette parole une singulière révolution dans le cœur d'Antonie. Tout ce qu'elle avait éprouvé d'indignation se fondit en une sorte de pitié douloureuse pour l'homme qui insultait et brisait un amour aussi puissant que celui qu'elle éprouvait pour lui ; elle le plaignit d'être assez malheureux pour être devenu si injuste, et elle lui dit d'une voix pleine de larmes :

— Pauvre Manuel !

— Ah ! reprit Torcy, dont ce mot ne fit qu'exalter la fureur, assez, assez de ces larmes hypocrites ! Je ne suis plus dupe, je ne veux plus l'être... Je vous hais... je vous méprise... je vous...

Il n'osa pas prononcer le mot fatal ; il ne mit à marcher rapidement dans sa chambre. Pendant ce temps, Antonie s'habillait silencieusement ; une robe d'une riche étoffe lui étant tombée sous la main, elle la rejeta, choisit une robe de toile et s'en revêtit. Manuel la regarda faire : il laissa échapper un rire sardonique quand elle choisit ce modeste vêtement, et haussa les épaules en disant :

— C'est très-drôle !

Antonie jeta sur lui un regard assuré qui le troubla et lui fit honte de sa brutalité ; mais comme il se sentit fléchir, il voulut se redonner du courage, et reprit en marchant avec une nouvelle violence :

— M. Paul Chagoin vous en donnera de plus belles...

Antonie baissa la tête.

— D'ailleurs, vous devez connaître par expérience là générosité de M. Paul Chagoin... C'est un charmant jeune homme, plein d'esprit et de cœur, n'est-ce pas, chère....? Comment vous nomme-t-il, ce monsieur? car vous avez un autre nom pour lui que pour moi. .. Répondez donc, Antonie!...

Elle se détourna et continua à se vêtir, en mettant un petit bonnet.

Quant à Torcy, il s'animait sur sa propre colère, exaspéré par ce silence obstiné.

— Antonie! s'écria-t-il... Antonie! le nom de ma mère! je lui ai donné le nom de ma mère à cette femme! je l'ai profané, je l'ai sali, je l'ai traîné dans la boue!

Antonie tomba sur un fauteuil, pâle, tremblante, mais les yeux secs.

Torcy, qui s'exaltait à chaque mot qu'il prononçait, se tourna vers elle et lui dit d'une voix cruelle :

— Vous le quitterez, ce nom, je vous défends de le porter une heure de plus ; je vous le défends, m'entendez-vous... madame ?... Mais dites-moi votre nom.

Antonie se leva et marcha vers la porte de la chambre.

— Mais où allez-vous donc? lui dit Manuel en l'arrêtant...

— Je m'en vais, lui dit Antonie.

— Où donc?

— Que vous importe ?

— Comment, que m'importe! Je veux le savoir!

Antonie semblait être à bout de ses forces ; elle chancela et s'appuya sur un meuble ; mais elle surmonta encore une fois cette faiblesse, et répondit avec fermeté :

— Manuel! vous m'avez chassée!... Je m'en vais....

L'artiste se tordit les mains de désespoir, et, revenant à Antonie, il s'écria avec plus de douleur que de colère :

— Mais dis-moi pourquoi tu m'as trompé! parle-moi?

— Je n'ai rien à vous dire...

— Rien?

— Rien!...

— Eh bien! reprit Manuel, à qui ce mot rendit toute sa fureur, tu ne sortiras pas! Il viendra te chercher ici!... Il parlera, lui!... Je le ferai bien parler!...

Antonie le regarda avec une assurance qui domina un moment ses transports.

— Manuel, lui dit-elle froidement, vous m'avez demandé mon âme, ma vie, mon amour, je vous ai tout donné. En retour de tout cela, je ne vous ai demandé qu'une chose ; c'est de ne pas chercher à savoir qui je suis. Manquerez-vous à votre parole?

— Mais vous m'avez trompé! cet homme est venu hier?...

— C'est vrai.

— Eh bien! alors...

— Eh bien! pour cela vous me chassez : le châtiment égale bien la faute, ce me semble...

— Mais que te voulait-il cet homme? Que t'a-t-il dit?

Antonie se tut.

— Quoi! tu ne réponds rien?

Elle baissa les yeux pour ne pas le voir...

— Rien! reprit-il avec exaspération.

Elle demeura immobile.

— Eh bien donc! allez, allez-vous-en, et que Dieu te punisse d'avoir brisé un cœur qui t'aimait comme je t'aime!

Aux premiers mots de cette phrase, Antonie avait posé la main sur la clef de la porte; mais lorsque Manuel invoqua cet amour qui parlait au milieu de ses plus affreux transports, elle s'arrêta et se tourna vers lui. Il était tombé sur un siége, pressant ses yeux de ses poings fermés, pour contenir ses larmes qui éclataient malgré lui.

Antonie le contempla un moment, et à son tour elle sentit sa résolution faillir en elle-même, et voulant s'arracher à cette horrible situation, elle ouvrit la porte.

Manuel s'élança vers elle, et tombant à ses pieds :

— Antonie! s'écria-t-il, mais je puis te pardonner, si tu veux... Si grandes que soient tes fautes, si honteuses qu'elles soient... je te pardonnerai. Reste, ne t'en va pas... je ne t'ai pas chassée.... je ne l'ai pas dit.... non, j'étais fou..... Antonie!... Antonie, ne t'en va pas!...

A son tour, Antonie éclata en larmes et s'écria :

— Oh! va, Manuel, ce n'est pas toi qui souffres le plus de nous deux!

— Eh bien! alors, pourquoi ne pas parler, pourquoi me laisser mes affreux soupçons? Tu m'aimes!.... n'est-ce pas que tu m'aimes?... Est-ce que si je te disais que j'ai commis un crime, tu ne m'aimerais plus?...

A cette étrange supposition, Antonie tressaillit comme frappée d'une commotion électrique: elle regarda autour d'elle comme si elle eût craint qu'une voix sortie de quelque angle obscur de cette chambre ne vînt révéler son secret...

Puis elle ramena ses yeux sur Manuel pleurant à ses pieds; et, poussée par une pensée soudaine, elle lui dit à voix basse, en se penchant vers lui :

— Eh bien ! si j'avais tué !...

— Toi ! fit-il en se reculant avec épouvante.

— Si j'avais volé !...

— Toi ! reprit-il avec un accent encore plus effrayé.

Antonie s'arrêta, et tous deux se regardèrent quelques moments, puis Torcy reprit d'une voix sourde :

— Tué ?

— Oui !

— Volé ?

— Oui !

Manuel passa ses mains sur son front comme pour s'éveiller d'un songe affreux, puis il reprit :

— Oh ! mon Dieu ! si c'était cela !

— Tu le crois... s'écria Antonie... Adieu ! Manuel... adieu !

— Reste, lui dit Torcy d'un ton sombre, qui que tu sois, je veux l'ignorer toujours. Mais tu m'as sauvé la vie, je t'ai aimée... Ce soir, demain, j'aurai tout préparé pour ton départ...

— Oh ! reprit Antoine dont tout le cœur se brisa..... il me fait l'aumône comme à un condamné... Dieu ! mon Dieu ! si vous êtes juste, tuez-moi... je n'ai plus la force de souffrir.

Manuel était tellement atterré par cette étrange supposition, qu'il ne savait plus lui-même ce qu'il éprouvait ; il resta immobile à côté d'Antonie, qui se roulait de désespoir sur un divan, sans lui adresser une parole, sans lui porter de secours.

— Elle, elle !... murmurait-il tout bas.

Le transport de la douleur d'Antonie se calma peu à peu... elle étouffa dans les coussins qu'elle mordait avec fureur les sanglots qui la suffoquaient, elle comprima les convulsions qui la tordaient et se releva froide et superbe...

Elle alla devant un miroir, répara d'une main assurée le désordre de ses cheveux, rajusta ses vêtements, et alla vers la porte...

— Non, s'écria Manuel.

Antonie courut à la fenêtre.

— Pour mourir, par ici ou par là, peu m'importe ! s'écria-t-elle.

Manuel la prit dans ses bras, et alors commença une lutte horrible.

— Oh! s'écriait Antonie devenue folle de douleur, vous êtes un bourreau... laissez-moi!

Et, dégageant ses bras des étreintes de Manuel, elle cherchait des ciseaux, un couteau, quelque chose pour se tuer, ou s'approchait d'un meuble et se frappait la tête à ses angles.

Enfin Torcy parvint à la maîtriser et à la replacer sur le lit, où tout ce transport s'abattit dans un affreux affaissement.

Ce fut pendant cet abattement que Manuel se demanda s'il n'avait pas enfin appris la vérité.

Ce fut alors qu'il chercha à se souvenir des circonstances où il avait trouvé Antonie, de l'époque où il l'avait rencontrée, et ce fut en poursuivant ces pensées qu'il se rappela que, la veille, la date du 5 octobre l'avait frappée d'épouvante. Le 5 octobre! C'était sans doute le 5 octobre que le crime avait été commis, et il y avait un an qu'il l'avait trouvée errante, fugitive, voulant mourir. Tout s'expliquait alors.

Mais ce crime, on avait dû en parler; les journaux les inscrivent avec un soin trop extrême pour que celui d'une jeune fille n'y fût pas inscrit.

Torcy avait une collection de journaux dans son atelier, il était allé les chercher, et c'est pendant qu'il les parcourait que madame de Changiron et madame de Brevise s'étaient présentées chez lui.

XXII

Torcy fut très-étonné en reconnaissant madame de Changiron. Au premier moment, il maudit son métier, qui le forçait à accueillir, le sourire sur les lèvres, des importuns qu'il eût volontiers jetés à la porte.

Mais bientôt son étonnement devint encore plus vif, car

madame de Changiron lui apprit le motif de sa visite.

— Pardon, lui avait-il dit, madame; mais je n'ai pu encore m'occuper de votre collection.

— Je le crois, lui avait répondu Camille, aussi n'est-ce pas de cela que je viens vous parler.

— De quoi s'agit-il donc?

— Vous avez vu hier soir M. de Changiron?

Torcy rougit; car cette question lui rappelait pourquoi Changiron était venu chez lui, et qui l'avait poussé à y venir.

— Oui, madame, répondit-il, M. de Changiron s'est alarmé d'une menace de M. Chagoin.

— Ce n'est pas ce dont je veux vous parler.

— Non, reprit madame de Brevise, qui voulut donner à la demande de sa fille un caractère moins inconvenant, nous n'avons aucun droit ni aucun désir de savoir ce qui a pu se passer chez vous. Mais quand nous vous aurons dit ce qui est arrivé, vous comprendrez les alarmes de ma fille.

Alors elle lui raconta l'histoire de la lettre adressée à Gagerot; comment M. de Changiron avait été au rendez-vous, et comment il n'avait point reparu depuis ce moment.

Puis elle continua avec un embarras qui prouvait à Torcy qu'elle sentait combien ce qu'elle lui disait pouvait le blesser:

— Avant de faire la moindre démarche près de la police pour savoir si M. de Changiron n'aurait pas été victime d'un guet-apens, nous sommes venues nous informer si cette dame dont on devait lui révéler le nom et qui demeure chez vous, ne pourrait pas nous apprendre le secret de ce rendez-vous.

Au point où en était Manuel, ce n'était déjà plus dans la dignité du secret de sa vie que ces paroles pouvaient l'atteindre.

Après ce que lui avait dit Antonie, il fut atteint d'une autre terreur . « Si j'avais tué! si j'avais volé! » lui avait-elle dit. Ce doute l'épouvantait; il expliquait la visite de Paul Chagoin, le secret que lui en avait fait Antonie, qui était peut-être sa complice ; et, dans l'obscurité qui planait sur toutes ces circonstances, il se pouvait que ce rendez-vous eût été convenu entre Paul Chagoin et Antonie pour se défaire d'un homme qui savait peut-être leur secret.

Ce fut donc avec une nouvelle terreur qu'il écouta madame de Brevise, et il ne put si bien cacher le trouble que lui inspira cette nouvelle, que Camille ne crût y trouver la confirmation de ses soupçons.

— Quoi! dit Manuel, on a écrit cela à M. Gagerot, et M. de Changiron n'a pas reparu? Oh! ce doit être un crime affreux !

— Pardon, monsieur Torcy, reprit Camille ; mais ma mère s'est mal expliquée, ou vous l'avez mal comprise : ce n'est pas à M. de Changiron que le rendez-vous a été donné, et c'est moi surtout qu'intéressait la révélation du nom de cette dame.

— J'ai parfaitement compris, dit Torcy, c'est M. Gagerot à qui on a donné ce rendez-vous... Et , en effet, continua-t-il comme un homme qui compte ses souvenirs, c'est au nom de M. Gagerot qu'elle s'est troublée.... c'est lui qui devait être attendu sur le pont d'Iéna, et peut-être M. de Changiron a été la victime d'une méprise.

— Que voulez-vous dire? s'écria Camille. M. de Changiron ne connaît donc pas cette personne?

— Non, madame, non; il se sont vus hier pour la première fois ; du moins je dois le croire.

— Vous devez le croire... dit Camille ; et quelle preuve en avez-vous ?

— Leur mutuelle indifférence en se rencontrant, et surtout, madame, la parole de M. de Changiron qui est un homme d'honneur.

— En êtes-vous là, monsieur, reprit Camille qui, dans sa colère jalouse, voulait absolument voir les choses sous le jour qu'elle leur avait donné, en êtes-vous là, qu'en pareilles matières vous ayez foi en la parole d'un homme?

Le malheureux Torcy flottait entre l'idée d'un crime que lui avaient inspirée les paroles d'Antonie, et ses premiers soupçons sur ce qu'elle avait pu être avant leur rencontre. Mais, de quelque côté que le portassent ses incertitudes, il n'y trouvait que malheur.

Cependant la supposition d'un crime tel que celui auquel il avait cru un moment lui était si odieuse, qu'il se rattacha tout d'un coup à l'accusation de madame de Changiron, et qu'il lui répondit comme si elle lui eût donné une espérance :

— Croyez-vous, madame, que M. de Changiron m'ait voulu tromper? Ah ! fasse le ciel qu'il en soit ainsi !

Camille et madame de Brevise se regardèrent d'un air très-étonné.

— Oh! reprit Torcy dans une sorte d'égarement, vous ne me comprenez pas, vous ne pouvez me comprendre. Ah! oui, je veux croire qu'elle a été tout ce que vous pouvez supposer; j'aime mieux cela que de penser à ce qu'elle m'a dit.

— Mais qu'avez-vous donc? dit madame de Brevise, de plus en plus surprise du trouble de Torcy.

— Rien, madame, fit celui-ci; mais n'y a-t-il personne au monde qui puisse me dire la vérité?

A ce moment, on sonna encore chez Torcy, et on lui annonça la visite de M. Gagerot.

Depuis dix minutes que ces dames étaient chez Torcy, il grillait d'une féroce curiosité de savoir ce qui s'y passait.

Quoi que ce pût être, il devait y avoir malheur pour tout le monde, et ce beau spectacle de gens dont la supériorité était odieuse à Gagerot, souffrant sans doute les uns et les autres de quelque triste découverte, se passait à dix pieds au-dessous de lui, sans qu'il en fût le témoin. Gagerot ne put résister à cette idée, et trouvant un prétexte d'entrer chez Torcy pour lui apprendre le contenu de la lettre anonyme et l'étrange disparition de Changiron, il se sentit le courage de braver la colère de Manuel.

Celui-ci, lorsqu'on lui annonça Gagerot, trouva que le ciel semblait répondre précisément au souhait qu'il venait de former, et madame de Brevise s'écria :

— Mais, d'après certaines paroles que vous venez de laisser échapper, cette dame se serait troublée au nom de M. Gagerot. Elle le connaît donc? C'est à lui qu'on voulait révéler son nom. Vous vous devez à vous-même, monsieur, de faire cesser cet étrange mystère.

— Oui, dit Torcy, d'une voix basse et résolue... Il faut en finir. Qu'il entre, qu'il vienne.

On introduisit M. Gagerot, qui joua l'étonnement le plus profond à l'aspect de madame de Brevise et de sa fille; mais, avant qu'il n'eût pu témoigner cet étonnement par des paroles plus explicites que sa physionomie, Torcy alla vers lui, et lui dit d'une voix sombre :

— Monsieur, monsieur, puisque le hasard vous a mêlé à

ma vie, vous qui m'avez si bien appris hier qu'un misérable était entré chez moi, achevez cette confidence... Venez,
et dites-moi si vous connaissez cette femme.

En parlant ainsi, il entraînait Gagerot, à qui il fit traverser le salon pour le faire pénétrer dans la chambre d'Antonie qui, encore étendue sur son lit, commençait à sortir de
l'effroyable affaissement où Torcy l'avait laissée.

Malgré leurs nobles habitudes de bonne compagnie, madame de Brevise et sa fille se soulevèrent à moitié de leur
siége, pour écouter ce qui allait se passer, et l'on doit penser quel fut leur étonnement lorsqu'elles entendirent le cri
véritablement stupéfait que poussa Gagerot.

— Grand Dieu ! fit-il en reculant devant cette figure pâle
et mourante... Eulalie Pontois !

Cette exclamation était trop extraordinaire pour qu'elle ne
dominât pas tout autre sentiment de convenance. Mesdames
de Brevise et de Changiron entrèrent rapidement dans la
chambre en répétant ce nom et en s'écriant :

— Eulalie Pontois !...

Elles regardèrent la pauvre femme, qui se soulevait péni-
blement sur son lit, et s'écrièrent avec une expression de
terreur et d'indignation :

— C'est elle !...

— Qui m'appelle? murmura sourdement Antonie, en ouvrant les yeux et en regardant autour d'elle d'un air égaré.

— Eulalie Pontois ! ajouta à son tour Torcy, en cherchant
à lire sur le visage de ces dames à quelle honte ce nom répondait.

— Qui m'appelle de ce nom? s'écria tout à coup Antonie,
en se précipitant de son lit et en courant, par un dernier instinct de conservation, vers Torcy.

Elle se serra contre lui, puis reportant ses regards sur les
personnes qni l'entouraient, elle passa plusieurs fois ses
mains sur son front comme pour effacer de devant ses yeux
ces apparitions surnaturelles... Torcy lui-même semblait
frappé du même vertige...

— Quel est donc ce nom ? Qui es-tu, malheureuse ? s'é-
cria-t-il.

— Oui, dit Antonie, les voilà tous les trois... oui, c'était
le soir... oui...

Elle ferma les yeux et reprit :

— Non, ce n'est pas vrai, je suis folle. Manuel, au secours! au secours! Ce n'est pas vrai, ils ne sont pas là... N'est-ce pas qu'il n'y a personne que nous deux ici?

— Il y a là M. Gagerot, dit Torcy en repoussant Antonie qui voulait se cacher dans ses bras; il y a madame de Brevise.

Antonie se mit à regarder, et, s'arrachant au rêve qu'elle croyait avoir fait, elle répéta d'une voix basse :

— Oui, madame de Brevise, M. Gagerot. Que la volonté de Dieu soit faite !

Elle baissa la tête, tandis que madame de Brevise prenait M. Gagerot à part, et lui disait tout bas :

— Monsieur, vous savez ce que nous avons à faire. Il doit y avoir ici près un commissaire de police.

— Il suffit, madame, dit Gagerot. Je plains M. Torcy; mais le crime est trop grand pour qu'on lui laisse le temps de faire échapper la coupable.

Il sortit rapidement, tandis que Torcy, dont les idées commençaient à se fixer du côté d'un crime, s'écria :

— Mais où va donc M. Gagerot?

— Chercher un magistrat, répondit madame de Brevise, pour arrêter cette malheureuse, coupable de vol et de meurtre.

Torcy, à cet épouvantable révélation, se recula d'Antonie avec une indicible horreur...

— Elle! s'écria-il, Antonie!

— Eulalie Pontois, monsieur; répéta madame de Brevise. Eulalie Pontois, la fille de l'intendant de madame de Soubiran, assassinée il y a eu un an le 5 octobre.

— Le 5 octobre... en effet, dit Torcy en se rappelant encore la terreur que cette date avait inspirée à Antonie... Oh! malheur et malédiction sur toi, misérable, dit Torcy, en se tournant vers Antonie; et je l'ai aimée, et je l'aime encore...

— Et maintenant tout s'explique, reprit madame de Brevise parlant à sa fille : la lettre écrite à M. Gagerot et où on lui disait que le nom de cette femme vous intéressait. En effet, ne vous a-t-elle pas ravi toute la fortune de votre tante par son crime? Ce crime, elle l'expiera, du moins; et cette fois elle n'échappera pas à sa condamnation.

— Mais si elle est innocente... s'écria Torcy, à qui l'image d'Antonie montant sur l'échafaud parut si effroyable qu'il essaya de la défendre.

— C'est ce qu'elle pourra prouver devant ses juges, car dans quelques minutes elle sera entre les mains des magistrats.

Quant à Antonie, elle s'était lentement remise ; une pensée nouvelle sembla s'emparer d'elle, et elle dit à Torcy, avec un calme qui étonna madame de Brevise elle-même :

— Manuel, je suis coupable... le crime a été commis, et seule j'en dois être accusée. Il faut que la justice humaine ait son cours ; celle de Dieu viendra après, je l'espère. Je ne vous demande qu'une chose, Manuel, venez me voir une heure avant ma mort, me le promettez-vous ?

Torcy n'eut pas la force de répondre.

Antonie attendit un moment, puis elle reprit après ce silence :

— Soit, mon Dieu, je supporterai l'épreuve jusqu'au bout.

Puis elle s'assit les yeux baissés et la tête haute.

Camille était une femme irréfléchie, jalouse et cruelle, comme toutes les femmes, dans les ressentiments qui blessaient son cœur et sa vanité ; mais l'idée d'envoyer à l'échafaud cette jeune et belle victime, si coupable qu'elle pût être, lui répugnait odieusement ; l'idée que l'on pût attribuer cette dénonciation au ressentiment d'une avidité déçue et au souvenir de la fortune que le crime d'Eulalie lui avait enlevée, tout cela lui parut horrible, et elle dit à madame de Brevise :

— Non, ma mère, nous ne pouvons pas, nous ne devons pas poursuivre cette vengeance. Que cette fille s'échappe. Elle le peut. Partez, partez, malheureuse, lui dit Camille, que Dieu seul vous punisse.

— Mais vous oubliez votre mari, dit madame de Brevise, votre mari qui s'est jeté si imprudemment dans le guet-apens tendu par cette femme et son complice à M. Gagerot.

— En effet ! s'écria Torcy, M. Chagoin, ce misérable, est venu hier ici.

— M. Chagoin, s'écria madame de Brevise ; lui seul, en effet, avait intérêt à faire disparaître ce testament, et il est venu chez vous, et il a vu cette femme?... Oh! c'est plus de crimes que je n'eusse osé croire.

Au moment où madame de Brevise poussait cette exclamation, M. Gagerot arriva accompagné d'un commissaire de police et de ses agents. Eulalie marcha d'elle-même à eux; mais avant de quitter la chambre, elle se tourna vers Torcy et lui dit doucement :

— Pauvre Manuel !

XXIII

Une voiture de place attendait à la porte; on y fit monter Eulalie qui fut immédiatement conduite en prison.

Cependant madame de Brevise et sa fille restaient encore dans une terrible anxiété sur le sort de Changiron qui n'avait pas reparu, et elles se préparaient à retourner à l'hôtel lorsqu'il entra tout à coup en s'écriant :

— Où est-elle?

— Qui cela? dit madame de Brevise.

— Cette infortunée que vous êtes venue chercher ici?

— Antonie! s'écria Torcy.

— Eulalie Pontois, dit madame de Brevise.

— Ni Eulalie Pontois, ni Antonie... dit Changiron d'un accent joyeux. Ma sœur, madame.

— Votre sœur, la meurtrière de madame de Soubiran ?

— Sa fille, madame, et la fille de mon père; une pauvre enfant abandonnée dont je n'ai pas voulu vous dire le secret tant que la malheureuse a été accusée d'un crime; mais elle vit, et je puis vous apprendre son véritable nom, maintenant que j'ai en main la preuve de son innocence.

— Ah! s'écria Torcy, on vient de la livrer à la justice.

— Qui a commis ce crime? s'écria Changiron.

— Moi, monsieur, dit madame de Brevise, qui dois à la

mémoire de madame de Soubiran de ne pas laisser ce crime
impuni.

— Ah ! la malheureuse est peut-être perdue maintenant,
s'écria Changiron accablé.

Pour comprendre cette nouvelle crainte, il est nécessaire
de raconter ce qui était arrivé à Changiron pendant la longue absence de cette nuit et de la matinée qui l'avait suivie.

XXIV

Changiron, quoiqu'il fût brave, résolu et d'une vigueur à
ne pas redouter de lutter avec un homme, quel qu'il fût,
suivit cependant avec précaution l'inconnu qui le précédait,
et ce ne fut pas sans quelque appréhension qu'il s'en approcha au moment où celui-ci s'arrêta au milieu de la longue
allée des Champs-Elysées qui longe le quai. Cet homme était
armé, un coup de feu tiré par lui pouvait atteindre Changiron au moment où il s'approcherait de lui.

Il arma donc ses pistolets, en se tenant tout prêt à tirer
au moindre mouvement douteux. Mais lorsqu'il fut tout à
fait aux côtés de l'inconnu, il s'aperçut qu'il avait les mains
vides, et celui-ci lui dit :

— Je ne vous ai pas attiré dans un guet-apens, monsieur
de Changiron, c'est pour vous rendre service que je suis
venu, et je ne veux pas être la victime de mon dévouement,
car je joue ma liberté et peut-être ma vie en ce moment.

— Je ne comprends rien à toutes ces phrases mystérieu-
ses, dit Changiron ; vous avez écrit à M. Gagerot que vous
vouliez lui révéler le nom de la femme qui habite chez
M. Torcy ; vous lui avez dit que ce nom intéressait vivement
madame de Changiron. Il ne peut intéresser ma femme à aucun titre sans m'intéresser moi-même. Eh bien ! maintenant
je le saurai de vous de bonne volonté ou par force.

— Vous pourrez me tuer si cela vous convient, dit l'inconnu ; mais je ne sais pas comment un homme d'honneur excusera un assassinat pareil, commis parce qu'un inconnu ne veut pas lui dire un secret destiné à un autre ; ce n'est pas moi qui vous ai fait venir.

— Je ne vous tuerai pas, monsieur, mais je suis le maître de vous, je puis vous livrer à la justice, et vous répondrez alors.

— Cela ne me sera pas difficile : je dirai à la justice ce que j'avais promis de dire à M. Gagerot, je lui dirai le nom de la femme qui habite chez M. Torcy. Seulement, en me forçant à agir ainsi, vous enverrez une jeune fille à l'échafaud.

— Une jeune fille à l'échafaud ? s'écria Changiron avec un étrange effroi. Et vous dites que le nom de cette femme intéresse madame de Changiron... Serait-ce l'infortunée?... Mais non, reprit-il après un moment de silence, elle est morte.

L'inconnu ne répondit pas d'abord, mais il reprit bientôt après:

— Voulez-vous m'écouter un moment sans m'interrompre ? Je ne suis pas un très-habile diplomate, monsieur ; aussi avais-je fait un petit discours pour raconter mon affaire à M. Gagerot.

M. Gagerot, ou je ne connais pas mon homme, n'est pas d'un courage à faire le rodomont vis-à-vis d'un pistolet tourné contre sa poitrine. Je comptais prendre avec lui cette précaution oratoire, et puis lui dire mon affaire. Mais c'est une chose inutile envers vous, et je vais vous dire tout droit ce que je veux.

— Voyons, lui dit Changiron.

— D'abord, dit l'inconnu, je veux trente mille francs.

— Misérable ! dit Changiron en se reculant d'un pas et en lui présentant un de ses pistolets.

— Soit, dit l'inconnu, je ne veux rien, mais alors vous n'aurez rien.

— Et qu'as-tu à m'offrir ?

— Quelque chose qui vaut mieux que ça, dit l'inconnu, quelque chose qui vaut, pour vous, cent mille francs de rente comme un liard...

— Hein ? fit Changiron.

— Mais enfin, dit l'inconnu, j'ai fait mon prix, il n'est plus question de ce que cela peut valoir.

— Et qu'est-ce que c'est?

— Vous le dire, ce serait, sinon vous le livrer, mais vous donner une arme contre moi, et je ne suis pas encore aussi niais que cela.

— Mais enfin, si M. Gagerot fût venu ici, la position eût été absolument la même?

— Pas du tout, car, au lieu d'être à votre merci, j'aurais tenu M. Gagerot à la mienne, et si ma confidence eût été mal reçue...

— Tu aurais pu le tuer?...

— Que Dieu m'écrase si j'en avais la moindre envie; mais j'aurais pu décamper, et alors j'aurais été chercher un meilleur chaland.

— En voilà assez; explique-toi, misérable, s'écria Changiron, car à la façon dont tu allonges cet entretien, je commence à croire que tu attends ici des complices qui doivent t'aider à te débarrasser de moi.

— Songez donc que c'est M. Gagerot que j'attendais.

— Eh bien! parle donc.

— A une seule condition.

— Laquelle?

— Donnez-moi votre parole d'honneur que, si le marché que je vous propose ne vous va pas, vous ne direz à personne ce que je vais vous dire.

— Soit, je te donne ma parole.

— Encore une : jurez-moi que s'il vous va, vous me remettrez ce matin même les trente mille francs et que j'aurai quarante-huit heures pour quitter la France si l'affaire en question se poursuivait en justice. Mais après tout, murmura l'inconnu, je n'ai point trempé dans le crime, et tenez, quoi qu'il arrive, il est temps que la vérité se sache. On m'a manqué de parole d'un côté, et si vous deviez faire comme les autres, du moins je serai vengé.

— Je t'ai donné ma parole et je n'y manquerai pas.

— Eh bien! monsieur, écoutez-moi bien, le testament de madame de Soubiran existe.

— Est-ce possible! dit Changiron.

— C'est sûr.

— La malheureuse qui a tué madame de Soubiran ne l'a donc pas anéanti?

— La malheureuse Eulalie Pontois, monsieur, est innocente de la mort de madame de Soubiran comme vous, je dois le croire du moins.

— Ah! s'écria Changiron avec un transport qui étonna fort l'inconnu, prouve-moi cela, prouve-le-moi, et ce n'est pas trente mille francs, c'est cent mille francs que je te donnerai.

— Je crois qu'il lui sera facile de vous le prouver, monsieur, dit l'inconnu, ravi de la tournure que prenait cette affaire, car elle vit, car c'est elle qui est chez M. Torcy.

— Eulalie, s'écria Changiron, elle... Ah! j'aurais dû la reconnaître à tant de beauté... Oui, c'est bien le regard, le front calme et élevé de mon père... Mais j'étais si loin de cette pensée quand Torcy m'interrogeait! Et tu es sûr qu'elle est innocente?...

— Elle doit l'être, elle l'est; mais voudra-t-elle dire la vérité?

— Mais quelle est cette vérité?

— La voici, monsieur le marquis, et songez que je suis le seul qui puisse au besoin l'attester. D'abord, et vous êtes trop intéressé dans cette affaire pour que vous ne vous rappeliez pas mon nom, je m'appelle Vaudrillan.

Vaudrillan! dit Changiron, c'est toi qui as été mis en prévention pour le meurtre de madame de Soubiran et qui es parvenu à prouver un alibi.

— Très-réel, monsieur le marquis, ce qui fait que je ne puis guère faire que des suppositions sur l'innocence de mademoiselle Eulalie, parce qu'à vrai dire je ne sais pas comment ça s'est passé dans le château. Mais voici comment l'affaire avait été arrangée. Vous savez que j'ai été au service de M. Chagoin...

— Oui, cela a été même une des raisons qui ont dirigé d'abord les soupçons contre toi.

— Eh bien, monsieur le marquis, lorsque je suis entré au service de madame de Soubiran, mon ancien maître, M. Paul Chagoin était non-seulement ruiné de tout ce qu'il avait, mais encore il avait fièrement entamé ce qu'il pourrait avoir.

Bref, il devait trois cent mille francs au sieur Benoît Mortiff, juif de profession et qui menaçait sans cesse de le faire mettre à Sainte-Pélagie.

— Cela ne m'étonne pas, dit Changiron, continue.

—Benoît Mortiff, reprit Vaudrillan, n'avait donc d'autre garantie de sa créance que l'héritage futur de madame de Soubiran ; mais les mauvaises dispositions de la tante et puis, je peux bien vous le dire, monsieur le marquis, les cajoleries de madame votre belle-mère rendaient le gage bien chanceux. Il fut donc conclu entre M. Benoît Mortif et M. Chagoin qu'il fallait le rendre meilleur, et pour cela il suffisait que la bonne dame mourût sans faire de testament.

Or, c'est moi, monsieur, qu'on dépêcha chez elle pour m'assurer de ses intentions.

— Toi , employé à la garde des bois et qu'elle a vu peut-être quatre fois au plus durant le temps que tu étais chez elle?

—Moi, monsieur le marquis, moi qui ne suis pas assez bête pour aller parler de choses de cette importance à ma maîtresse qui déjà n'était pas si charmée d'avoir chez elle un ancien domestique de son scélérat de neveu, car M. Chagoin est un scélérat. Mais quand on ne peut pas arriver tout droit, on prend les chemins de traverse, et ce n'est pas auprès de madame de Soubiran que j'étais expédié , mais auprès du père Pontois, et avec la mission de lui promettre une bonne somme si la vieille madame de Soubiran mourait sans faire de testament. Mais, dès la première parole qui en fut dite, le père Pontois branla la tête, en disant : — Elle est trop montée contre M. Chagoin d'une part, et trop bien conseillée de l'autre pour ne pas faire de testament. Peine perdue de prendre ce chemin-là. »

Je fis part de l'obstacle à M. Chagoin, lequel ne me répondit pas ; mais huit jours après on me vint avertir qu'un étranger désirait me parler : c'était M. Benoît Mortiff qui venait pour arranger l'affaire. Il ne s'agissait plus, comme bien vous pensez, d'empêcher le testament; mais de l'enlever quand il serait fait. Les conditions furent ainsi réglées : le père Pontois devait le soustraire et me le remettre, moyennant quoi il lui serait donné cinquante mille francs et à moi trente mille par M. Chagoin.

C'était très-bien ; mais le père Pontois était trop malin en affaires pour se fier à une promesse de M. Chagoin, qui de son côté ne voulait rien écrire... ce qui est assez simple : le père Pontois exigea que les cinquante mille francs lui fussent remis contre le testament. Là était la difficulté, car M. Chagoin n'avait plus le sou ! il fut convenu que ce serait M. Benoît Mortiff qui avancerait la somme, et ça, pour rentrer plus tard dans les trois cent mille francs que lui devait M. Chagoin. Vous comprenez bien ça, monsieur ; c'est que voici où gît le lièvre. M. Benoît n'entendit de cette oreille-là qu'à une condition ; c'est que ce serait à lui qu'on remettrait le testament, de façon à ce qu'il tînt M. Chagoin en bride.

Maintenant voici comment ça se passa :

M. Benoît retourna à Paris et on n'en entendit plus parler dans le pays, si même on sut qu'il y était venu. Au bout d'un certain temps, un mot convenu fut envoyé par moi à Paris, et M. Benoît arriva au milieu de la nuit dans ma maison de garde où j'étais seul et où il ne venait jamais personne. Il n'en sortit pas plus que son cheval, que j'avais mis dans un hangar et qui nous fit plus d'une peur, car nous ne pouvions tenir le maudit animal tranquille. Enfin le jour où le médecin déclara qu'il n'y avait plus d'espoir, ce jour fut pris pour enlever le testament. Si quelqu'un pouvait jamais être soupçonné, vous comprenez, monsieur, que c'était moi ; c'est pourquoi je quittai ma maison le jour même de l'expédition et j'allai passer la nuit à la noce.

— Quel horrible complot ! fit Changiron. Et vous avez consenti à l'assassinat de madame de Soubiran ?

— Non, sur mon âme, non, monsieur, dit Vaudrillan, ce n'était pas mon intention. D'après ce que nous avait dit Pontois, madame de Soubiran ne pouvait pas passer la nuit, et lui-même le croyait sans doute. Du reste, les précautions étaient bien prises ; il avait mêlé de l'opium au café que Marthe et sa fille devaient prendre, et il espérait sans doute que madame de Soubiran serait expirée, ou dans un tel état d'accablement, qu'elle ne s'apercevrait pas de la soustraction. Mais probablement il fut entendu et reconnu par madame de Soubiran. Il n'avait plus à choisir : il la tua, et remit le testament à Benoît qui l'attendait à l'extrémité de l'allée.

— Ainsi, reprit Changiron, ce serait pour sauver son père

du supplice que cette noble enfant se serait ainsi dévouée...

— Ici, monsieur, je ne fais qu'une supposition, car je n'ai jamais pu obtenir un mot d'explication sur ce qui s'était passé ; toutes les fois que j'en ai parlé à Pontois et que je lui ai demandé si sa fille l'avait aidé, il m'a fait taire en me disant :

— Tais-toi, c'est un secret entre elle et la mort.

— Oh ! ce doute peut rester encore contre elle, dit Changiron avec épouvante.

— Et peut-être suffirait-il à la faire condamner, si, comme M. Chagoin l'en a menacée, il veut la livrer à la justice.

— Chagoin, le misérable qui a profité du crime... Mais contre lequel, hélas ! reprit Changiron, il ne reste d'autre preuve que son témoignage.

— Il y en a un autre, c'est le testament.

— Comment, le testament ?

— Oui-dà, monsieur, le testament que Benoît n'a pas voulu rendre à M. Chagoin avant que celui-ci ne lui eût payé ce qu'il devait ; le testament, monsieur, qui, depuis que Benoît est payé, lui sert encore à tirer d'assez bonnes sommes de M. Chagoin, si bien que M. Paul est venu me proposer, à moi qui vous parle, d'assassiner Benoît Mortiff, de lui voler le fatal testament, après quoi il me donnera les trente mille francs que je vous ai demandés.

— J'en sais assez, repartit Changiron ; mais ce n'est pas ainsi que cette affaire doit finir, tu vas me suivre chez un magistrat.

— Est-ce là la parole que vous m'avez donnée ?... s'écria Vaudrillan épouvanté.

— Je t'ai promis de te sauver et de t'enrichir, je te tiendrai parole. Mais tu ne me quitteras plus que je n'aie puni cet homme et sauvé l'infortunée qui s'est dévouée.

Vaudrillan, tremblant, suivit Changiron qui le conduisit chez un de ses amis, où il le laissa enfermé sous sa surveillance, en lui recommandant de ne le laisser échapper à aucun prix.

XXV

Changiron se rendit chez un avocat et lui fit part de ses projets. Celui-ci ne lui cacha pas que la découverte qu'il venait de faire pourrait bien lui rendre la fortune de sa femme, mais qu'il ne suffirait pas de ce que dirait Vaudrillan pour prouver qu'Eulalie Pontois n'eût pas aidé à son père à commettre son crime, et que toutes les circonstances de l'assassinat n'en restaient pas moins entières. Il en pouvait certes résulter qu'Eulalie avait agi par ordre et sur la menace même de son père, mais elle avait agi d'une façon ou d'autre.

C'est impossible, lui dit Changiron, elle est innocente.

— C'est ce que les juges décideront, dit l'avocat; mais si l'existence de cette infortunée est dénoncée d'une façon ou d'autre à la justice, il sera impossible de ne pas la mettre en cause.

Quoique moralement sûr de l'innocence d'Eulalie, Changiron s'épouvantait de cet éclat, et surtout de ce qui restait d'inexplicable dans le fait lui-même de l'assassinat dont Eulalie avait dû être le témoin, et dont elle n'avait pas arrêté l'exécution.

Il hésita longtemps devant cette cruelle perspective; mais l'idée que Chagoin pouvait dénoncer Eulalie le décida, et, d'après le conseil de l'avocat, il suivit la marche suivante :

Changiron, accompagné de son avocat, se rendit chez son ami, lui expliqua qu'il avait besoin de son assistance, et tous les quatre allèrent immédiatemant chez M. Benoît. C'était un homme encore jeune, chauve, maigre, usé, l'œil creux et actif, et qui ne paraissait pas de ces gens qu'on intimide facilment. Changiron et l'avocat entrèrent seuls, Vaudrillan et l'ami de Changiron restèrent à la porte dans un fiacre.

L'avocat seul se fit annoncer par son nom, et ils entrèrent chez l'usurier qui les reçut comme des gens avec qui il espérait conclure quelque bonne affaire.

— Monsieur, lui dit Changiron, je viens de la part d'un de vos clients, M. Paul Chagoin.

A ce nom, l'usurier fronça les sourcils, et, par un mouvement involontaire, il poussa le profond tiroir d'un bureau, ou l'on pouvait voir un épais portefeuille. Changiron se mit à rire, et reprit :

— Ne vous alarmez pas à ce point, monsieur, ce n'est pas un emprunt que nous venons vous faire, c'est de l'argent que nous venons vous offrir.

— A moi, monsieur ! dit Benoît dont cette nouvelle ne dérida point le front soupçonneux.

— Oui, monsieur, à vous, et comme bien vous le pensez, ce n'est que pour vous demander en retour, un service que vous seul pouvez nous rendre.

— De quoi s'agit-il, messieurs? dit l'usurier.

— C'est tout simplement de nous restituer, moyennant telle somme que vous allez fixer, et qui vous sera comptée à l'instant, le testament de madame de Soubiran, que vous retenez indûment en vos mains.

— Qu'est-ce que c'est que madame de Soubiran, messieurs? dit l'usurier d'un air indigné, qu'est-ce que vous me parlez de testament ?

— Je parle de ce testament qui vous a été remis au bout de la grande avenue du château de madame de Soubiran ; ce testament, vous savez, pour lequel vous avez vous-même remis cinquante mille francs à Pontois : ce même testament que vous avez attendu pendant huit jours chez le garde Vaudrillan.

L'accumulation de toutes ces circonstances écrasa l'usurier ; mais après un premier moment de surprise, il reprit son audace, et s'écria en se levant :

— Ah çà, est-ce un guet-apens? qu'est-ce que c'est que des gens qui s'introduisent ici sans aveu, qui vont menacer un citoyen dans sa maison?... Messieurs, prenez garde, je puis appeler.

— Alors vous nous dispenserez de ce soin, car, si vous voulez bien regarder par la fenêtre, vous verrez dans la rue un fiacre arrêté à la porte. M. le commissaire de police y est pour vous comme pour nous, et qu'il monte sur votre invitation ou sur la nôtre, c'est absolument la même chose.

— Un commissaire de police, reprit l'usurier devenu moins intrépide, pourquoi faire?

— Pour procéder à une saisie immédiate de tous vos papiers, vous mettre en état d'arrestation, afin que vous ne puissiez détruire le testament, si la fantaisie vous en prenait, et si vous ne vouliez pas nous le rendre de bonne volonté.

— Je n'ai jamais eu ce testament en ma possession, messieurs, et vous pouvez faire monter le commissaire de police, si cela vous convient.

— Allez donc le chercher, dit Changiron à l'avocat, puisque monsieur ne veut pas être raisonnable.

L'usurier laissa sortir l'avocat, et lui laissa traverser l'antichambre; alors Changiron eut un moment la pensée que Vaudrillan avait menti, ou que Chagoin avait enfin rattrapé le testament, ou que Benoît l'avait anéanti. Mais lorsque celui-ci entendit l'avocat ouvrir la porte du salon, il se jeta vivement dans l'antichambre, et s'écria :

— Un moment, monsieur; que diable! il faut donner aux gens le temps de s'expliquer.

L'usurier venait de se trahir, et Changiron fut sûr alors d'en avoir bon marché.

— Je connais le nom de monsieur, dit Benoît en désignant l'avocat; mais vous, qui êtes-vous?

— Je suis l'ami de M. Paul Chagoin, son parent, à qui lui-même, et pour des raisons que vous approuverez tout à l'heure, il a dit que vous aviez encore ce testament.

— Tout cela ne me dit pas votre nom.

— Je suis le marquis de Changiron, le mari de mademoiselle de Brevise, que ce testament instituait unique héritière de madame de Soubiran.

— Vous mentez, monsieur! s'écria l'usurier : M. Chagoin n'a pu vous dire cela, car mademoiselle de Brevise n'est pas l'unique héritière.

— Bah! lui dit l'avocat, vous avez donc lu le testament!

Ces sortes d'aveux, échappés à l'emportement de la passion, ont l'air souvent d'une invention du romancier, invention qui lui vient en aide et qui lui sauve des combinaisons habiles; mais comme, dans cette histoire, je ne suis que le narrateur exact d'un fait, il faut que je respecte la vérité; et d'ailleurs les nombreux procès criminels que les gazettes des tribunaux racontent chaque jour au public sont trop souvent pleins de ces imprudences échappées aux plus adroits fripons, pour qu'il faille s'étonner que celui-ci, pris tout à coup à l'improviste, se voyant entre les mains de gens d'ailleurs si bien renseignés, laissât échapper cet aveu si significatif.

A la remarque de l'avocat, il essaya de se récrier, de balbutier quelques explications; mais Changiron reprit d'un ton impérieux :

— Monsieur, vous n'ignorez pas que M. Paul Chagoin est mon parent, puisqu'il est le cousin de ma femme. Il ne convient pas à ma famille de faire un esclandre dont la honte rejaillirait jusqu'à un certain point sur elle. Voilà pourquoi je suis monté avant les magistrats pour étouffer cette affaire. Mais à l'heure qu'il est, monsieur, je n'offre plus de compensation, j'exige immédiatement le testament. Vous êtes plus, beaucoup plus que remboursé. Je sais tout; la police est en bas. Ce testament à l'instant, ou j'appelle : vous savez, monsieur, ce qui peut résulter pour vous de la découverte de cette pièce importante entre vos mains. Dépêchons; voici monsieur dont le nom vous est une garantie, qui vous affirmera que, si vous consentez, nulle poursuite ne sera dirigée contre vous.

— Mais, dit Benoît, vous avez parlé d'une somme que je pourrais fixer moi-même.

— Je l'ai dit, fit Changiron; soit.

— Eh bien! monsieur le marquis, deux cent mille francs.

— Allez chercher ces messieurs, dit Changiron.

— Cent mille francs, dit Benoît.

— Mais allez donc chercher ces messieurs.

— Cinquante mille.

— Allons donc !

— Eh bien ! monsieur le marquis, vingt-cinq mille.... dix mille.

— Dix mille, soit, dit Changiron; je ne recule pas à retirer ma parole pour si peu de chose.

Benoît ouvrit son vaste tiroir, et chercha longtemps, pendant que Changiron et l'avocat le surveillaient.

— Je ne trouve pas... je l'ai égaré...

— Je crois, dit Changiron, que ces messieurs seront plus habiles... Finissons.

— Le voici, dit Benoît qui le convoitait d'un air de regret... Voyons, monsieur, vos vingt mille francs.

— Je vous donne ma parole pour dix mille.

— Voilà tout ! dit l'usurier en serrant le testament avec rage.

— Voilà tout, dit Changiron.

— Eh bien ! vous ne l'aurez pas, dit Benoît Mortiff en s'apprêtant à le déchirer.

Changiron saisit sa main et cria :

— Ouvrez la fenêtre et appelez...

Benoît lâcha le testament, et tomba en pleurant sur un fauteuil.

— Donnerez-vous les dix mille francs à ce misérable ? dit l'avocat.

— Je les ai promis : il les aura.

Il écrivit un mot sur un papier, et le remit à Benoît, qui s'en saisit et l'examina.

— Monsieur, lui dit-il, Benoît s'écrit par un *é* ; il faut que l'ordre soit identique à l'acquit.

Changiron mit l'accent sur l'*é* de Benoît, et il sortit en disant à l'avocat :

— Notre affaire est terminée maintenant.

Cette expédition achevée, ils se transportèrent chez M. Paul Chagoin, qu'ils trouvèrent dans une robe de chambre de damas, en pantoufles de velours, et couché sur un divan, fumant un cigare. Lorsqu'on lui annonça Changiron, son ami, il alla au-devant de lui avec ces bruyantes démonstrations de mauvais goût qu'il prenait pour des allures de gentilhomme.

— Eh ! bonjour, cher, lui dit-il ; comment, déjà en course, en visite, et chez moi ? mais c'est charmant ; vous venez me demander à déjeuner ?

— Je viens vous dire, repartit Changiron, que vous êtes un fripon.

À ce mot si nettement articulé, et qui entrait en matière d'une façon si péremptoire, Chagoin devint pâle, non de crainte (cet homme était au-dessus de la crainte d'un autre homme), mais de colère, et il jeta autour de lui un regard furieux, comme pour chercher une arme ; puis, s'élançant vers un faisceau suspendu au mur, il y prit au hasard un yatagan, et revint sur Changiron comme une bête féroce.

Changiron saisit son bras, et, le désarmant d'un coup de poignet, il le repoussa lui-même à l'extrémité de son salon et lui dit froidement :

— Monsieur Chagoin, je vous laisse ce jour pour prendre un passe-port et quitter la France. On vous remettra cent mille francs à Londres et la valeur de votre mobilier.

— Qu'est-ce à dire ? s'écria Chagoin ; suis-je ici avec des fous ?

— Je n'ai pas autre chose à vous dire ici, repartit Changiron ; pour que vous me compreniez mieux, je sors de chez M. Benoît Mortiff, et j'ai en bas dans ma voiture, Vaudrillan et des agents de police.

Chagoin se tut, et demeura un moment incertain ; puis il dit :

— Je ne connais ni Benoît ni Vaudrillan.

— Vous connaissez peut-être le testament de madame de Soubiran ?

— Je ne connais point de testament de ma tante. S'il y en a un, il y sera fait droit, et je rendrai les biens que je croyais légitimement m'appartenir.

Mais vous êtes venu chez moi, vous m'avez insulté, monsieur le marquis de Changiron, et vous m'en rendrez raison.

— Allons donc, monsieur, lui dit Changiron, vous voulez mourir comme un homme d'honneur ; vous ne le méritez pas. Je vous ai dit que vous étiez un fripon ; n'oubliez pas que vous pouvez être considéré comme complice d'un assassinat.

— Vous m'y faites songer, monsieur, répliqua Chagoin, et il faut que cet assassinat soit puni ; la coupable existe.

— Vous voulez dire l'accusatrice, monsieur, dit Changiron.

— En vérité ! fit Chagoin, c'est ce que nous verrons.

— Le témoignage de Vaudrillan vous accable.

— C'est un homme que vous avez acheté.

— La déposition d'Eulalie sera formelle.

— Elle aura assez de se défendre, toute votre sœur qu'elle est.

— D'où le savez-vous ?

— Je vous l'apprendrai.

— Adieu donc, monsieur, fit Changiron, j'ai voulu vous épargner la honte d'une condamnation, vous la voulez, je vous la promets.

— Et pour quel crime?

— Vous le saurez.

J'attendrai, dit Chagoin.

XXVI

Ce fut ainsi que Changiron sortit de chez Chagoin, et ce ne fut qu'à ce moment qu'il pensa à prendre lecture du testament. Cette lecture lui expliqua comment Chagoin avait pu connaître la naissance d'Eulalie.

Le testament, lui-même, partageait les biens de madame de Soubiran en portions égales, l'une pour mademoiselle de Brevise, l'autre pour Eulalie. A ce testament était jointe une lettre à l'adresse d'Eulalie, lettre encore enfermée dans son enveloppe, mais dont le cachet avait été brisé. C'est dans cette lettre que madame de Soubiran apprenait à Eulalie qu'elle était sa fille et celle de M. de Changiron.. Elle lui expliquait comment, pour cacher cette naissance, elle avait fait remettre son enfant à Pontois avec une forte somme d'argent, à la charge de le faire passer comme lui appartenant. La pauvre femme racontait comment elle n'avait jamais osé braver l'orgueilleuse indignation de la famille de son mari, même depuis la mort de celui-ci, demandait pardon à sa fille de ne pas lui avoir révélé ce secret, et finissait en lui conseillant de se confier à Changiron, son frère, comme le cœur le plus noble qu'elle connût.

Ce fut armé de ces renseignements, que Changiron arriva chez Torcy, au moment même où Eulalie venait d'être emmenée en prison.

XXVII

Eulalie avait été déposée dans une chambre particulière de la geôle, grâce à une dernière précaution de Gagerot qui, prévoyant que ceci finirait peut-être autrement que cela ne semblait devoir être, avait pensé que ce bon soin lui serait compté par Torcy, dans le cas où celui-ci voudrait se fâcher de la part que lui, Gagerot, avait prise à cette affaire.

Depuis que sa position était décidée, depuis qu'Eulalie se voyait accusée comme coupable de la mort de madame de Soubiran, elle était redevenue calme. Son âme s'était exaltée à l'idée de ce martyre qu'elle allait subir pour sauver l'honneur de son père, et comme il arrive aux cœurs généreux, elle trouvait un extrême courage dans son extrême infortune. Elle attendit donc sans crainte le moment d'être interrogée, bien décidée à achever le sacrifice qu'elle n'avait pu accomplir avant ce jour-là, en préférant la mort à l'horreur d'accuser celui qu'elle croyait son père.

La journée entière se passa sans qu'elle entendit parler de quoi que ce soit, et ce courage qui l'avait d'abord si fièrement soutenue, sembla tomber avec le jour; la nuit lui apporta cette horrible solitude des ténèbres qui se peuplent de visions si étranges; il lui semblait voir madame de Soubiran expirante, son père qui la regardait d'un œil ardent, le poignard levé sur elle; puis c'était Torcy qui lui apparaissait pâle, le regard et le sourire pleins de mépris, puis madame Lavignan la poursuivant d'injures grossières, et enfin la multitude avide de la voir et de l'insulter; et partout c'était le visage de Chagoin qui lui apparaissait implacable et menaçant.

Cette nuit fut horrible, et ce ne fut qu'avec le jour qu'elle reprit un peu de cette résolution puissante de la veille. Mais depuis quelques jours trop de secousses violentes avaient

agité l'infortunée pour que sa santé, déjà altérée par l'incessante anxiété de sa position, résistât à l'effroyable catastrophe
qui l'avait frappée.

Lorsqu'elle voulut quitter, le matin, le grabat sur lequel
s'était agité son horrible sommeil, elle fut incapable de se
lever, et il fallut appeler un médecin. Elle répondit à ses
questions, et lorsqu'il fut parti, elle dit au geôlier :

— Dieu, sans doute, me fera la grâce de m'appeler à lui
avant de me faire subir les plus cruelles épreuves ; j'espère
que je serai bientôt morte, je voudrais avoir un prêtre.

Le geôlier lui promit de faire venir l'aumônier de la prison. Et une heure s'était à peine écoulée que l'on tira les
verrous de la prison et qu'il entra quelqu'un ; mais ce n'é-
tait pas un prêtre, c'était un juge accompagné d'un greffier.

Cet aspect rendit à Eulalie une partie de son courage ; mais
elle sentit qu'elle n'aurait pas la force de résister à la torture
d'un long interrogatoire, et se décida à se déclarer coupable
dès les premier mots.

Le juge se plaça devant elle comme pour bien examiner
chaque mouvement de sa physionomie, et lui dit :

— Vous êtes Eulalie Pontois ?

— Oui, monsieur.

— Vous savez de quel crime vous êtes accusée ?

— Je le sais et je l'avoue.

— Ecrivez, dit le juge au greffier. Cet aveu vous sera
compté, reprit-il, mais il faudrait le compléter en nous disant le nom de vos complices ?

— Je n'en ai point, dit Eulalie.

— L'homme à qui le testament a été remis ?

— C'est vrai, dit Eulalie, j'oubliais.

— Quel est cet homme ?

— Je ne le connais point.

— Qui vous a poussée à ce crime ?

— Personne.

— On ne commet pas un crime sans un intérêt quelconque.

— Eh bien, monsieur, je trouvais qu'il était injuste que l'on
dépouillât l'héritier légitime au profit d'une famille qui avait
toujours accablé madame de Soubiran de mépris.

— Vous saviez donc ce que contenait le testament ? vous

saviez donc que madame de Soubiran déshéritait son neveu au profit de mademoiselle de Brevise?

— Je le savais, dit Eulalie, qui crut ainsi donner une raison qui expliquerait sa conduite.

— Comment, lui dit le juge, vous connaissiez le testament, et vous avez renoncé, par haine contre madame de Brevise que vous connaissiez à peine, à la moitié de la fortune de madame de Soubiran, que ce testament vous assurait ?

— A moi! s'écria Eulalie en se soulevant dans une sorte de délire; ô ma noble et sainte bienfaitrice ! du ciel où vous êtes, voyez ma reconnaissance !

— Et vous avez osé tuer votre bienfaitrice?

— Moi... qui dit cela? s'écria Eulalie avec terreur.

— Vous-même, lui repartit froidement le juge.

— C'est vrai, repartit Eulalie en se laissant retomber sur son lit... c'est moi.

Mais, comme si cette pensée l'eût épouvantée, elle reprit :

— Mais non... ce n'est pas moi...

— Qui donc ?

Eulalie se tut.

A ce moment, le juge sembla se recueillir et attendit un moment, puis il reprit :

Ce testament est retrouvé, les complices du crime sont connus, et, parmi ces complices, il en est qui vous accusent.

— Qui cela? reprit Eulalie, enfant inspirée qui voulait jouer un rôle plus fort qu'elle ne le pouvait, et qui, fière de s'accuser, forte pour supporter l'infamie qu'elle s'infligeait, se révoltait à l'idée qu'un autre vînt la lui jeter à la face.

— Qui donc? répéta-t-elle.

— M. Paul Chagoin.

— Lui! le misérable, lui qui a égaré mon père!...

— Votre père? lui dit le juge.

— Ah ! s'écria Eulalie, par grâce, par pitié, laissez-moi.... Je suis folle, mon père est innocent, je suis coupable, il n'y a que moi de coupable.

A ces mots, une voix sortie de derrière la porte demeurée entr'ouverte, s'écria avec des sanglots :

— Assez!... assez ! vous allez la tuer..... vous voyez bien qu'elle est mourante. Et Changiron se présenta dans la chambre, tandis que le juge disait sévèrement : — Monsieur le marquis, ce n'est pas là ce que vous m'aviez promis. Cette jeune fille refuse d'accuser son père, je le vois; mais je ne vois pas qu'elle n'ait pas été sa complice.

— Dites-lui donc que cet infâme n'était pas son père, s'écria Changiron, et alors elle vous dira toute la vérité.

— Quoi! s'écria Eulalie, mon père...

— Il ne l'était pas. Jamais un pareil misérable n'eût pu avoir pour enfant un ange pareil à toi, Eulalie...... et ne t'étonne pas si je t'appelle ainsi, j'en ai le droit, je suis tou frère... mon père était le tien, ta mère était madame de Soubiran.

— Ma mère... elle! s'écria Eulalie. Oh! je rêve..... je suis folle... Qui êtes-vous, monsieur?

— Ne me reconnaissez-vous pas? Je suis M. de Changiron...

— Mais je suis folle! mon Dieu! n'y a-t-il personne à qui je puisse demander si l'on ne me ment pas...

— Venez, Torcy, cria Changiron, venez...

Torcy entra et se jeta à genoux devant le lit d'Eulalie.

— Et toi aussi, cria-t-elle, tu me crois innocente.., Merci, mon Dieu...

—Tiens, lis, dit Changiron, lis, c'est la dernière volonté de ta mère.

Eulalie prit la lettre de madame de Soubiran d'un air avide, et la lut jusqu'au dernier mot où sa mère lui disait :

« Adieu, ma fille, pardonne-moi. »

— Pardonnez-moi donc aussi, ma mère, s'écria-t-elle, d'avoir laissé échapper votre assassin.

— Vous l'entendez? s'écrièrent à la fois Torcy et Changiron.

— Sans doute; mais vous n'ignorez pas toutes les circonstances fatales de cette affreuse nuit, et il faut qu'elles nous soient expliquées.

— Parle, parle, dit Torcy, rappelle tous tes souvenirs.

— Oh! s'écria Eulalie, ils me sont assez présents pour que rien ne m'en échappe.

J'avais reçu du café des mains de mon père... des mains de cet homme, veux-je dire, et lorsque je fus avec la vieille Marthe près du lit de madame de Soubiran, elle nous en versa à chacune une tasse; elle but la sienne d'abord, et je ne fis que goûter à la mienne. Le sommeil de Marthe se déclara presque aussitôt, et moi-même je me sentis la tête pesante; mais j'attribuai cela à la fatigue.

. Je combattis faiblement ce sommeil, sachant que depuis que je passais les nuits près de madame de Soubiran, je m'éveillais au plus léger bruit qu'elle faisait. Il paraît que je m'endormis complétement; tout à coup je fus éveillée par des cris étouffés. Mais je ne pus m'arracher à la torpeur qui me dominait, et lorsque je parvins à me soulever, je ne vis qu'un homme qui s'échappait par la porte qui ouvrait sur le parc; je le reconnus, et, sans savoir ce que je faisais, je m'élançai à sa poursuite.

Il suivit le château jusqu'à l'avenue, et, là seulement, il tourna brusquement en marchant au milieu, tandis que je le suivais en m'abritant le long des charmilles et des contre-allées.

— Et ceci vous explique, monsieur, dit Changiron, pourquoi l'on n'a pas retrouvé les traces de cet homme qui n'avait pas quitté le pavé de l'avenue, et pourquoi on a retrouvé celles d'Eulalie qui a suivi les contre-allées.

— Cela me semble assez plausible.

— Enfin, dit Eulalie, arrivé au bout de l'avenue, mon..... cet homme s'approcha d'un cavalier en lui disant :

— Voici le testament de madame de Soubiran.

A quoi le cavalier répondit :

— Voilà les cinquante mille francs de M. Chagoin.

— La somme déclarée par Vaudrillan, dit Changiron.

— Tout cela, je n'en doute pas, peut décider un acquittement; mais un crime a été commis, celui qu'on accuse est mort, et rien ne peut attester sa culpabilité.

— Il y a, dit une voix qui s'éleva en ce moment, il y a l'aveu du coupable lui-même.

— Qu'est-ce là? dit le juge.

— Le prêtre mandé pour apporter des consolations à cette sainte victime d'un pieux devoir.

— M. Denis! s'écria Eulalie.

— Moi-même, mon enfant, qui ai appris ce matin par les journaux votre accusation, et qui étais venu pour vous remettre ce témoignage de votre innocence.

— Eh bien! s'écria Torcy.

Le juge se leva, et saluant Eulalie, il lui dit :

— Eulalie Pontois, vous êtes libre.

— Eulalie Pontois est morte, s'écria Changiron, il n'y a plus que mademoiselle de Changiron.

— Et bientôt madame Torcy, dit Manuel.

La manière dont Eulalie fut sauvée de la rivière où elle s'était précipitée n'a rien de bien extraordinaire, mais nous n'en devons pas moins rendre compte à nos lecteurs.

XXVIII

A vingt pas de l'endroit où Eulalie s'était jetée à l'eau, il y avait une chaussée qui retenait les eaux pour le service d'un moulin, et elle y fut rapidement portée. Dire par quel instinct de conservation elle voulut échapper à la mort au moment où elle venait de la chercher, comment, en se sentant expirer, lorsque déjà elle perdait connaissance, elle n'osa pas tenter une seconde fois le supplice qu'elle venait d'endurer, ce serait expliquer ce qui est un sentiment commun à tous les êtres.

D'ailleurs, si l'on veut bien se rappeler la violence des émotions qu'elle venait d'éprouver, au délire de son esprit succédant le délire physique que l'opium avait dû produire sur elle, on concevra aisément qu'elle ait tenté son salut sans conscience de ce qu'elle faisait. Que plus tard elle eût reculé devant le suicide, qu'à deux pas de la frontière de la Suisse elle s'y fût réfugiée, c'était la nécessité de la vie qu'elle acceptait.

Si l'on s'étonne que l'abbé Denis fût venu si à point, on

n'oubliera pas que Gagerot était présent à l'arrestation et qu'un pareil fait apporté aux journaux ouvrait une petite importance à ce futur député.

Nous ignorons complétement ce que devint Vaudrillan.

Quand à M. Benoît Mortiff, nous croyons l'avoir reconnu un jour à une table de jeu de Wisbaden, où il était croupier.

Tout le monde se souvient de ce petit fait-Paris inséré dans les journaux :

« La police s'étant présentée chez M. P. C., accusé d'une soustraction frauduleuse de testament, a été forcée de faire enfoncer les portes. Au moment où l'on brisait la dernière, on entendit une détonation. M. P. C. venait de se faire sauter la cervelle. »

Ce M. P. C. était Paul Chagoin.

FIN D'EULALIE PONTOIS

TABLE

FIN

COLLECTION MICHEL LÉVY.

Volumes parus et à paraître. — Format grand In-18, à 1 franc.

vol.

A. DE LAMARTINE.
Les Confidences.. . 1
Nouv. Confidences. . 1
Touss. Louverture. . 1

THÉOPH. GAUTIER
Beaux-arts en Europe 2
Constantinople. . . 1
L'Art moderne. . . 1
Les Grotesques. . . 1

GEORGE SAND
Hist. de ma Vie. . 10
Mauprat. 1
Valentine. 1
Indiana. 1
Jeanne.. 1
La Mare au Diable.. 1
La petite Fadette. . 1
François le Champi. 1
Teverino. 1
Consuelo. 3
Cont. de Rudolstadt 2
André. 1
Horace. 1
Jacques. 1
Lettres d'un voyag. 1
Lélia. 2
Lucrezia Floriani. . 1
Pêche de M. Antoine 2
Le Piccinino. . . . 2
Meunier d'Angibault. 1
Simon. 1
La dern. Aldini . . 1
Secrétaire intime. . 1

GÉRARD DE NERVAL
La Bohême galante. 1
Le Marq. de Fayolle. 1
Les Filles du Feu. . 1

EUGÈNE SCRIBE
Théâtre (œuv. comp.) 20
  Comédies. . . 3
  Opéras. . . 2
  Opéras comiques.. 5
  Comédies-Vaudv.. 10
Nouvelles. . . . 1
Historiettes et Prov. 1
Piquillo Alliaga. . . 3

HENRY MURGER
Dern. Rendez-vous. 1
Le Pays Latin. . . 1
Scènes de Campagne 1
Les Buveurs d'Eau. 1
Les Amoureuses . . 1
Propos de ville et
  propos de théâtre. 1
Vacances de Camille. 1
Scènes de la Bohême 1
Sc. de la Vie de Jeun. 1

CUVILLIER-FLEURY
Voyag. et Voyageurs. 1

ALPHONSE KARR
Les Femmes. . . 1
Encore les Femmes. 1
Agathe et Cécile. . 1
Pr. hors de mon Jard. 1
Sous les Tilleuls. . 1
Sous les Orangers. . 1
Les Fleurs. . . . 1
Voy. aut. de mon jard. 1
Poignée de Vérités.. 1
Les Guêpes. . . 6
Pénélope normande. 1
Trois cents pages . 1
Soirées de Ste-Adresse 2
Menus-Propos . . 1

vol.

Mme B. STOWE
Traduct. E. Forcade.
Souvenirs heureux. . 3

CH. NODIER (Trad.)
Vicaire de Wakefield. 1

LOUIS REYBAUD
Jérôme Paturot. . 1
Paturot-République. 1
Dern. des Commis-
  Voyageurs. . 1
Le Coq du Clocher. 1
L'Indust. en Europe 1
Ce qu'on voit dans
  une rue. . . . 1
La Comt. de Mauléon. 1
La Vie à rebours. . 1

FRÉDÉRIC SOULIÉ.
Mémoires du Diable. 2
Les Deux Cadavres. 1
Confession Générale. 2
Les Quatre Sœurs . 1
Au jour le jour . . 1
Marguerite. — Le
  Maître d'École. . 1
Le Bananier. — Eu-
  lalie Pontois. . . 1
Huit jours au Château 1
Si jeunesse savait . 2

Mme É. DE GIRARDIN
Marguerite. . . . 1
Nouvelles. . . . 1
Vicomte de Launay. 4
Marq. de Poutanges. 1
Poésies complètes. 1
Cont. d'une v. Fille. 1

ÉMILE AUGIER
Poésies complètes. . 1

F. PONSARD
Études Antiques. . 1

PAUL MEURICE
Scènes du Foyer. . 1
Les Tyrans de Village 1

CH. DE BERNARD
Le Nœud gordien. . 1
Gerfaut. 1
Un homme sérieux. 1
Les Ailes d'Icare . 1
Gentilhom. campagn. 2
Un Beau-Père. . . 2
Le Paravent . . . 1

HOFFMANN
Trad. Champfleury.
Contes posthumes.. 1

ALEX. DUMAS FILS
Avent. de 4 femmes. 1
La Vie à vingt ans. 1
Antonine. . . . 1
Dame aux Camélias. 1
La Boîte d'Argent. 1

LOUIS BOUILHET
Melænis. 1

JULES LECOMTE
Poignard de Cristal.. 1

X. MARMIER
Au bord de la Newa 1
Les Drames intimes. 1

J. AUTRAN
Milianah. . . . 1

FRANCIS WEY
Les Anglais chez eux 1

vol.

PAUL DE MUSSET
La Bavolette. . . 1
Puylaurens. . . 1

CÉL. DE CHABRILLAN
Les Voleurs d'Or... 1
La Sapho. . . . 1

EDMOND TEXIER
Amour et finance. . 1

ACHIM D'ARNIM
Trad. T. Gautier fils.
Contes bizarres. . . 1

ARSÈNE HOUSSAYE
Femmes c. elles sont 1
L'amour comme il est 1

GÉNÉRAL DAUMAS
Le grand Désert. . 1
Chevaux du Sahara. 1

H. BLAZE DE BURY
Musiciens contemp.. 1

OCTAVE DIDIER
Madame Georges. . 1

FÉLIX MORNAND
La Vie arabe. . . 1

ADOLPHE ADAM
Souv. d'un Musicien. 1
Dern. Souvenirs d'un
  Musicien. - . . 1

J. DE LA MADELÈNE
Les Ames en peine. 1

MARC FOURNIER
Le Monde et la Coméd. 1

ÉMILE SOUVESTRE
Philos. sous les toits 1
Conf. d'un Ouvrier. 1
Au coin du Feu. . 1
Scèn. de la Vie intim. 1
Chroniq. de la Mer. 1
Dans la Prairie. . . 1
Les Clairières. . . 1
Sc. de la Chouannerie 1
Les derniers Paysans 1
Souv. d'un Vieillard. 1
Sur la Pelouse. . . 1
Soirées de Meudon.. 1
Sc. et réc. des Alpes. 1
Les Anges du Foyer. 1
L'Échelle de Femm. 1
La Goutte d'eau. . 1
Sous les Filets . 1
Le Foyer Breton. . 2
Contes et Nouvelles. 1

LÉON GOZLAN
Châteaux de France. 2
Notaire de Chantilly 1
Polydore Marasquin 1
Nuits du P.-Lachaise 1
Le Dragon rouge. . 1
Le Médecin du Pecq 1
Hist. de 130 femmes. 1
La famille Lambert. 1
La dern. Sœur Grise. 1

THÉOPH. LAVALLÉE
Histoire de Paris. . 2

EDGAR POE
Trad. Ch. Baudelaire.
Histoires extraordin. 1
Nouv. Hist. extraord. 1
Aventures d'Arthur
  Gordon Pym. . . 1

vol.

CHARLES DICKENS
Traduction A. Pichot.
Neveu de ma Tante. . 2
Contes et Nouvelles. 1

A. VACQUERIE
Profils et Grimaces. 1

A. DE PONTMARTIN
Contes et Nouvelles. 1
Mém. d'un Notaire. . 1
La fin du Procès. . 1
Contes d'un Planteur
  de choux. . . . 1
Pourquoi je reste à
  la Campagne. . . 1

HENRI CONSCIENCE
Trad. Léon Wœquier.
Scén. de la Vie flam. 2
Le Fléau du Village. 1
Les Heures du soir. 1
Les Veillées flamand. 1
Le Démon de l'Argent 1
La Mère Job. . . . 1
L'Orpheline. . . . 1
Guerre des Paysans. 1

PAUL DE MOLÈNES.
Chroniques Contem-
  poraines . . . 1

DE STENDHAL
(M. Beyle.)
De l'Amour. . . . 1
Le Rouge et le Noir. 1
La Chartr. de Parme. 1

MAX. RADIGUET
Souv. de l'Amér. esp. 1

PAUL FÉVAL
Le Tueur de Tigres. 1
Les dernieres Fées. 1

MÉRY
Les Nuits anglaises. 1
Une Hist. de Famille. 1
André Chénier. . . 1
Salons et Sout. de Paris 1
Les Nuits italiennes. 1

ÉDOUARD PLOUVIER
Les Dern. Amours. 1

GUST. FLAUBERT
Madame Bovary. . . 2

CHAMPFLEURY
Les Excentriques. . 1
Avent. de Mlle Mariette 1
Le Réalisme. . . . 1
Prem. Beaux Jours. 1
Les Souffrances du
  profess. Delteil. . 1
Les Bourgeois de Mo-
  linchart. . . . 1
Chien-Caillou.. . . 1

XAVIER AUBRYET
La Femme de 25 ans. 1

VICTOR DE LAPRADE
Psyché. 1

H. B. RÉVOIL (Trad.)
Harems du N.-Monde. 1

ROGER DE BEAUVOIR
Chev. de St-Georges. 1
Avent. et Courtisanes. 1
Histoires cavalières. 1

GUSTAVE D'ALAUX
Soulouq. et son Emp. 1

vol.

F. VICTOR HUGO
(Traducteur.)
Sonn. de Shakspeare. 1

AMÉDÉE PICHOT
Les Poëtes amoureux 1

ÉMILE CARREY
Huit jours sous l'E-
  quateur. 1
Métis de la Savane. 1
Les Révoltés du Para 1

CHARLES BARBARA
Histoir. émouvantes. 1

E. FROMENTIN
Un Été dans le Sahara 1

XAVIER EYMA
Les Peaux-Noires. . 1
Femmes du N.-Monde 1

LA COMTESSE DASH
Les Bals masqués. . 1
Le Jeu de la Reine. 1
L'Écran. 1
Le Fruit défendu. . 1

MAX BUCHON
En Province. . . . 1

HILDEBRAND
Trad. Léon Wœquier
Scè. de la Vie holland. 1

AMÉDÉE ACHARD.
Parisiennes et Pro-
  vinciales. . . . 1
Brunes et Blondes. 1
Les dern. Marquises. 1
Les Femmes honnêtes 1

A. DE BERNARD
Le Portrait de la Mar-
  quise. 1

CH. DE LA ROUNAT
Comédie de l'Amour. 1

MAX VALREY
Marthe de Montbrun. 1

**A. DE MUSSET
GEORGE SAND
DE BALZAC etc.**
Le Tiroir du Diable. 1
Paris et les Parisiens 1
Parisiennes à Paris. 1

ALBÉRIC SECOND
A quoi tient l'Amour. 1

Mme BERTON
(Née Samson.)
Le Bonheur impossib. 1

NADAR
Quand j'ét. Étudiant. 1
Miroir aux Alouettes. 1

ÉMILIE CARLEN
Trad. M. Souvestre.
Deux Jeunes Femmes 1

LOUIS ULBACH
Les Secrets du Diable. 1

F. HUGONNET
Souvenirs d'un Chef
  de Bureau Arabe. 1

JULES SANDEAU
Sacs et Parchemins. 1

LOUIS DE CARNÉ
Drame s. la Terreur. 1